U0543793

名师工程·教研提升系列

以研立教

新型科研工具的核心操作与研究实例

唐晓玲 著

西南大学出版社
国家一级出版社 全国百佳图书出版单位

图书在版编目(CIP)数据

新型科研工具的核心操作与研究实例 / 唐晓玲著. -- 重庆 : 西南大学出版社, 2024.6. -- ISBN 978-7-5697-2448-6

Ⅰ.TP311.561

中国国家版本馆CIP数据核字第2024AX1292号

新型科研工具的核心操作与研究实例
XINXING KEYAN GONGJU DE HEXIN CAOZUO YU YANJIU SHILI

唐晓玲　著

责任编辑：	伯古娟
责任校对：	陈才华
装帧设计：	闰江文化
排　　版：	江礼群
出版发行：	西南大学出版社(原西南师范大学出版社)
	地址：重庆市北碚区天生路2号
	邮编：400715
印　　刷：	重庆市正前方彩色印刷有限公司
成品尺寸：	170 mm×240 mm
印　　张：	21.75
字　　数：	324千字
版　　次：	2024年6月　第1版
印　　次：	2024年6月　第1次印刷
书　　号：	ISBN 978-7-5697-2448-6
定　　价：	78.00元

前言
PREFACE

　　研究方法是科学研究的基础,是大量学者在研究过程中总结提炼出来的知识经验,是研究新问题、提出新观点的工具或手段。在信息技术高速发展的今天,人文社会科学领域出现了多种现代研究方法,而选择正确的研究方法是完成高水平研究的重要保障。现代科研工具是现代研究方法的基础和支撑,为科研活动提供便利的同时,也改变了科研工作的性质、内容和组织形式。

　　本书聚焦四种新型科研工具CiteSpace、SPSS、NVivo和AMOS,阐述了每种科研工具最核心的操作,以及利用相应科研工具进行研究的案例。在文献处理上用CiteSpace可准确了解研究领域的热点与前沿,呈现科学知识的结构、规律和分布情况。NVivo对搜集的各类资料进行分类、整理和分析,可提高操作的精准度和效率,探究发展趋势,建立理论模型,最终形成研究结论。SPSS和AMOS在教育大数据统计中操作简单,功能强大,囊括了各种成熟的统计方法和模型,为研究者提供了全方位的统计学方法。统计软件可实现方差分析、回归分析、因子分析与主成分分析等,发现教育变量间的关系与规律。研究者若能有效使用科研工具,可快速提升科研能力,产出更高质量的科研成果。

　　第一章阐释了大数据时代科研工具应用的重要性。第一节介绍了大数据时代的教育研究、大数据的内涵与特征,指出现代科学研究更加重视大数据的应用,更离不开科研工具的支撑。第二节通过文献分析法,探究了CiteSpace、SPSS、NVivo和AMOS四种科研工具在科学研究领域的使用情况,发现研究领域使用科研工具的文献数量不多,特别是高质量论文数量尤其匮乏。第三节介绍了有效使用科研工具的策略,包括提升科研工具使用意识,开设关于科研工具的课程,以及充分利用网络资源自学。

第二章阐述了CiteSpace软件及其核心操作,包括如何检索中文文献和外文文献,安装CiteSpace,数据导入,绘制关键词图谱,绘制研究机构图谱,绘制聚类图,发现突变关键词,分析共被引等。

第三章利用Citespace对"国内外跨境教育"进行研究综述。选取中文数据库CNKI和外文数据Web of Science中关于跨境教育相关论文,运用CiteSpace软件进行可视化分析,绘制研究机构、研究作者和研究热点的知识图谱,挖掘跨境教育研究的现状、热点和趋势。

第四章阐述了SPSS软件及其核心操作。内容包括数据统计与SPSS的内涵,SPSS的安装与界面介绍,SPSS的核心功能。重点阐述描述性统计与推断统计的核心操作,描述性统计包括频率分析、描述分析、探索分析、交叉列联表分析,推断统计包括差异分析、相关分析、回归分析和问卷的信效度检验。

第五章利用SPSS统计分析高等职业教育中外合作办学的发展现状与特征,以"中华人民共和国教育部中外合作办学监管工作信息平台"公布的高等职业教育中外合作办学机构及项目数据为数据源,统计分析了高等职业教育中外合作办学的规模、学制、办学主体的分布特征以及专业开办特征。

第六章阐述了AMOS软件及其核心操作。包括AMOS的内涵、安装步骤及操作界面。基于问卷调查数据,展示AMOS的功能与具体操作步骤,包括路径分析、潜变量路径分析、验证性因素分析、中介效应检验。

第七章利用AMOS软件,分析中国硕士研究生科研工具的使用意愿及影响因素。研究基于TAM理论分析框架,利用AMOS构建结构方程模型,模型包括社会影响、工作相关性、感知有用性、感知易用性、使用态度和使用意向等变量,导入数据后,分析模型的拟合度,进一步探究变量间的关系。

第八章阐述了NVivo软件及其核心操作。包括质性研究与NVivo的内涵,NVivo的安装及界面,NVivo的功能与核心操作。核心操作涵盖原始资料的导入和整理,文本数据编码与节点操作,图片、视频数据编码与节点操作,编码的合并、取消、增加与查看等。

第九章以中国高职高专教育网中产教融合下的校企合作板块的真实案例为数据源,使用NVivo 12 Plus质性分析软件,建立相关节点并对其进行编码分析,总结出企业主要参与职业教育中的学校教学、工作实践和科研创新三个方面。

目录

第一章 大数据时代科研工具应用的重要性阐释

003……第一节　大数据时代的教育研究

007……第二节　已有研究中科研工具的使用情况

015……第三节　有效使用科研工具的策略

第二章 海量文献挖掘与可视化分析：CiteSpace及其核心操作

021……第一节　文献检索

027……第二节　CiteSpace安装及界面介绍

032……第三节　CiteSpace的功能

第三章　CiteSpace的研究案例：国内外跨境教育研究综述

047……第一节　国内跨境教育研究
060……第二节　国外跨境教育研究

第四章　数据统计与分析：SPSS及其核心操作

073……第一节　数据统计与SPSS内涵
075……第二节　SPSS的安装及界面介绍
080……第三节　SPSS的功能

第五章　SPSS的研究案例：高等职业教育中外合作办学的发展现状与特征分析

147……第一节　问题的提出
149……第二节　高等职业教育中外合作办学的规模与学制
153……第三节　高等职业教育中外合作办学主体的分布特征
157……第四节　高等职业教育中外合作办学的专业特征
161……第五节　结论与建议

第六章　结构方程模型：AMOS及其核心操作

167……第一节　结构方程模型与AMOS的内涵
171……第二节　AMOS的安装与界面介绍
176……第三节　AMOS的功能

第七章 AMOS软件的研究案例:中国硕士研究生科研工具的使用意愿及影响因素的实证研究

237……第一节　理论模型
242……第二节　研究设计
244……第三节　问卷质量检测
250……第四节　差异检验与相关分析
257……第五节　结构方程模型分析结果
260……第六节　结论与讨论

第八章 质性研究与文本分析:NVivo及其核心操作

265……第一节　质性研究与NVivo的内涵
267……第二节　NVivo安装及界面介绍
272……第三节　NVivo的功能与实例操作

第九章 NVivo软件的研究案例:企业参与职业教育的路径

307……第一节　研究背景
309……第二节　研究综述
313……第三节　研究设计
317……第四节　研究结果与分析
330……第五节　对策与建议

第一章 大数据时代科研工具应用的重要性阐释

●○与其他领域相似,科学研究领域已愈加重视大数据的应用,更离不开科研工具的支撑。以CiteSpace、SPSS、NVivo和AMOS为代表的科研工具能够有效地处理海量文献、统计数据及各类资料等,精准发现不同学科内部的潜在规律,在科学研究领域的应用已日益广泛。研究者若能有效地使用科研工具,可快速提升科研能力,也能产出更高质量的科研成果。

第一节 大数据时代的教育研究

随着信息技术的发展,大量信息设备,如移动终端、物联网、可穿戴设备等产生的数据呈指数级增长,人类已进入大数据时代。"大数据"也即"海量数据",其数据类型不仅包括GPS卫星导入系统提供的位置信息数据,还包括微信、QQ和BBS等社交平台中人们的互动交流信息。大数据不仅可以分析文字记录的文本信息,还可以分析图像、音频、视频等非文本信息。如何采用科学方式存储、管理、分析和利用这些数据,并做出有效决策,是大数据的使命。在信息化的今天,大数据已渗透到各行各业,在科学研究领域表现得尤其明显。

一、大数据的内涵

大数据涉及数据生成、存储、处理、分析、共享和应用等,是一个多维度、综合性的概念。美国国家科学基金会(NSF)认为,大数据是由科学仪器、传感设备、互联网交易、E-mail、音视频软件、网页点击等多种数据源生成的大规模、多元化、复杂、长期的分布式数据集。麦肯锡(Mikinsey)认为,大数据是指无法在一定时间内用传统数据库软件工具对其内容进行采集、存储、管理和分析的数据集合。安德鲁·迈克菲(Andrew McAfee)博士指出,大数据可以认为是"分析"的另一种表述,是寻求从数据中萃取知识,并将其转化为商业优势的智能化活动。研究机构Gartner认为,大数据是指在一个或多个维度上超出了传统信息技术处理能力的海量信息。国际数据公司IDC(International Data Corporation)认为,大数据是从海量规模数据中抽取有价值信息的新一代技术和架构。美国学者道格拉斯·兰妮(Douglas Laney)认为,大数据是需要新的处理方式才能具有更强的决策力、洞察力和流程优化力的海量、高增长率和多样化的信息资产。Goyal等认为，大数据是指多来源收集的、多种形式的，而且通常是实时的巨大数据集合，量级从几十TB到若干PB，需要用专业化软件工具和分析专家来收集、管理和挖掘。

国内学者李国杰认为，大数据是无法在可容忍的时间内用传统IT技术和软硬件工具对其进行感知、获取、管理、处理和服务的数据集合。冯芷艳等人认为，大数据即"海量数据"和"大规模数据"，大数据在数据规模、复杂性和产生速度三个方面远超传统的数据形态，也超出了现有技术手段的处理能力，并带来了巨大的创新机遇。刘雨枫认为，大数据或巨量数据，指所涉及的资料量规模巨大到无法通过目前主流软件工具，在合理时间内达到撷取、管理、处理并整理，尤为帮助实现决策更积极目的的信息。周渝等认为，大数据时代使得大数据远不止数据爆发那么简单，而被延伸定义未来一种通过数据解决问题的方法，即通过收集、整理从不同渠道获得的数据，并对其筛选、分析和挖掘，从中获取有价值的、可运用的信息。侯锡林认为，大数据包含了海量数据和复杂数据类型，还包含分析应用。

从以上定义可知，大数据是指通过多种渠道获得的，需要用较长时间和专业软件工具进行采集、存储、管理和分析的复杂巨型数据，并能从中抽取有价值的信息以解决问题和辅助决策的海量数据集合。

二、大数据的特点

关于大数据的特点，其"3V"特征得到学者们的普遍认同，即Volume、Velocity和Variety，分别为数据量大、数据增长速度快和数据类型多样。

一是Volume，数据量大。截至2012年，每天创建约2.5 EB数据，这个数字每40个月左右翻一番。互联网上每秒存储的数据比20年前存储在整个互联网中的数据还要多。据估计，沃尔玛每小时从客户交易中收集超过2.5 PB数据。1 PB等于1 000万亿字节，相当于大约2 000万个文件柜的文本价值，而1 EB等于1 024 PB。

二是Velocity,数据增长速度快。对于许多应用,数据创建速度甚至比数量更重要。掌握实时或几乎实时的信息是战胜对手的关键。例如,亚历克斯·桑迪·彭特兰和他的团队在美国圣诞购物季的开始阶段,在麻省理工学院媒体实验室利用手机的位置数据,来推断有多少人在梅西百货的停车场。通过该数据可以估计零售商在关键日子的销售额。这样的快速洞察能力可以为华尔街分析师和主营经理提供明显的竞争优势。

三是Variety,数据类型多样。大数据包括信息、更新数据和图像等,可来自社交网络、传感器和来自手机的GPS信号。许多重要的大数据来源都是相对较新的。大量信息来自社会网络,如2004年推出的Facebook和2006年推出的Twitter。移动电话、在线购物、社交网络、电子通信、GPS和仪器仪表都作为普通业务的副产品产生了大量关于人、事件和位置的数据流。这些设备无处不在,我们每个人都是一个行走的数据发生器。但获得的大数据是非结构化的,很难兼容到传统的结构化数据库中,需要通过大数据分析技术和算法才能提取到有用信号。

在"3V"基础上,学者们又增加了Value,即价值稀缺性。IBM公司则认为大数据还具有Veracity,即真实性。而我国学者李文莲认为,大数据包括三个特点:一是社会生活泛数据化;二是数据规模及生成速度之大;三是大数据技术之大。杨善林认为,大数据是一类能够反映物质世界和精神世界运动状态和状态变化的信息资源,它具有复杂性、决策有用性、高速增长性、价值稀缺性和可重复开采性。李涛提出大数据的"4C"特征,即Cover、Contact、Cause、Convey,具体含义为广泛覆盖性、复杂联系性、来源丰富性和多元传递性。

大数据特征的归纳旨在帮助人们更好地理解大数据,大数据的技术能力已经达到相当复杂的水平,而对大数据而言,真正重要的是它能做什么。因此,决策者和研究者更加关注大数据的应用能力,以及如何更好地应用大数据。

三、教育大数据

信息技术的发展推动了我国教育领域大数据的形成,利用科研工具对有关教育教学和科研数据进行收集、整理、分析和挖掘,以可视化方式呈现分析结果,从而了解我国各阶段教育现状水平、揭示教育规律,推动教育管理与决策从经验判断转向数据精确指导,促使教育研究行为更加科学化和理性化。

教育数据只有进行收集、清洗和挖掘后,才能客观呈现我国教育教学的状态和规律。数据的收集通常采用网络爬虫技术,进行在线高频次或实时数据采集。教育大数据覆盖各类教育公开数据、科学研究数据、调查数据和网络动态数据等,既包括宏观数据,还包括学校内部的课程、教学、教师、学生等微观数据。数据清洗是根据研究需要,剔除无效和杂乱的数据,将有效数据进行归类、组合,实现数据之间的深度整合。数据挖掘的目的是在数据仓储中发现规律和趋势,建构决策模型等。

数据收集工作通常在数据系统中自动完成,如何清洗数据、如何挖掘数据,是利用大数据进行教育研究的关键。大数据时代,科研能力的决定因素已不再是知识的持续积累,而是受方法论水平制约的研究方法的批判性与创造性。对于我国的教育理论研究,虽有众多学者主张研究方法的多元化,但从教育研究文献上看,依然没有摆脱方法单一和缺乏"技术含量"的桎梏。长期以来,哲学性和人文性被视为理论研究的基本性质,思辨与解释被视为理论研究的基本方法。信息化科研是注重信息技术对研究过程与研究活动的支持,以及信息技术为科学研究所带来的可能性及新方法。信息技术可以帮助研究者按研究需要寻觅新知识,重新认识已有的结论和形成新的结论。适当技术方法的引入将极大解放教育研究者的生产力,有助于研究者将时间和精力集中于创新性的研究工作中。因而,教育研究者应广泛应用以信息技术为中心的新型科研工具,进而创新研究方法,提升研究效率。

第二节 已有研究中科研工具的使用情况

教育研究中引入信息技术的具体表现为使用一些成熟的科研软件来辅助研究，如引文空间CiteSpace、社会科学统计软件包SPSS、质性数据分析软件NVivo和矩阵结构分析AMOS等。其中，CiteSpace是分析国内外已有文献的可视化工具，分析的数据源主要为引文索引数据库WOS、中文社会科学引文索引CSSCI和中国知网CNKI，分析的时间长度大多超过10年，根据生成的知识图谱挖掘相关研究主题的发文趋势、热点和未来趋势等。SPSS是IBM公司推出的用于统计分析、数据挖掘、预测分析和决策支持任务的软件产品及相关服务的总称。因其强大的功能、便捷的操作界面和分析结果的清晰直观，SPSS已在社会科学，特别是教育科学领域发挥着巨大作用。NVivo软件是当前学界公认的最佳质性分析软件，可以分析文本、图片、音频和视频等不同类型的材料。利用NVivo的编码和分析功能，可实现相关主题的理论模型建构，还可用不同类型的图表实现研究结果的可视化。AMOS提供友善的图形界面来执行结构方程模型，能够读取SPSS的数据，是实证研究的常用软件之一。

一、主题中含有CiteSpace的教育研究文献

如何在海量的相关文献中快速、准确、全面地筛选出关键文献，并形成对该研究领域相关研究整体性的把握？学者们为了了解某个学科领域发展的整体状况，必须查询该领域的几乎所有文献。这一工作既费时又困难，且难以重复进行。科研人员用在科研项目中研究文献资料上的时间，几乎占全部科研时间的一半。随着文献计量学的不断成熟，尤其

是近年来知识可视化方法与技术的迅速崛起，文献计量学在学科基本理论研究中的价值日益受到研究者的重视。CiteSpace可以通过海量文献数据的自动分析，快速实现对某一研究主题的研究综述。在CNKI数据库中，将主题设置为"CiteSpace"和"教育"进行检索，截至2021年7月27日，共检索到学术期刊论文560篇，学位论文61篇。

其中，词频数量较多的关键词为CiteSpace（频次为376）、知识图谱（频次为204）、可视化分析（频次为143）、研究热点（频次为110）、文献计量（频次为30）、研究现状（频次为17）、研究趋势和研究前沿。这些关键词反映了CiteSpace的研究用途与意义，即绘制知识图谱进行可视化分析，显示一个学科或知识领域在一定时期的趋势与动向，探究文献中作者、期刊、研究机构、关键词、被引文献的关系。其帮助研究者对该领域进行全面认识，分析学科发展脉络，识别学科研究热点，预测学科未来的发展方向。研究内容涉及不同学段的教育，如职业教育（频次为15）、高等教育（频次为13）、学前教育（频次为8）、基础教育（频次为16）、终身教育（频次为5）、研究生教育（频次为5）、劳动教育（频次为3）、信息技术教育（频次为3）等。

关于职业教育的研究主要聚焦于实训基地、人才培养、校企合作制度、职业教育政策、专业认证和国际职业教育等领域。李海洲等研究了5年间我国职业教育研究热点及发展趋势，分析了文献年度出版量趋势与主要来源、第一作者情况、基金项目来源、研究热点与发展态势。[1] 研究发现，职业教育的研究重点集中在现代职业技能体系与结构研究、职业教育技术管理、高等职业技术教育与社会发展、工学结合人才培养模式研究、职业院校校长与教师专业发展等9个方面，未来的研究趋势将基于国家政策的引导，趋向于对职业教育信息化、工业化、国际化发展的挖掘。朱丽丽等基于2014—2018年收录文献研究了职业教育热点及前沿，认为校企合作、大学生、人才培养、高等职业教育、现代学徒制是高频关

---

[1] 李海洲，杨杰，张学军.近5年我国职业教育研究热点及发展态势——基于北大中文核心期刊载文的CiteSpace3和中国知网计量分析[J].职业技术教育，2017,38(12):52-56.

键词,而现代学徒制、翻转课堂、工匠精神、创新创业、"互联网+"和"一带一路"是突变关键词。①

关于高等教育的研究主要聚焦于高等教育国际化、高等教育评估、高等教育质量、民办高等教育等。刘虹豆等对国内外高等教育国际研究进行对比分析,选择CNKI论文与Web of Science论文作为对比研究样本。研究结论为,国内研究集中在政策与机制、区域合作、历史变迁等方面,而国外研究较多关注高等教育国际化的实践应用。②王小明选取1980—2016年CNKI数据,研究我国高校教学质量的轨迹、热点及未来走向。研究发现,我国高校教学质量研究大致可分为探索尝试、明确落实、深化改革和平稳发展四个阶段,质量监控、教学效果、质量工程和学生评教为研究热点。③

近年来学者们利用CiteSpace尝试研究了一系列热点主题,如创客教育、大数据、智慧教育、人工智能、STEM教育、智慧课堂等。可见,CiteSpace给教育研究注入了新元素和活力。未来创新创业教育研究应在效果评价、基于问题导向的实证研究、结合专业的研究、不同类型高校的创新创业教育研究等方面持续推进。④我国智慧教育研究逐年升温,研究范式从理论思辨转向实践应用,研究成果多源自教育技术学专业研究团体。⑤

二、主题中含有SPSS的教育研究文献

教育统计学是运用数理统计的原理和方法研究教育问题的一门应

---

① 朱丽丽,李娟.职业教育研究热点及前沿分析——基于职业教育类核心期刊2014-2018年收录文献的可视化分析[J].职教论坛,2018(12):135-142.
② 刘虹豆,杨瑞东,倪士光.国内外高等教育国际化研究的对比分析——基于CiteSpace可视化知识图谱的应用[J].现代教育技术,2020,30(12):48-54.
③ 王小明.我国高校教学质量研究:轨迹、热点及未来走向——基于高等教育十四种核心期刊的CiteSpace可视化分析[J].教育学术月刊,2018(01):91-103.
④ 沈成君,杜锐.基于文献计量的创新创业教育研究热点与趋势可视化分析[J].中国大学教学,2020(01):79-83.
⑤ 张秀梅,田甜,田萌萌,高丽芝,张学波.近十年我国智慧教学研究的演变与趋势[J].中国远程教育,2020(09):62-69.

用科学。其主要任务是研究如何收集、分析由教育调查和教育实验等途径所获得的数据资料,并以此为依据,进行科学推断,从而揭示蕴含在教育现象中的客观规律。SPSS产品诞生的目的是解决社会调查数据的统计分析问题,其界面清晰友好,统计技术全面,分析准备数据快速简单,图表清晰地表达分析结果,是教育统计中最基本、最重要的软件。在CNKI中,设置主题为"SPSS"与"教育"进行检索,截至2021年7月29日,共搜索到学术期刊2257篇,学位论文275篇,会议11篇,报纸1篇,图书10部。综合考虑文献的权威性和可分析性,选择核心期刊及以上论文58篇和学位论文275篇作为数据分析样本。

SPSS是Statistical Product and Service Solutions的英文首字缩写,其具有强大的统计分析功能。SPSS应用于教育研究中,词频较高的关键词为因子分析、数据挖掘、影响因素、问卷调查、调查研究、logistic回归、聚类分析等。其中,因子分析、单因素方差分析、数据挖掘、回归分析是SPSS的统计分析方法,问卷调查、调查研究通常为实证研究的数据搜集方法,研究领域覆盖科学素养、教学模式、教学质量、外语教育、安全教育等,内容包含影响因素研究、现状研究和差异分析等。

王佳利等研究了基于网络教学平台校本混合课程的教学效果,用SPSS分析了学习行为、学习成果和问卷调查数据,研究结论为,设计良好的校本混合课程能有效提升教学质量,学生的在线学习行为表现与学业成绩呈正相关,学生对混合课程的接受度和满意度均较高。[①]章彰等以10所意大利顶级高等设计教育学校为研究对象,将客观数据及调查问卷数据相结合,进行因子分析,研究了影响高等设计教育定位的主要因素。研究结果表明,影响因子主要有面向未来市场的科研因子、面向现有市场的技术因子和面向专业市场的发展空间因子。胡宇运用因子分析对我国各地区高等教育发展水平进行实证研究。将高等教育发展水平分为规模因子、财政支持因子、结构因子。规模因子排名不佳的省份要重

---

① 王佳利,李斌峰.基于网络教学平台校本混合课程教学效果的实证研究[J].电化教育研究,2016,37(03):101-107.

视经济与高等教育规模的协调发展,财政支持因子排名落后的省份应注重提升科研经费的使用效率,结构因子排名落后的省份,政府部门应引导高等教育差异化发展。综合排名靠后的省应以提升高等教育质量为中心,加强高等教育机构内涵建设。①

用SPSS进行教育研究,主题较为分散且聚类效果不佳。究其原因,一是SPSS是教育学领域常用的统计分析软件,多数作者并没有将其放在关键词或篇名中,存在大量文献漏搜的情况;二是搜索文献所涉及主题领域较广泛,难以聚焦。

三、主题中含有NVivo的教育研究文献

质性研究是以研究者本人作为研究工具,在自然情境下与研究对象互动,全方位收集资料,并从原始资料分析中形成结论和理论的一种研究方法。在进行质性研究时,可能需要对多种类型的文件进行分析,此过程称为质性分析。搜集的文件可分为文本类、图片类、音频类和视频类。怎样处理这些文件内容呢?可以借助一个软件,即NVivo软件进行质性分析。教育研究中也涉及了大量质性分析,用NVivo进行教育研究的文献也日益增多。在CNKI中,设置主题为"NVivo"与"教育"进行检索,截至2021年7月30日,检索到学术期刊论文243篇,学位论文100篇,会议论文3篇。将学术期刊论文与学位论文作为研究文献,获取关键词知识图谱与时区图。

从词频上看,NVivo、质性分析、扎根理论词频较高。研究文献中使用较多的NVivo版本是NVivo 10和NVivo 11,而现阶段已开始使用NVivo 12 Plus。质性分析与量化分析均用于实证研究,两者的主要差异在于:一是量化分析有一套专门的、标准化的技巧,而质性分析是非标准化信息,通常采用总结归纳的方法;二是量化分析需要前期进行大量数据收集和处理才能进行数据分析,而质性分析可以在数据收集的同时进

---

① 胡宇.高等教育发展水平区域差异实证研究——基于SPSS因子分析[J].江苏高教,2019(06):78-82.

行分析;三是量化研究通常需要经过提出假设、验证假设的过程,而质性研究通过原始数据提炼总结新概念和新理论;四是量化研究用较精确的数据和统计来测量教育现状,而质性研究的信息是相对不精确的、分散的,且与情境相关。扎根理论是通过对资料搜集与分析从而发掘和发展理论,是质性分析的理论基础。扎根理论与量化研究的假设验证不同,不是先有理论再去证实,而是在待研究的领域中,通过大量资料收集与资料分析萌生概念和理论。研究领域涵盖校本管理、校内外教育、教师专业素养、STEM教育等。彭敏等对52位STEM教师进行访谈,涉及内容为STEM教育的本质、STEM学科之间的关系、STEM教育的价值、实施STEM教育面临的挑战,并用NVivo进行访谈内容分析,最后得出结论。①詹秀娣等用NVivo软件分析了国家政策对教师专业素养要求的变迁。研究结论为,不同时期国家政策对教师专业素养的要求不同。未来将更重视教师教育信息化、教师学科教学素养、教师专业意识等方面政策的制定与完善。②陈新忠等以我国"C9联盟"高校作为研究对象,用NVivo软件对9所高校的"十三五"规划文本进行内容分析,从培养目标、行动策略和保障机制三个维度透析我国研究型大学研究生的培养规律。研究结论为,9所高校的培养目标主要包括研究生创新能力培养、培养模式探索、教育体制改革以及教育国际化;行动策略聚焦于研究生人才培养、科学研究、社会服务和国际交流与合作;保障机制包括运行机制、动力机制和约束机制。③

  利用NVivo软件对政策文本进行分析,不仅可以整理和统计政策文本的政策年度、发文主体、政策类型等文本特征,还可针对政策微观层面的具体政策目标、政策内容、政策手段进行编码。分析流程为:将要研究的相关领域的政策文本导入到NVivo软件中,对文本进行自由编码,对初

---

①彭敏,朱德全.STEM教育的本土理解——基于NVivo11对52位STEM教师的质性分析[J].教育发展研究,2020,40(10):60-65.

②詹秀娣,郝勇."教师专业素养"视角下国家政策变迁述评——基于NVivo11的政策文本分析[J].中国电化教育,2018(10):71-78.

③陈新忠,李保忠.我国研究型大学研究生培养的目标、策略与保障——基于"C9联盟"高校政策文本的质性分析[J].现代教育管理,2020(09):114-121.

始编码进行整理归类,形成父级节点,最后再归入政策目标、政策内容、政策手段中。针对政策文件建立案例,分析政策目标、政策内容和政策手段在不同时期的发展变迁及相应特征。

张茂聪等基于2003年以来32篇核心文献的NVivo分析建构我国危机教育内容。研究结论为,危机教育主要由危机素养教育、技能教育、心理干预教育、危机知识教育、价值观教育和意识培育六个主要范畴构成。未来的危机教育应从政策上保障危机教育的地位与价值,积极探索将危机教育纳入各级各类学校教育体系中,推进危机教育的教材和课程体系建设。[①]

四、主题中含有AMOS的研究文献

在CNKI中,设置主题为"AMOS"与"教育"进行检索,截至2021年8月1日,检索到学术期刊论文252篇,学位论文31篇,会议论文2篇。将学术期刊论文与学位论文作为研究文献,获取关键词词频。

词频数据最高的是AMOS与结构方程模型。结构方程模型是表示观测变量与潜变量之间、潜变量与潜变量之间关系的结构模型。潜变量是教育教学领域涉及的不能准确、直观测量的变量,如学习态度、教学效能、学习焦虑等。这些变量需用一些外显指标去间接测量。观测变量是可以直接测量的变量。结构方程模型分为测量方程和结构方程。测量方程是描述潜变量与观测变量之间的关系,而结构方程描述的是潜变量之间的关系。AMOS(Analysis of Moment Structures)即矩阵结构分析,可以自动完成结构方程模型的分析,通过直观拖放式绘图,快速地定制模型而无需复杂编程。研究内容涵盖数学教学、核心素养、创客教育和老年教育,可进行测评模型建构、影响因素研究、满意度研究、中介效应分析、验证性因素分析等。不少学者用AMOS建构指标体系和测评模型,如信息素养测评模型、劳动教育测评指标体系建构、高等教育综合发展

---

① 张茂聪,张伟.试论我国危机教育内容的建构——基于2003年以来32篇核心文献的NVivo分析[J].课程.教材.教法,2020,40(03):122-129.

水平测评、全球素养测评、创业能力测评等。教育测评模型构建范式为：明确教育测评模型构建的价值取向，对教育测评对象进行操作性定义，构建教育测评指标体系，确定教育测评指标权重与生成教育测评模型，最后验证和修正测评模型。① 李毅等构建了师范生信息素养测评模型，该模型包括"基本信息素养""学生学习素养""教师教学素养"三大一级指标和九个二级指标。利用此模型对西部地区师范生信息素养水平进行测评，发现西部地区师范生信息素养总体水平较高，但信息技术整合教学及研究创新能力尚显不足。②

上述科研工具为教育研究带来了新的契机，在文献处理上用CiteSpace可准确了解研究领域的热点与前沿，呈现科学知识的结构、规律和分布情况。NVivo对搜集的各类资料进行分类、整理和分析，可提高传统人工操作的精准度和效率，探究发展趋势，建立理论模型，最终形成研究结论。SPSS和AMOS在教育大数据统计中操作简单，功能强大，囊括了各种成熟的统计方法和模型，为研究者提供了全方位的统计学算法。统计软件可实现方差分析、回归分析、因子分析与主成分分析等，发现教育变量间的关系与规律。从已有文献上看，教育研究领域使用科研工具的文献数量不多，特别是高质量论文数量尤其匮乏，因而，教育研究领域使用科研工具尚不普及，学者们更偏向于写作传统的逻辑思辨类论文。但教育大数据的产生已是大势所趋，科研工具的使用更有利于数据的整理和分析，将科研工具用于教育研究领域是可行的，更是必要的。

---

① 范涌峰,宋乃庆.大数据时代的教育测评模型及其范式构建[J].中国社会科学,2019(12)：139-155+202-203.
② 李毅,邱兰欢,王钦.教育信息化2.0时代师范生信息素养测评模型的构建与应用——以西部地区为例[J].中国电化教育,2019(07)：91-98.

第三节 有效使用科研工具的策略

一、提升科研工具使用意识

科研工具的使用受使用意向的影响,若科研工作者使用科研工具的意图和愿望不强烈,则不会自发使用科研工具。行为意向受感知有用性的直接影响,只有当科研工作者认为科研工具对自己的科研是有帮助的,能够增加科研产出、提高产出质量、提升产出效率,科研工作者才具备强烈的使用欲望,甚至推荐从事科研工作的好友、同事使用。与感知有用性相比,感知易用性的影响稍弱。这一现象很好解释,因为当科研工作者认为一项技术很有用时,即使学习和使用难度很大,也倾向于选择使用这一技术。

提升科研工具的使用意向,也即提升科研工作者的感知有用性、感知易用性和使用态度。学校可定期开设研究方法类讲座,邀请科研达人或国外知名专家有针对性地讲解各类科研工具的用途特征、操作方法、使用技巧,以及如何利用科研工具更好地撰写高质量的论文,让科研工作者对科研工具有全面的认识。学院可根据学科专业发展需要,邀请领域专家、学者和编辑向学院教师和学生推荐科研工具,详细介绍科研工具在本学科领域中的具体应用,特别弄清不同主题领域对应哪些科研工具,科研工具可解决哪些问题。

二、开设关于科研工具的课程

教育专业开设了教育研究方法类课程,但传统的教育研究方法以理论为主,对科研工具的操作和实际应用较少提及。纵观国内教育研究方法类教材,涉及的内容包括教育研究方法概述、教育研究课题的选定、教育文献检索、教育研究设计、教育观察法、教育调查研究法、教育实验研究法、教育行动研究法、教育叙事研究法、教育现象学方法、个案研究法、教育研究结果的表述与评价等。教育研究方法更强调教育科学研究的系统性和完整性,涉及的内容面广但不精,需要任课教师在讲授相关内容时融入科研工具。如在教育文献检索中加入文献计量分析,介绍文献计量工具CiteSpace的使用方法与操作实例。在教育调查研究法、教育测量法与教育实验法中融入SPSS、AMOS的使用方法与案例操作,在教育访谈法与教育观察法中加入NVivo的使用方法与案例操作。还可专门针对科研工具开设课程,如开设《教育统计与SPSS应用》《教育统计与AMOS应用》《质性分析与NVivo应用》《文献计量分析与CiteSpace应用》,这些课程专门针对单个科研工具在教育领域的应用,能够深入地探讨科研工具的使用价值。

三、充分利用网络资源自学

爱课程平台是教育部、财政部"十二五"期间启动实施的"高等学校本科教学质量与教学改革工程"支持建设的高等教育课程资源共享平台,涵盖在线开放课程、视频公开课、资源共享课等。爱课程平台是高等教育优质教学资源的汇聚平台、优质资源服务平台、教学资源可持续建设和运营平台,致力于推动优质课程资源的广泛传播与共享,提高高等教育质量,满足各类人群日趋强烈的学习需求。爱课程网囊括了10余项《教育研究方法》,主要学校有河南大学、西南大学、宁波大学、临沂大学、广西师范大学、上海师范大学、石河子大学、安康学院、浙江大学等。河南大学刘志军教授主持的《教育研究方法》课程中介绍了常用文献计量分析软件工具BICOMB书目共现分析系统和CiteSpace文献计量工具。西南大学陈时见教授主持的《教育研究方法》课程的数据分析部分纳入了SPSS的操作视频。

其他网络平台也是学习科研工具的重要场所。哔哩哔哩是中国年轻一代高度聚焦的文化社区和视频平台,创建于2009年6月,被网友们亲切地称为"B站"。B站中囊括了大量免费视频资源,其中不乏以科研工具操作为内容的精品教学资源。其中关于SPSS的内容涵盖了从入门到精通,从简单软件操作到论文数据整理等,适合各级别学习者学习。比如,B站中北京大学张冉老师的讲授视频,该视频内容以完成若干个任务为目标,针对每一任务进行详细讲解,列出的任务由浅入深、由易到难,能极大缓解初学者的畏难情绪。寻找CiteSpace的学习资源可关注软件开发者陈超美老师的博客和致力于CiteSpace教学的李杰博士的博客,以及关注李杰博士的教学微信公众号。学习者若遇到难以解决的问题,还可在其微信公众号中询问。

科研工具的学习离不开实践操作,建议初学者以技能学习为基础,尝试在学习过程中完整地操作案例,重复案例结果。在对科研工具操作熟练、并吸收大量案例和典型论文后,尝试对自己感兴趣的主题,用科研工具完成全新的科研任务,以发表高质量论文为目标,进一步提升对科研工具的应用能力。

第二章 海量文献挖掘与可视化分析：CiteSpace及其核心操作

●○CiteSpace能够帮助使用者回答有关知识领域的结构和发展动态等问题。例如，输入数据集的主要研究领域有哪些？每个主要领域包括哪些内容？这些主要领域是如何联系的？该学科当前最活跃的领域在哪里？在该学科领域的发展历史中是否存在关键转变？"转折点"在哪里？

运用CiteSpace可以对发文作者、所属机构以及国家之间的合作情况进行分析；绘制图谱对主题、关键词进行共现分析、聚类分析，提取高频关键词；进行文献共被引分析、文献耦合分析等。从可视化结果出发，对研究热点、研究前沿、研究趋势进行探索分析。

第一节 文献检索

在使用CiteSpace进行可视化分析之前,需要收集与主题相关的、具有代表性和权威性的文献数据。为了最大限度地发挥CiteSpace的功能,数据集应该包括被引用的参考文献。CiteSpace的主要数据来源是各文献数据库。

收集文献数据是使用CiteSpace进行可视化分析的第一步,也是至关重要的一步。文献检索是基础,不当的文献检索策略得到的数据可能难以准确反映研究领域的发展现状,即在文献分析开始之前,进行分析的数据就存在问题,那么得到的结果也一定是不准确的。所以,在进行文献检索时要明确检索要求,确定检索条件。文献检索一般是通过各大文献数据库来完成的,不同的数据库格式存在一定差异。Web of Science(WOS)的数据结构最完整,由于CiteSpace进行的文献分析是以Web of Science的数据为基础,所以使用其他数据库收集的文献数据在进行分析之前都要转换为Web of Science的格式。[1]

中文文献数据库主要有中国知网、万方、中国期刊网。以下将以收集中国知网收录的2010—2020年"跨境教育"主题下的学术期刊文献数据为例,演示文献检索步骤。

一、中文文献检索

(一)文献搜索

首先登录中国知网CNKI(https://www.cnki.net)进入检索页面。中国

---

[1] 李杰,陈超美.CiteSpace:科技文本挖掘及可视化[M].北京:首都经济贸易大学出版社,2016:34.

知网将涵盖的文献按照文献出处的载体形式分为学术期刊、学位论文、会议、报纸等不同的库，基于对文献的不同要求，在检索之前需要确定进行检索的文献数据库类型。

第一步：登录中国知网主页，点击学术期刊，如图2-1所示。

图2-1

第二步：点击学术期刊后进入中国知网学术期刊库，选择高级检索。

第三步：进入检索页面，输入"主题""作者""期刊名称"等内容，也可更改检索条件，设置时间范围，并勾选合适的来源期刊类别。

（二）文献选择

将检索条件设置为"篇关摘"并输入"跨境教育"，时间范围设置为"2010—2020年"，来源类别选择"全部期刊"（可根据实际情况添加作者、期刊名称等信息进行更精确的检索），共检索得到302篇文献。需要注意的是检索结果中可能会包含与主题相差甚远的文献，在导出之前需要对文献进行逐条浏览，自行辨别与检索主题是否相关联，并手动删除与主题无关的文献以保证文献数据的准确性。每一页最多显示50条文献结果,点击"全选"选择本页的50条记录,然后点击下一页逐页选定文献,CNKI一次最多下载导出500条记录,超出500条的记录需要分批次导出。

(三)文献导出

逐页全选文献,在选定文献的过程中需要取消选择无效文献,选定文献后点击"导出与分析"→"导出文献"→"Refworks"进入数据导出页面,选择导出并下载文献,将下载的文献命名为CiteSpace需要的格式"Download1-302",如图2-2所示。

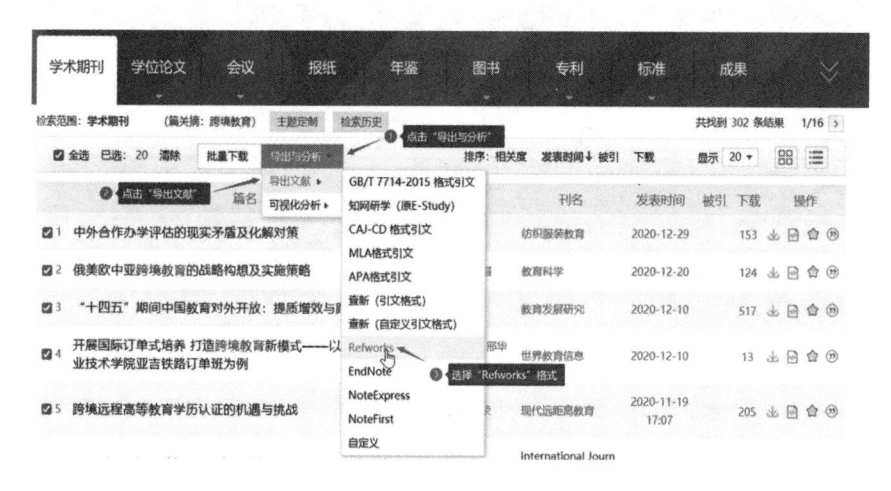

图2-2

二、外文文献检索

外文文献的检索使用Web of Science数据库,这是一个综合全球高质量核心期刊论文及会议文献的检索工具,内含多种检索书目记录的方法,可以根据需要选择基本检索、作者检索、被引参考文献检索等,一般情况下选择基本检索。本次检索是以检索2020年跨境教育主题的相关文献为例。

Web of Science提供五种数据库选项,进入Web of Science检索页面后,在数据库中选择"Web of Science核心合集",选择"主题"并输入

"cross-border education",点击"添加行"增加检索条件,需要注意的是添加行前方的"AND"表示检索结果必须同时满足两个条件,"OR"表示检索结果只需要满足其中之一的检索条件,"NOT"表示在满足以上检索条件的同时不能包含该条件。时间跨度选择"自定义年份范围",设置为2020至2020,点击检索,共得到81条检索结果。

第一步:文献检索。进入 Web of Science 主页面,选择数据库,输入检索条件,并设置时间跨度。如图2-3所示。

图2-3

页面左侧有类别、文献类型、机构扩展、基金等信息,需要对文献类型进行精炼,移除会议记录、访谈记录、文献综述等内容,文献精炼后得到66条结果,检索结果是按照出版日期从最近到最早的时间顺序显示排列的。

第二步:文献精炼。选择页面左侧的文献类型,点击"ARTICLE"进行精炼,得到66篇文献。如图2-4,2-5所示。

图 2-4　　　　　　　　　图 2-5

　　Web of Science可在每一页的最下方更改文献显示数量。点击页面右上方的"分析检索结果"查看 Web of Science对此次检索结果的初步分析情况，包括文献所属的学科类别、出版年份、作者情况、来源出版物、国家地区等基本信息。点击右侧的"创建引文报告"，获得引用这批文献的所有记录。

　　Web of Science和知网一样一次性可导出不超过500条记录，逐页选择文献，点击"导出"，选择"其他文件格式"，记录内容选为"全记录与引用的参考文献"，文件格式选择为"纯文本"，将文件名命名为CiteSpace需要的格式"Download_66"，并选择导出的文件夹。需要注意的是，Web of Science的文献的导出格式一定要选择全记录与引用的参考文献，否则无法进行共被引分析。

　　第三步：文献导出。逐页选择文献后点击"导出"，选择"其他文件格式"，进入导出页面，如图2-6所示。记录内容选择"全记录与引用的参考文献",文件格式选择为"纯文本",完成后点击导出。

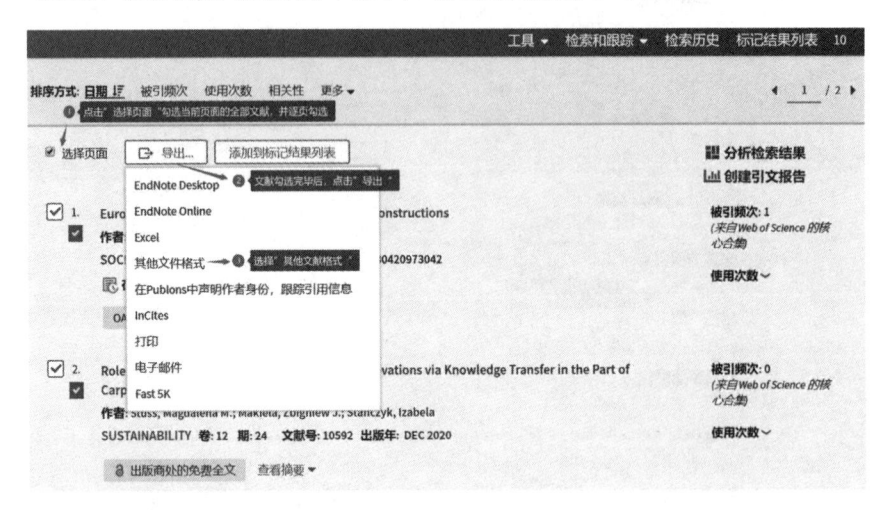

图 2-6

第二节 CiteSpace安装及界面介绍

一、CiteSpace的安装

运行CiteSpace首先需要安装Java运行环境，登录CiteSpace主页，首先点击Download Java JRE 64-bit / Windows X64，下载与系统匹配的JRE，之后再点击下载软件。

二、CiteSpace的界面介绍

CiteSpace的主界面包括菜单栏、新建和编辑项目的项目区、显示样本数据分布情况和软件处理过程的处理过程区、分析数据结果的整体参数的处理报告区、进行时区分割设置的时间切片区、文本处理区、网络配置区、参数设置区和网络裁剪区。如图2-7所示。

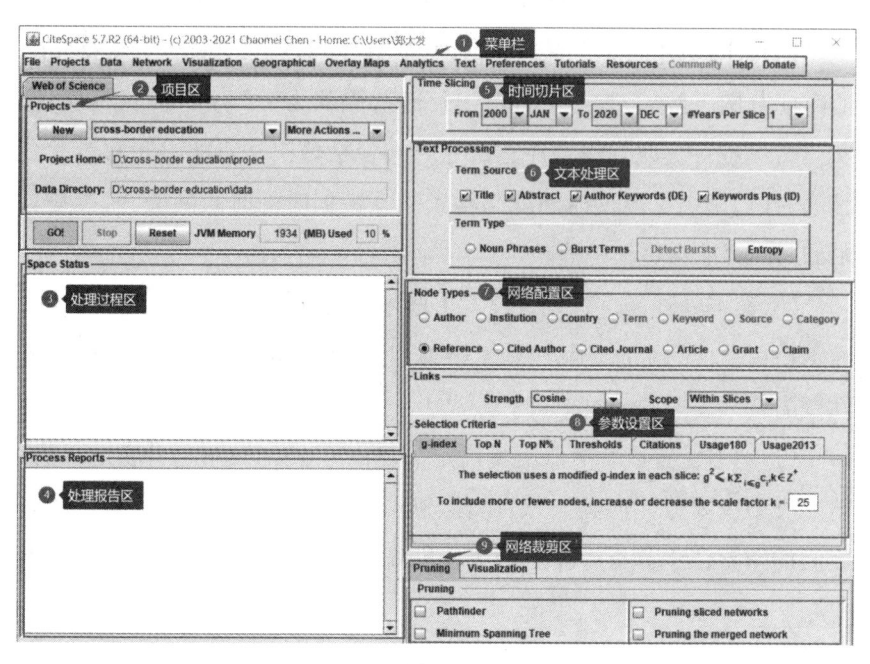

图2-7

（1）菜单栏依次是：File（文件），可以保存当前的参数设置，以及退出软件；Projects（项目），可以下载不同数据库的演示案例，也可以导入一个新的分析项目；Data（数据），对数据进行格式转化；Network（网络），对网络文件的可视化；Visualization（可视化），读取已保存的可视化图像；Geographical（地理化），对数据的地理信息进行可视化分析；Overlap Maps（图层叠加），主要用来实现期刊的双图叠加分析；Analytics（分析），分析操作；Text（文本），包含一些高级功能，像全文挖掘功能；Preferences（偏好），对常见默认项进行修改；Help（帮助），包含CiteSpace的下载页面、使用手册和版本更新等。[①]

（2）项目区。选择新建项目时，会出现修改项目参数的页面。设置项目名称并导入"Projects"和"Data"路径，数据来源根据实际情况进行勾选，其他参数如果无需改动，保持默认即可。

（3）处理过程区。显示所分析数据的分布情况及软件处理过程。

（4）处理报告区。数据处理完成后，显示所分析文献的时间跨度及各类型文献的具体数目，分析数据结果的整体参数，包括节点数和连线数。

（5）时间切片区。设置时间跨度，需具体到月份，并确保与数据文献的时间范围一致。对时间跨度进行分割，默认为一年一分割，可以根据实际情况进行更改。需要注意的是时间包括施引文献的时间和参考文献的时间，施引文献的时间就是检索文献数据时的时间阈值，而参考文献的时间可能会更长一些。

（6）文本处理区。首先是设置主题术语的来源，即术语提取的位置，通常使用默认的全选。其次是术语类型，对主要的名词性术语进行突发性探测。

（7）网络配置区。节点类型决定了使用CiteSpace进行分析的目的，节点类型主要分为四类，一是作者、机构和国家的合作网络分析。他们之间的差异在于分析合作上的主体粒度不同，可以理解为微观合作、中

---

① 李杰,陈超美.CiteSpace:科技文本挖掘及可视化[M].北京:首都经济贸易大学出版社,2016:68.

观合作和宏观合作。二是主题、关键词、来源和分类的共现分析,对主题、关键词进行分析能够通过高频词关键词的呈现挖掘学科领域的研究热点。三是共被引分析,包括文献的共被引分析、作者的共被引分析以及期刊的共被引分析。文献共被引是一种测度文献间关系程度的研究方法。两篇或多篇论文同时被后来一篇或多篇论文所引证,则称这两篇论文构成共被引关系。四是文献的耦合分析。文献耦合的概念最早是由美国学者凯斯勒(M.M.Kessler)提出的,他把两篇论文同时引用一篇论文的论文(即共同的参考文献)称为耦合论文,并把它们之间的这种关系称为文献耦合。①

(8)参数设置区。Links参数主要用于选择网络节点关联强度的计算方法。Selection Criteria功能区用来设定在各个时间段内所提取对象的数量。Top N Per-slice是指提取每个时间切片内的对象数量。Top N%是提取每个时间切片中排名前N%的对象。Usage 180为近180天内,全文的访问次数或保存该记录的次数。Usage 2013为2013年至今全文的访问次数或保存该记录的次数。g-index是软件的知识单元提取方式,该算法是在增加规模因子k的基础上,按照修正后的g指数排名抽取知识单元。

(9)网络裁剪区。当数据量很大、网络比较密集时,可以通过保留重要的连线来使网络的可读性提高。该模块最常用到的裁剪方法有两种。

各参数值设置好后点击绿色的"GO"按键进行项目处理,待处理完成后出现的对话框中会显示项目的名称、时间阈值以及有效的文献数量。此时点击对话框下方的"Visualize"进入可视化窗口,查看可视化图像并进行下一步操作。"Save As GraphML"选项将以通用图形格式把构建的网络保存到文件中,没有可视化。"Cancel"选项不会生成任何交互式可视化图像,也不会保存文件,点击之后回到上一步重新配置并重新运行。

进入图像页面后,页面左侧是关键词表按照出现频次由高到低排

---

① 罗式胜.耦合类型与分析[J].图书情报知识,1985,(01):42-47.

序,页面右侧是共现图谱。如图2-8所示。

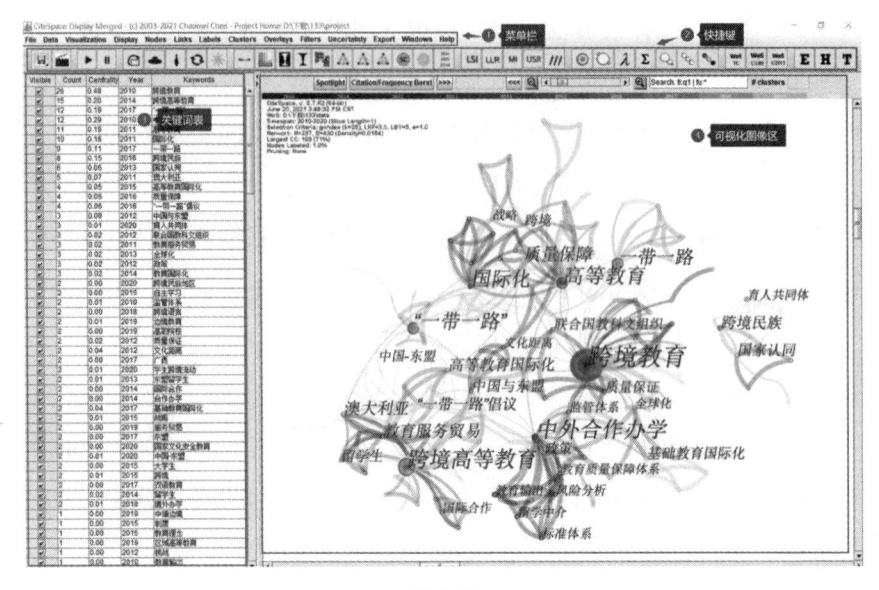

图2-8

页面上方是菜单栏,包含许多实用功能。File(文件):保存、打开可视化图像;Data(数据):设置或导入数据;Visualization(可视化):暂停或重新进行图像可视化;Display(显示):对图像显示进行调整;Nodes(节点):对节点进行调整,包括视觉编码、节点的形状、大小、节点的轮廓颜色和填充颜色;Links(连线):调整连线的形状(直线或曲线)、颜色、虚实(实线或虚线)、透明度等;Labels(标签):调整标签颜色、大小、位置、对齐、标签背景颜色、重叠标签的显示或隐藏;Clusters(聚类):进行聚类、提取聚类标签、对显示的聚类结果进行调整、保存聚类信息、聚类管理器等;Overlaps(叠加):网络叠加分析功能,使用该功能时通常是先对整体网络进行分析并保存图层,然后再分析一个子网络并保存,再同时加载两个网络,得到子网络在整体网络中的位置;Filters(过滤):对关键路径或节点的显示;Export(导出):可视化结果的导出,可以生成研究报告;Windows(窗口):控制面板和查看节点细节;Help(帮助):对使用过程可能出现的问题提供帮助。

快捷键如图2-9所示①。

图2-9

图2-10所示,功能依次为:保存可视化文件、保存图形、结束处理过程、重新处理。

图2-10

图2-11所示,功能依次为:整个网络蓝色与彩色显示切换、网络视图背景颜色的修改、背景颜色为黑色、背景颜色为白色。

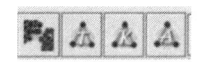

图2-11

图2-12所示,聚类、聚类的命名术语从标题、关键词、摘要中提取。

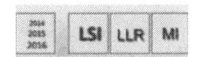

图2-12

图2-13所示,为聚类的时间演化、LSI算法、LLR算法、MI算法。

图2-13

---

① 李杰,陈超美.CiteSpace:科技文本挖掘及可视化[M].北京:首都经济贸易大学出版社,2016:104-105.

第三节 CiteSpace的功能

该部分对于CiteSpace的功能展示以中国知网作为数据来源,选择"跨境教育"作为分析的主题。登录中国知网,检索条件:主题=跨境教育,检索时间为2010—2020年,为保证文献的权威性,期刊来源选择为北大核心和CSSCI。

一、数据导入

利用软件CiteSpace进行可视化分析首先需要新建文件夹,在文件夹中新建四个文件夹,分别命名为Project、Data、Input、Output。将在知网上检索到的文献筛选后进行导出,将导出的文献命名为Download格式并放在Input文件夹中。使用知网的文献需要先对数据格式进行转化,点击CiteSpace主页面上方的"Data"→"Import/Export",选择CNKI,Input Directory选择为新建文件夹中的"Input"文件夹,Output Directory选择为新建文件夹中的"Output"文件夹,选择完毕后点击下方的"CNKI Format"按钮进行转化。转化完成后,找到该文件夹,将"Output"文件夹中经过转化的数据复制到"Data"文件夹中。

点击主页面项目区的"NEW"按键新建项目,输入项目名称为"跨境教育",项目来源和数据目录选择为上述新建文件夹中的"Project"文件夹和"Data"文件夹,数据来源根据实际情况进行勾选,完成后点击"Save"保存。时间切片区的时间设置需要与文献的时间跨度相一致,根据需要改变参数设置,再选择节点类型,最后点击"GO"按键进行项目处理。

二、绘制关键词图谱

在使用CiteSpace进行文献可视化分析之前,中国知网可以对检索结果进行初步的可视化分析,包括文献数量的总体趋势、关系网络以及文献的分布情况。可以先对检索文献的年度分布情况进行分析,学科领域的发文量能够反映出该领域特定时期的研究情况。对发文趋势进行把握,能够洞悉该学科领域的研究态势,包括开始进行研究的契机,研究的快速发展或缓慢发展时期,再深入各个阶段探索促进或阻碍该领域发展的相关因素。跨境教育领域的研究与当今世界的国际化程度、国际上相关的教育政策和法律规制、国内的政策要求、当代人们的生活方式等息息相关。

关键词是对论文内容的核心概括,一篇论文包含若干个关键词,对论文关键词进行分析可大致把握文章内容。一篇文章中的多个关键词之间是具有内在联系的,而这种联系可以用关键词共现频次来表示。一般认为,词汇对在同一篇文献中出现的次数越多,则代表这两个主题的关系越紧密。

共词分析法根据文献中词汇或名词短语共同出现的情况,来确定该文献集所代表学科领域各主题之间的关系。统计一组文献的多个主题词在同一篇文献出现的频率,便可形成一个由这些词汇关联所组成的共词网络。

在网络配置区,将节点类型勾选为"Keyword"即关键词,选择完成后点击"GO"进行可视化分析。单击"Visualize"按钮,将弹出一个新窗口。在这个可视化窗口,最初会看到一些在屏幕黑色背景下移动的节点和连线,耐心等待几秒后节点停止运动,背景色就变成白色,并且出现一个由多条连线组成的网络。

页面左侧是"跨境教育"的关键词表,包括关键词出现的次数、中心性,以及关键词在所选文献集中首次出现的年份。需要注意的是,节点数大于500时需要手动计算中心性,方法是点击"Node"→"Compete node Centrality"。例如,关键词"跨境教育"在所选文献集中首次出现于2010年,共出现26次,关键词中心性为0.48。

页面右侧是关键词共现图谱,可以利用控制面板来对图像进行调整,使之更加美观整洁,易于提取信息。红色方框圈出的部分,N代表节点数,一个节点代表一个关键词;E代表连线数,显示关键词之间的联系;Density表示密度。关键词出现频次越高,节点越大。线条代表关键词之间的联系,线条颜色与图中上方年份相对应,用于标志每一年有哪些主要关键词出现。

在对可视化图像进行分析时,节点信息非常重要。一般按照节点的出现频次和中介中心性来确定重要节点,即图像中较大的节点。还可以使用画布上方的信息搜索框,检索当前网络中的节点信息。

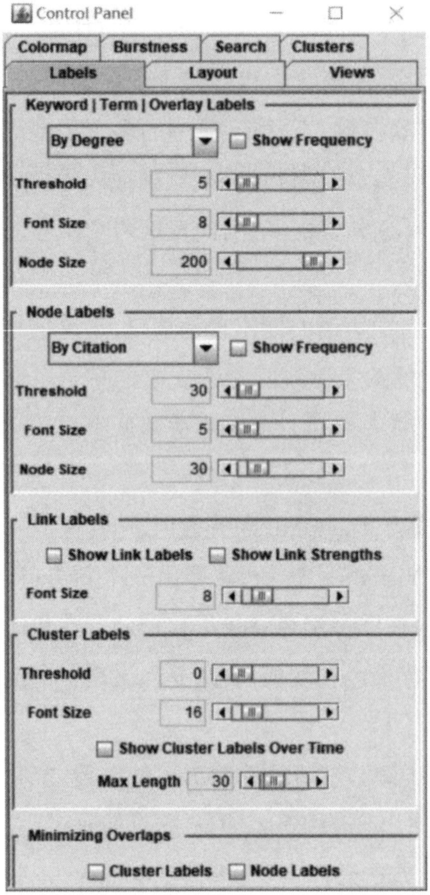

控制面板中的部分关键内容如下。

Threshold:阈值,阈值越小显示的关键词数量越多,反之显示的关键词数量越少。

Font Size:调整字体大小。

Node Size:调整节点大小。

可点击 Colormap 更改节点和连线的颜色、透明度等设置。

也可点击页面上方的 Nodes、Links 对图像中的节点形状,连线形状进行调整。

可视化处理过程结束后,需要对共现图谱进行调整,使之更加美观整洁,易于提取信息。关键词过多会显得整个页面杂乱无章,重要信息难以突显,关键词过少会让图谱过于空荡,有效信息过少。如图2-14所示。通过调整 Threshold(阈值)来改变

图 2-14

显示的关键词数量,阈值越高,显示的关键词数量就越少。许多节点距离较近会导致标签重叠,需要更改 Font Size 来调整字体大小。对于重叠的标签可以选择控制面板最下方"Minimizing Overlaps"(重叠最小化)中的"Node Labels",虽然这样可以解决标签的重叠问题,但是标签和节点的相对位置会发生变化,其对应性难以体现。在这种情况下,可以选择手动对节点位置进行微调,之所以是微调,不能过多地移动节点位置是为了避免破坏图谱的结构性。节点和标签调整完毕后,点击图像上方的放大镜控制图谱的缩放,并移动图谱到合适的位置,再截图保存调整合适的共现图谱。

单击图谱上的某一节点,能够显示该节点关键词与其他关键词的相关关系。如点击"跨境教育"这一关键词,会发现跨境教育与高等教育、质量保障、"一带一路"、中外合作办学等关键词都有所关联。这些关键词之间的关联可能是促进跨境教育发展的因素,也可能是跨境教育所面临的问题,需要结合具体的文献,对关键词以及关键词之间的关联进行解读。

右击关键词,点击"Node Details"查看节点信息,包括"The History of Appearance"即关键词出现的年度分布,可以帮我们厘清该学科领域下某一研究主题的发展趋势,判断该研究主题是否长期受到关注,以及是否成为该领域的研究转折点等。"The Keyword Appeared in ×× Records"即有该关键词出现的文献记录,选择某一篇文献可以点击查看文献的题目、作者和摘要。可以通过此方法找到包含该关键词的文献,选取具有代表性的文献细致深入地阅读,从而帮助理解该关键词的相关信息。

结合高频主题词表对"跨境教育"的关键词共现图谱进行分析,找出"跨境教育"学科领域的研究热点。先对单个关键词进行把握,如"跨境教育"这一关键词同时也是检索主题,因此其出现频次最高不足为奇,需要着重看共现图谱中跨境教育与其他关键词之间的联系。而"跨境高等教育"这一关键词共出现15次,出现频次排第二,说明在各个教育阶段中高等教育阶段的跨境教育受到学者的关注更多,我们要对这一现象进行解读并探寻促进其发展的条件,厘清我国当前跨境高等教育的发展现状以及发展中面临的问题。"一带一路"是我国提出的合作倡议,跨境教育作为文化交流的一部分,中国和"一带一路"国家也会借此倡议进行对外交流,把握好"一带一路"倡议在我国跨境教育发展中所起的重要作用。

之后,对关系密切的多个关键词进行整理,形成研究热点知识子群。例如由质量保证、标准体系、监管体系、教育质量保障体系等关键词组成的"跨境教育质量监管问题"是跨境教育研究领域的热点话题,同时也是未来跨境教育发展需要克服的难关,值得关注和深入研究。当前阶段跨境教育在质量监管方面存在哪些问题?未来跨境教育监管体系又该向着哪个方向发展完善?可以通过找到具体节点,查看节点信息,筛选出包含上述关键词的文献,通过阅读这些文献了解该问题的发展情况以及学者们对该问题的思考理解,从而更好地把握该问题。

三、绘制作者图谱

利用软件CiteSpace绘制作者合作网络,结点的大小反映的是每个作者的发文量,连线代表作者之间的合作关系。将节点类型更改为"Author"即作者,进行可视化分析。

每个研究领域都会有主力的研究学者,以及由这些主力学者构成的合作网络。这些主力学者在该学科领域产出较多研究成果,这不仅反映其研究能力和水平,而且很有可能引领该领域的发展方向。因此,对于多次出现的作者和作者合作网络进行分析,一方面可以找出该学科领域下的高影响力作者,发现哪些作者的研究主题类似,哪些作者是不同主题的联络者,具有连接两个或多个团体的功能;另一方面也可以让我们对该领域的研究内容和未来的方向有更准确、全面的把握。

节点越大,表明作者发文量越多,该作者的影响力越大。作者之间的连线反映出作者之间的合作情况。例如在收集的文献数据中,车伟民学者于2010年发表三篇文献,于2011年、2013年各发表一篇文献,共发表了五篇"跨境教育"主题相关的文献。其中两篇是探讨澳大利亚发展跨境教育的优势及对我国的启示,另外三篇主要围绕我国跨境教育的发展而展开。他跟学者黄镇海、刘尔思一起探讨我国跨境教育的发展现状,认为我国在发展跨境教育方面缺乏规划,被动接受境外的质量标准,同时还对我国跨境教育质量进行了风险分析,认为我国应建立多层次的跨境教育质量监控体系,由此促进我国跨境教育的健康可持续发展。[①]

发文量排第二的是学者刘宝存,共发表四篇相关文献,分别发表于2015、2017、2019、2020年,说明在该研究领域这位学者近几年研究势头正猛。他在文章中不仅讨论了境外办学的监管模式,而且聚焦于国际组织对跨境教育发展的影响,如联合国教科文组织促进了高等教育知识的跨境流动,亚太经合组织将继续致力于亚太区域内跨境教育的发展和教育合作的进一步深化。[②]但在学术合作方面,该学者与其他学者联系较少。

除了看作者发文量之外,还要结合文献的引用频次来判断是否为核心作者。发文量高于三篇的共有四位作者,分别是车伟民、刘宝存、覃玉荣、柳翔浩,引用频次分别为42、53、40、2次。通过分析,可以认为以上作者是跨境教育研究领域的核心作者,但并未形成核心作者群。

需要注意的是,对作者进行共现分析时要考虑到重名的问题,特别是英文姓名可能存在好几种写法,为避免混淆,需确保图谱更加清晰,应对同一位作者的节点进行合并。合并方法是首先选中要保留的节点,右击并选择"Add to the Alias List(primary)",其次选中要合并的节点,右击并选择"Add to the Alias List(Secondary)",完成上述步骤后重新回到软件初始页面,最后再次运行网络。这个方法不仅适用于相同作者的合并,也适用于其他节点需要合并的情况。

四、绘制研究机构图谱

运用软件绘制研究机构合作网络,节点大小代表机构发文数量,连线反映机构间的合作研究情况。将节点类型更改为"Institution"即机构,如图2-16所示,进行可视化分析。

[①] 刘尔思,车伟民,黄镇海.我国跨境教育的现状与监管体系构建的路径选择[J].教育研究,2010,31(09):95-100.
[②] 刘宝存,刘强,荆晓丽.亚太经济合作组织教育领域优先发展议题及其展望[J].比较教育研究,2015,37(03):1-9.

对机构合作网络进行分析可以发现该学科领域的研究主力，并探讨机构间的合作关系。机构之间的合作可以按照地区划分为同一地区的机构合作、跨地区机构合作和跨国机构合作，也可以按照机构的不同类别来进行划分。例如，在有关跨境教育的研究中研究主力集中在各高校，同时，教育部留学服务中心和教育部学位与研究生研究发展中心也关注着我国跨境教育领域的发展。机构之间的合作包括高等院校之间的合作，如北京师范大学国际与比较教育研究院与清华大学教育研究院的合作；高校和研究中心的合作，如云南财经大学与教育部留学服务中心的合作；还包括高校内部的合作，如厦门大学教育研究院与厦门大学高等教育发展研究中心、厦门大学中外合作办学研究中心的合作。

节点类型同时勾选"Author"和"Institution"，对作者和机构同时进行可视化分析。如图2-16所示，可以看出北京师范大学国际与比较教育研究院在跨境教育的研究中相较于其他机构具有一定的优势。排在其后的分别是厦门大学教育研究院、云南财经大学国际工商学院、教育部学位与研究生教育发展中心、教育部留学服务中心等。从这些排名靠前的机构可以看出，进行跨境教育研究的主要还是知名高校的教师和研究人员。这在很大程度上是因为跨境教育还是以学校教育为主，高校教师和研究人员有更多的机会接触到在校留学生，掌握一手的资料，聚焦现实问题。

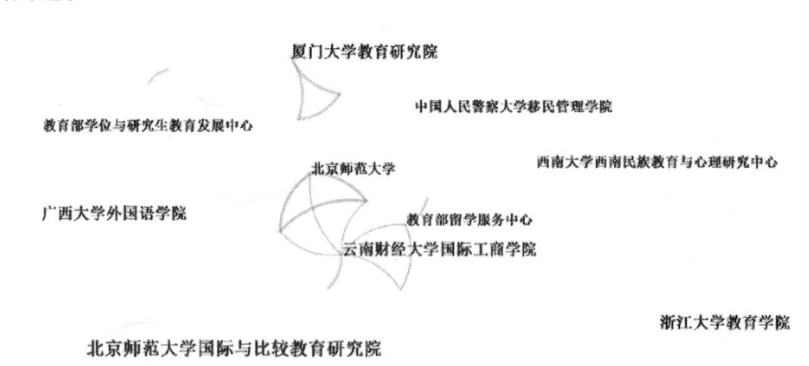

图2-15

许多发文量靠前的作者也是研究机构的成员。这些科研团队都对跨境教育领域内的某个特定主题有着深入的研究。

五、绘制聚类图

聚类分析是指把相似的对象通过静态分类的方法分成不同的子集，这是以分析对象的相似性为基础。聚类分析有许多不同的算法，CiteSpace 提供的算法有三个，分别是：LSI 浅语义索引、LLR 对数极大似然率、互信息。对不同的数据，可根据情况选取不同的算法。

首先将节点类型勾选为"Keyword"进行关键词的可视化分析，得到关键词共现图谱后，点击图谱上方的"K"进行关键词聚类。除此之外，还可以点击页面上方菜单栏中的"Clusters"→"Find Clusters"进行聚类。

运用软件进行关键词聚类，关键词共现网络聚成了若干个不规则区域，每一个区域都对应着一个标签，此次聚类共形成了八个聚类板块。得到的聚类标签其实早已存在于网络中，只不过 CiteSpace 是通过算法将关系紧密的关键词进行聚类，然后会给每个关键词一个值，同一聚类中值最大的关键词当选为该类别的代表，给它打上标签。聚类标签顺序是从 0 到 7，数字越小，聚类中包含的关键词越多，每个聚类是多个紧密相关的词组成的，具体是哪些关键词可以通过导出报告得到详细信息。

在这个网络中需要注意两个数值，一个是 Q 值（Modularity：聚类模块值），一个是 S 值（Silhouette：聚类平均轮廓值），这两个数值表征着聚类结果的好坏。一般认为，Q 值>0.3 意味着聚类结构显著，S 值>0.5 代表聚类结果合理，S>0.7 意味着聚类是令人信服的。

聚类结果呈现之后，为了使图谱看起来更加美观整洁，更为了提高聚类结果的可读性，显示更多重要信息，就需要对图谱中的节点、连线、聚类标签等要素进行调整，例如更改节点的大小和颜色，合并相同节点，更改连线的颜色，调整聚类标签的大小、位置、边框颜色等。

点击页面上方的"Clusters"，找到"Cluster Explorer"，此功能提供了聚类信息查询，施引文献信息，被引文献信息以及从施引文献中提取的总结聚类的句子查询四个窗口。该功能能够清晰地了解到与聚类相关的多方面信息，是文献共被引分析中最常用的一个功能。也可以更改显示聚类的数量，点击"Clusters"选项下的"Show Clusters by IDs"，再输入想要显示的聚类的序号范围，即可显示相应的聚类，也可以点击"Show the Largest K Clusters"输入想要显示类别的数量即可。

六、绘制时间线图

进行关键词聚类后，点击控制面板的"Layout"调整网络布局，将 Cluster View 更改为 Timeline View，得到聚类的时间线视图，如图 2-16 所示。时间线视图侧重于勾画聚类之间的关系和某个聚类中文献的历史跨度。CiteSpace 会首先对默认视图进行聚类，并给每个聚类赋予合适的标签，即完成自动聚类和自动标签的过程，然后根据节点所属的聚类（坐标纵轴）和发表的时间（坐标横轴），将各个节点设置在相应的位置上，从而生成时间线视图。

同属于一个聚类标签的关键词处于同一水平线上，图谱的正上方有一条时间线，关键词出现的时间与上方的时间线相对应，关键词越靠右表明它出现的时间距离现在越近。通过时间线视图，可以大致把握每个聚类中的关键词数量，水平线上的关键词数量越多，代表该聚类领域越重要。同时，时间线视图能够展示每个聚类标签中关键词的时间跨度，关键词之间的连线也代表了它们之间的联系。

图 2-16

由于同一聚类的节点按照时间顺序被排布在同一水平线上，所以每个聚类中的文献就像串在一条时间线上，展示出该聚类的长期研究成果。因此，通过时间线视图，我们可以进行如下分析：(1)在哪些年份，该聚类开始出现，即有了该聚类的第一篇参考文献；(2)在哪些年份，该聚类的成果开始增多；(3)在哪些年份，该聚类开始趋冷，关注度降低；(4)在整个聚类的发展过程中，在哪些年份出现了哪些标志性的文献(如高被引文献、高中介性文献等)，这些文献怎样影响着整个聚类的走势。

除了时间线图之外，聚类还可以通过时区图的方式呈现。时间线图是将同一个聚类标签下的关键词放在同一条时间线上，反映的是该学科领域下同一或相似主题的演化；而时区图是将相同时间内的节点集合在同一个时区，这个时区就是关键词首次出现的时间，反映的是该学科领域研究主题的变化发展。

七、关键词突变

关键词突现是指一个关键词在该主题中出现的次数在短期内有很大变化，因此可以通过关键词突现来了解该学科领域内研究前沿的变化更迭。在 CiteSpace 中，某个聚类包含的突发节点越多，那么该领域就越活跃。除了可以对关键词进行突变分析之外，还可以对参考文献、作者、机构进行突变分析。点击控制面板中的"Burstness"→"Refresh"→"View"，得到关键词突现的信息。"Minimum Duration"是指突现时间的最小单位，该值越小则突现词越多。如图 2-17 所示。

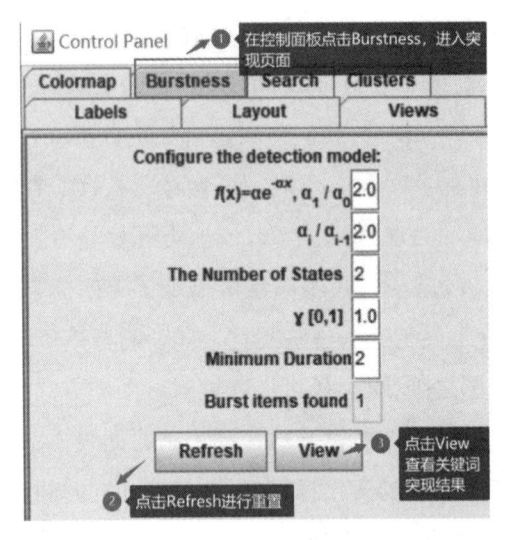

图 2-17

八、共被引分析

第一次安装 CiteSpace 时,软件会自带一个关于恐怖主义研究的演示数据集,以便使用并熟悉 CiteSpace 中的操作和主要的分析功能。本书的共被引分析使用 CiteSpace 系统自带的恐怖主义主题的相关数据进行演示。

(一)作者共被引分析

美国德雷克赛大学怀特博士认为,作者共引频次越高,则作者学术相关性越强。作者的共被引分析可以得到该领域内高被引作者的分布情况,确定该学科领域有影响力的学者,还能够了解到该领域相似作者的研究主题及其学科分布领域。

此次的作者共被引图谱中,共有466位作者,形成了1973条连线。图谱中节点较大的作者是在恐怖主义研究领域有重要贡献的作者。被引频次较高的作者包括认证数据中心专家(Certified Data Center Professional,CDCP)、亨德森(Henderson),领域内的其他作者非常重视对亨德森等人研究成果的引用。

图2-18

(二)文献共被引分析

文献共被引是指两篇或多篇论文同时被后来一篇或多篇论文所引证,则称这两篇论文构成共被引关系。文献共被引分析可以通过节点大小和左侧的高频共被引文献表得知哪篇文章属于高被引论文。

首先关注被引用频次较高的文献,这些文献的内容被多次引用,代表其研究被该领域的其他学者高度认可。其次,我们还可以看到某些文献的联系比较紧密,说明这些文献经常被一起引用。而经常被一起引用的文献在内容上具有某些内在联系,可能是研究方向的相似性,也可能是研究结论的相关性,值得关注。

关于"恐怖主义"的研究,斯舒特(Schuster)的被引频次最高,说明他在恐怖主义研究领域具有重要影响力,研究成果丰富且认可度高。

在此基础上进行文献共被引的聚类分析,挖掘相似文献的共同主题,这才是文献共被引的意义所在。进行聚类得到的结果是多个聚类标签。

点击查看聚类的具体情况,包含三个窗口,最上方的"Clusters"窗口显示的是聚类名称,以及该聚类里面包含的关键词。左下方的"Citing Articles"窗口是施引文献列表,标题中用黄色着重标识的词汇就是通过相关方法提取的聚类命名,一般认为这些文献代表了研究前沿。右下方"Cited Reference"窗口显示的是被引文献,一般认为这些文献反映的是知识基础，这些文献也是直接在图谱中显示的节点信息。

显然，可视化图像的大小和结构影响着我们对它的解读，包括我们能从图中得到的研究要点的清晰度和复杂性。共现图谱的结构是由每次时间切片确定的节点数量决定的，一般情况下，我们很难提前知道将各个时间段内所提取的节点数量设定为多少才能得到更为理想的可视化图谱。

首先建议先将TOP N设置为50生成可视化图像，得到图像后检查共现网络的聚类模块值（Q值）和聚类平均轮廓值（S值），以及聚类的数量。如果得到的聚类数量过少，我们能从中获取的信息就十分有限；但如果聚类的数量过多，信息琐碎，则很难从中提取关键信息，也难以对该研究领域形成整体把握。比较合适的聚类数量应该是在7~10个之间，超出10个聚类就对聚类平均轮廓值有更高的要求。在这之后可以尝试将TOP N设置为100，比较两次得到的结果，选择更合理的可视化图像进行解读。也就是说，在使用CiteSpace时，应该先从一个小的网络开始，然后根据对第一次所得图像的评估结果相应地扩大网络。需要注意的是，网络越大并不一定意味着信息量更多。

进行完可视化分析之后，可以点击"Export"→"Generate a Narrative"生成一份分析报告，报告得到网络的主要聚类结果、引用频次、突现、中介中心性等信息，这些信息能够帮助我们进行分析。

第三章 CiteSpace 的研究案例：国内外跨境教育研究综述

●○2003年在"第二届教育服务贸易论坛"上，有学者首次使用"跨境教育"代替过于商业化的"教育服务贸易"，随后跨境教育一词开始被广泛关注和使用[①]。全球化推动各国跨境教育的快速发展。学界近年来也一直关注跨境教育领域。研究选CNKI和Web of Science中关于跨境教育相关论文，运用CiteSpace软件进行可视化分析，绘制研究机构、研究作者和研究热点的知识图谱，挖掘跨境教育研究的现状、热点和趋势，以期为研究者、管理者及其他利益相关者提供理论与实践参考。

---

① Knight J. GATS-higher Education Implication, Opinions and Questions[A]. First Global Forum on International Quality Assurance, Accreditation and the Recognition of Qualifications in Higher Education: "Globalization and Higher Education"[C]. UNESCO:2002:17-18.

第一节　国内跨境教育研究

研究选取 2000—2020 年 CNKI 中核心期刊及以上收录的有关跨境教育主题的文献共 200 篇,运用 CiteSpace 软件进行可视化分析,绘制研究机构、研究作者和研究热点的知识图谱,利用聚类算法对研究热点进一步分析。结果表明:我国跨境教育研究数量整体呈现增长趋势;核心机构尚未形成;核心作者群已基本形成;研究范围较广,关注点大多集中于宏观和中观层面,微观层面的研究较少。未来研究可尝试拓宽研究空间,聚焦于细致深入的研究主题。

一、研究数据与方法

(一)数据来源

研究的样本数据来源学术期刊论文,以 CNKI 中北大核心、CSSCI 学术期刊为检索源,设置"主题=跨境教育",时间跨度为 2000—2020 年,共检索出 239 篇文献,经过整理、去重、删除会议报道和期刊目录等操作,排除与主题相关度较低的无效文献,最终得到 200 篇文献作为本研究的原始数据。

(二)研究方法

研究运用 CiteSpace 5.7.R3 软件进行数据分析,采用定量研究和定性研究相结合的方法。先将前期筛选得到的文献导入软件进行数据格式转换,完成预处理,再通过运行软件生成科学知识图谱。其中 CiteSpace 的参数设置如下:时间切片为 1 年,采用 Pathfinder 裁剪,阈值设为 TopN%=50%,节点类型分别选择作者、机构、关键词,生成对应的知识图谱,结合对高影响力文献的深度分析,得出研究结论。

二、研究结果与分析

(一)发文量分析

1. 发文量趋势分析

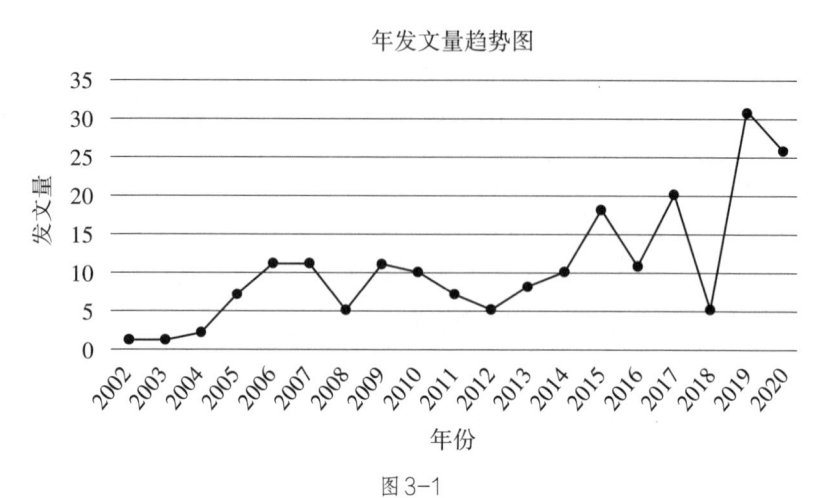

年发文量趋势图

图3-1

通过Excel进行描述分析得到年发文量趋势图,如图3-1所示。从年载文量趋势图看,关于跨境教育主题的研究总体呈增长趋势。检索结果显示,2002年开始出现跨境教育的相关研究,当年召开的第一届教育服务贸易国际论坛上明确讨论了有关跨境提供教育的质量保障和认证问题。2003年后关于跨境教育的研究论文数量开始大幅增长。2013年习近平总书记提出"一带一路"倡议,促使跨境教育的研究又迎来新的增长点。2019年第二届国际合作高峰论坛的召开使得跨境教育的研究文献数量达到历史新高。

2. 发文期刊分析

在进行文献筛选时,选择影响力较大的北大核心、CSSCI期刊,选出的200篇文献中涉及87个刊物,载文量前10的期刊如表3-1所示。其中,《比较教育研究》刊物载文量高居榜首,达到18篇。其次是《中国高教研究》13篇,《教育发展研究》12篇,《中国高等教育》7篇。从期刊复合影响因子上看,上述期刊学术影响力较高,能够较权威地反映跨境教育研究的重点。

表 3-1

编号	期刊名称	数量/篇	所占比例	期刊复合影响因子
1	比较教育研究	18	9%	1.791
2	中国高教研究	13	7%	3.950
3	教育发展研究	12	6%	2.527
4	中国高等教育	7	4%	1.465
5	复旦教育论坛	6	3%	1.385
6	中国成人教育	5	3%	0.817
7	职业技术教育	5	3%	0.720
8	全球教育展望	4	2%	1.261
9	清华大学教育研究	4	2%	1.216
10	黑龙江高教研究	4	2%	0.788

(二)研究机构分析

表3-2统计了发文量大于等于3篇的机构信息，其中，北京师范大学、厦门大学、上海市教育评估院发文量分别为14、10和5篇。综合来看，可将研究机构分为四类。一是双一流综合性大学，如厦门大学、浙江大学、清华大学等，厦门大学发文量达10篇。这类机构的研究主题主要有跨境高等教育、"一带一路"视域下跨境大学的发展等。二是各类教育研究院，如上海市教育评估院、中国教育科学研究院、教育部留学服务中心等，这类机构对跨境教育的质量保障、挑战与对策等方面关注较多。三是师范类大学，如北京师范大学、东北师范大学、上海师范大学等，这类机构更多关注的是跨境教育的具体实践和战略选择等问题。如北京师范大学国际与比较教育研究院的主要关注点在于跨境高等教育监管体系构建、跨境高等教育政策分析、跨境办学模式研究及跨境合作机制研究等方面。四是地处边境地区的院校，如广西教育学院、广西大学、云南财经大学等，这类机构的关注点在于地处边境地区如何进行跨境教育。

表 3-2

机构	发文量(篇)	机构	发文量(篇)
北京师范大学	14	教育部留学服务中心	4
厦门大学	10	中国教育科学研究院	3
上海市教育评估院	5	浙江大学	3
广西教育学院	4	上海师范大学	3
云南财经大学	4	教育部学位与研究生教育发展中心	3
东北师范大学	4	广西大学	3

从机构合作情况看，跨境教育研究机构的关键节点有北京师范大学、国际与比较教育研究院、厦门大学教育研究院、东北师范大学教育学部、浙江大学教育学院。以这些核心机构为中心的关键节点附近还围绕着许多合作机构，其中既有同一地区的不同高校之间，高校与研究中心之间的合作，如北京师范大学国际与比较教育研究院、清华大学教育研究院之间的合作；也有不同地区独立机构之间的合作，如东北师范大学与深圳信息职业技术学院之间的合作；还有同一高校不同研究机构之间的合作，如厦门大学教育研究院与厦门大学中外合作办学研究中心、厦门大学高等教育发展研究中心之间的合作。

(三)核心作者分析

表3-3统计了我国跨境教育研究的核心作者信息，发文量最多的作者是车伟民，发文6篇。其次是刘宝存、唐晓萍、周满生等。核心发文量3篇以上的作者，团队合作比较紧密。可见，我国跨境教育研究存在团队合作关系。

表 3-3

作者	发文量（篇）	作者	发文量（篇）
车伟民	6	孙曦	3
刘宝存	5	郭朝红	3
唐晓萍	4	林梦泉	3
周满生	4	刘芳	3
张民选	3	刘尔思	3
赵俊峰	3	薛卫洋	3

三、我国跨境教育的研究主题分析

(一)关键词共现分析

关键词共现分析是对文献中出现的关键词进行整理分类,进而发掘有价值信息的过程[①]。运行 CiteSpace 得到关键词知识图谱,如图 3-2 所示。除去基本关键词"跨境教育"后出现频率较高的关键词分别为"跨境高等教育"(48次)、"一带一路"(21次)、"教育服务贸易"(20次)、"中外合作办学"(17次)、"质量保障"(11次)等,对应的中介中心性分别为 0.45、0.33、0.18、0.16、0.14。

表 3-4

关键词	频次	关键词	频次
跨境高等教育	48	跨境分校	4
"一带一路"	21	教育枢纽	4
教育服务贸易	20	留学生	3
中外合作办学	17	跨境远程教育	3
国际化	16	海外学术	3
质量保障	11	科研跨国	3

---

① 陈悦,陈超美,刘则渊,胡志刚,王贤文.CiteSpace知识图谱的方法论功能[J].科学学研究,2015,33(02):242-253.

续表

关键词	频次	关键词	频次
全球化	10	文化安全	3
对策	5	国际法规制	3
WTO	8	教育公平	3
服务贸易总协定	6	教育认证	4

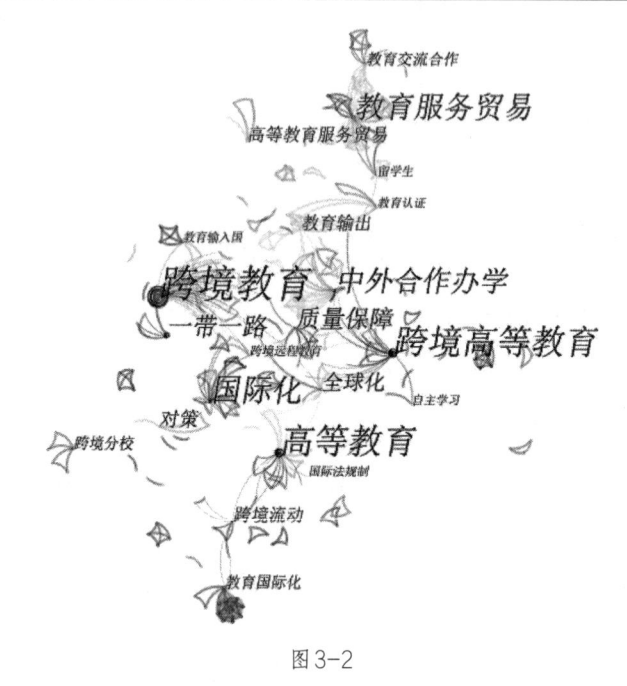

图 3-2

(二)关键词聚类分析

根据关键词共现图谱可以对关键词进行大致分类,用CiteSpace对关键词进行自动聚类,可得到10个聚类。其分别为跨境教育、教育服务贸易、国际化、现状、跨境高等教育、澳大利亚、中国-东盟、高等教育质量保障、中外合作办学、海外学术。

结合关键词共现和关键词聚类所运行的结果,并对热点文献深入分析,发现国内学者关于跨境教育的研究主题主要包含四个方面。

1. 跨境教育的产生与发展背景

涵盖的关键词有"一带一路"(48次)、"国际化"(41次)、"全球化"(23

次)、"教育服务贸易"(20次)、"WTO"(18次)等。21世纪伊始,全球化、国际化的发展趋势日益明显,对教育领域的人才培养提出了全新要求,同时,教育也逐步迈向国际化,催生了世界范围内教育服务贸易的出现。中国自2001年加入WTO以来,国务院、教育部等出台了一系列有关教育服务贸易发展的政策框架,使得国内教育服务贸易形式呈现多样化。2013年"一带一路"倡议的提出,促进了跨境教育的进一步发展。《"一带一路"大数据报告(2018)》显示,由兰州大学发起的"一带一路"高校联盟成员总数达148个,国家间高等教育合作的使命与内涵不断丰富,参与合作的院校形成了良性循环的可持续发展生态[①]。近年来,以"一带一路"倡议为研究视域来探寻跨境教育发展路径的研究者层出不穷。

2.跨境教育的实现形式

跨境教育的实现形式是国内学者研究的重点,包含关键词有"中外合作办学"(18次)、"海外学术"(5次)、"跨境分校"(4次)、"教育枢纽"(4次)、"留学生"(4次)、"跨境远程教育"(3次)、"跨境学童"(2次)等。其中,"中外合作办学""跨境分校"属于机构流动;"留学生""跨境学童"属于人员流动。跨境学童即拥有香港户籍并在香港的学校读书,但平时生活在内陆,需要往返通关的学生群体。学者梁志芳指出,跨境学童面临内陆与香港在社会制度、生活方式、教育模式、语言使用、文化习俗等方面的较大差异,使得跨境教育的效果不佳。社会各界必须协同合作,通过各种教育教学形式帮助跨境学童解决教育问题。"跨境远程教育""海外学术"属于项目流动。"跨境远程教育"即某个成员国的服务者在其境内通过电视广播、计算机网络等现代通信技术向其他成员国的消费者不限时间、地点进行的跨境教育[②]。"海外学术"即专家学者通过跨境流动交流学习,与别国学者共同钻研专业学术问题[③]。"教育枢纽"被认为是继人

[①] 蔡芸,陈佳,Julian Chow,周梅,谷琦."一带一路"倡议下我国跨境高等教育发展路径研究[J].教育理论与实践,2019,39(18):16-18.
[②] 黄复生.国际视野下的跨境远程教育质量保障探析[J].中国远程教育,2009(03):17-24+79.
[③] 郝诗楠.香港人的国家认同与展望:基于港台海外学术成果的分析[J].深圳大学学报(人文社会科学版),2019,36(01):37-44.

员流动、机构/项目流动之后出现的第三代跨境教育类型。"教育枢纽"可以是独立的分校、科技实验中心或大量国际学生的集聚地,也是一国或地区通过吸引境外学生、研究人员、项目或供应商来投资本国或地区的教育、培训和知识产业等而建造的一个聚集地[①]。

3. 跨境教育面临的挑战与对策

跨境教育面临的挑战与对策涉及的关键词有"质量保障"(11次)、"文化安全"(5次)、"对策"(5次)、"教育认证"(4次)、"教育公平"(3次)、"国际法规制"(3次)等。跨境教育的发展导致文化安全、教育质量和教育公平等一系列问题的出现,针对这些问题学者们提出了质量保障、教育认证等相应的解决对策。其中,质量保障是跨境教育中最重要的问题。跨境教育一经产生,关于其质量问题的探讨就随之出现。起初,在相关国际法规的出台管控下,这一问题略有好转,然而,在新冠疫情的影响下,全球化进程受挫,国际信任与合作出现危机,跨境教育尤其是高等教育及其质量保障面临着巨大挑战,跨境教育的质量问题再次成为学者们研究的热点。文化安全是发展跨境教育的核心要义。研究者们普遍认为:从某种意义上说,跨境教育输出是西方国家外交途径的补充和政治的延续,根本目的是实施文化扩张和文化霸权主义。教育认证即由某些合法机构或协会对学校、课程的资质和标准提供公共性的认定,并促进这些机构和方案不断改进和提升质量。研究者李军等人指出,目前我国部分高校对教育认证的认识不够,认证组织体系建设还不够完善,在国际互认式认证体系建构中参与度较低,缺乏自主的教育认证品牌,较为被动。我国研究生教育体制相较国外更加独立、完整,因此更加需要教育认证来保障跨境教育中硕士层次的质量。从具体措施来看,首先,通过政府引导,结合国情,大力开展一些具有中国特色的自主教育认证品牌。其次,可以先以部分职业导向较强的专业为突破口,建立专业教

[①] 杜燕锋,于小艳.教育枢纽——跨境教育的新发展[J].世界教育信息,2016,29(02):57-60+66.

育认证体系,如医学、教育学等①。还有部分学者则认为,要解决跨境教育的认证问题,要完善国内立法的系统性,只有在规范好自身的前提下才能建立友好的国际法规制帮助构建双方都满意的教育认证体系。

4.突出地区跨境教育的研究

突出地区跨境教育的研究涉及的关键词有"澳大利亚"(10次)等。澳大利亚作为最早实施跨境教育的国家之一,具有十分成熟的跨境高等教育质量保障政策体系,经过多年的经验积累、实践总结后日趋完善,我们对其有益经验的参考和借鉴对我国跨境高等教育的发展具有重要意义。学者陆胜蓝、陶宇以澳大利亚职业跨境教育的杰出代表——博士山学院为例,分别从人员、项目、机构跨境流动三个方面对其跨境办学模式进行分析和研究,为我国高职院校跨境教育的发展提出了启示与建议。具体包括:人员流动方面要以学生跨境实践为主要特色,形成具有中国特色的国际职业教育话语体系;项目流动方面需要制定一套完善的国际资格认证体系,统一和优化跨境职业教育发展水平;机构流动方面应与企业生产标准对接,合作打造跨境机构实践平台,采用具有中国特色的"学徒制"跨境职业教育与培训,为对口跨境企业输送技术人才②。学者刘晓亮、孙小平研究了澳大利亚高等教育国际化运行策略的构建,为我国跨境高等教育的发展提出了启示与建议:构建政府、教育机构、高校"三位一体"的国际化高等教育体系;坚持输入与输出相结合、提高教育服务贸易对高等教育国际化影响的理性认识等③。澳大利亚作为教育输出大国之一,为匹配其政府对职业教育发展的要求以及跨境企业对职业技术技能型人才的期望,澳大利亚职业院校采取了"开发—聚焦—循环"的跨境教育资源"迭代创新"发展思维的行动框架。学者陈时见认为中国的职业院校可以借鉴这一行动框架,打造面向全球的"中国品牌",以

---

① 李军,林梦泉,朱金明,王耀荣.教育认证发展现状及对我国教育认证构想[J].中国高等教育,2013(19):29-32.
② 陆胜蓝,陶宇.澳大利亚TAFE学院跨境教育模式及经验借鉴——博士山学院跨境办学经验与启示[J].中国职业技术教育,2019(24):86-90.
③ 刘晓亮,孙小平.澳大利亚高等教育国际化运行策略[J].现代教育管理,2014(10):7-11.

确立"一带一路"建设的中国职业教育国际话语权[①]。

四、我国跨境教育的研究趋势

为更加详细地探索我国跨境教育研究主题的演进进程，根据CiteSpace的时间序列图功能，查看突现主题词及其对应的时间区域。突现主题词表示在一段时期内该研究主题受到了高度关注，是当时正在兴起并具有较大发展潜力的研究方向。探索突现主题词的演变路径可以在一定程度上揭示某个研究领域主题的发展趋势，并挖掘潜在的、有价值的研究方向。通过对时区图谱以及每一阶段的突现关键词，发现我国跨境教育的研究有如下四个方面的变化趋势。如图3-3所示。

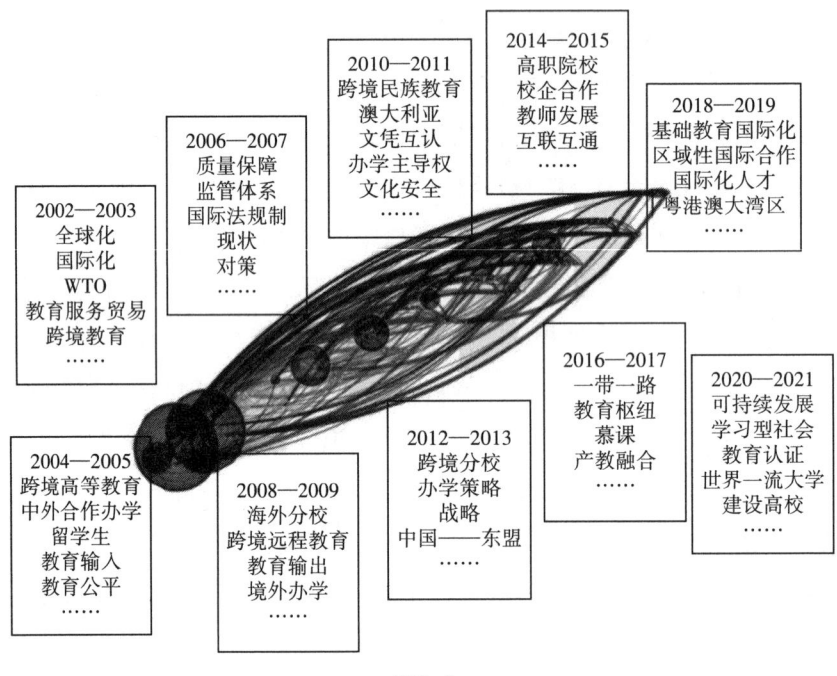

2002—2003
全球化
国际化
WTO
教育服务贸易
跨境教育
……

2006—2007
质量保障
监管体系
国际法规制
现状
对策
……

2010—2011
跨境民族教育
澳大利亚
文凭互认
办学主导权
文化安全
……

2014—2015
高职院校
校企合作
教师发展
互联互通
……

2018—2019
基础教育国际化
区域性国际合作
国际化人才
粤港澳大湾区
……

2004—2005
跨境高等教育
中外合作办学
留学生
教育输入
教育公平
……

2008—2009
海外分校
跨境远程教育
教育输出
境外办学
……

2012—2013
跨境分校
办学策略
战略
中国——东盟
……

2016—2017
一带一路
教育枢纽
慕课
产教融合
……

2020—2021
可持续发展
学习型社会
教育认证
世界一流大学
建设高校
……

图3-3

---

① 张琫玡."一带一路"背景下我国高等教育服务贸易的发展现状及启示[J].对外经贸实务，2019(04):80-83.

(一)跨境教育背景的转变:从"WTO"转向"一带一路"

2001年,中国正式加入世界贸易组织WTO,积极主动地扩大对外经济开放,深度融入世界经济。在世界贸易组织和发达国家的推动下,教育越来越被视为有利于促进国际关系和经济贸易的商品,教育服务贸易逐渐成为一些国家的重要贸易形式,贸易成员国签署的一系列协议推动了跨境教育的发展。研究者们提出自中国加入WTO以来,国务院、教育部等出台了跨境教育发展的政策框架,跨境教育得到迅速发展[1]。学者张进清认为在WTO和各种自由贸易协定的推动下,跨境教育自由化趋势明显,加快了高等教育资源的全球流动,因此中国加入WTO成了推动跨境教育发展进程的主要动因之一[2]。习近平总书记共建"一带一路"倡议的提出,旨在借助中国与有关国家建立区域合作来打造一系列和平发展、互信互融的利益共同体。这一外交战略的实施为我国教育的改革与发展提供了新的舞台。

(二)跨境教育类型的转变:从人员、项目/机构流动转向教育枢纽

关于跨境教育类型的研究最初基本上集中于人员流动、项目流动、机构流动三种形式。人员流动是指学生、教师、专家学者等社会各种身份角色的人员参与跨境活动。学生可以通过海外留学的方式学习并取得相应学位;教师可以跨境到教育教学质量较高的国家交流学习并提升自身的教学能力;专家学者通过跨境流动交流学习,与别国学者共同钻研专业学术问题[3]。教育/课程培训等项目或机构的流动也是跨境教育实现的一种形式。目前有数以千计的跨境合作项目分布在世界各地。中国国家友谊奖得主罗尔夫·穆勒教授认为,在长期的教育实践活动中,不同国家的高校各有优势,应立足本国,取长补短;教学与研究相辅相成,缺一不可;搭建国际平台,开展联合培训,推进跨国科研和教学,构筑

---

[1] 王立勇,马光明,王桐.中国教育服务贸易七十年:成就、经验与未来发展对策[J].国际贸易,2019(11):4-11.

[2] 张进清.跨境高等教育研究[D].西南大学,2012.

[3] 赵俊峰.跨境教育——高等教育国际化的重要途径[J].外国教育研究,2009,36(01):46-49.

国际教育项目新格局,助力提升教师教学、研究和管理水平;国际化的背景经历有助于开阔研究视野,拓宽研究思路[①]。2016年学者杜燕锋、于小艳指出,教育枢纽是继人员流动、机构/项目流动之后出现的第三代跨境教育类型。粤港澳大湾区、北京—香港等区域合作都可以看作是教育枢纽的建立。研究者卓泽林(2020)指出粤港澳大湾区教育枢纽的建立不仅是区域合作项目,更是国家战略。因此首先需要设置合适的国家行政机关来督促各地保持充分的开放态度,整合和协调各地的教育力量;其次还应该成立一个独立的质量评估机构,先在大湾区试行,而后带动全国跨境教育质量的发展;最后要争取打造粤港澳地区特有的教育品牌,完成建设教育枢纽的意义。

(三)跨境教育问题的转变:从质量保障到可持续发展

质量保障问题的研究自2006年开始突现。这一时期的跨境教育以输入为主,跨境教育面临的问题包括,一些国家合作办学机构乱象丛生、参与跨境流动的人员缺乏质量监管等。研究者们针对此类问题建构了不同类别的跨境教育质量保障体系。学者王立生等人指出,为了切实保障中国跨境教育的质量,中国可以参考一些权威的国际规则,颁布关于跨境教育质量保障的指导准则,不断完善制度,对中外合作办学机构和项目进行合格评估,建立从入口审批到过程监督的系统的跨境教育质量保障体系。在探究跨境教育质量保障问题的基础上,学者们又将研究转向了跨境教育的可持续发展问题上,从关注跨境教育能否生存转向怎样生存得更久、更好的问题上。学者李洁认为,在中国教育对外开放事业已进入以提质增效为主要特征的新阶段,跨境教育的"可持续发展"要通过加强国际和区域合作,建立与中国经济大国地位相称的教育质量保障体系,树立中国在教育开放领域的国际话语权;政府、高校和社会要顺应世界跨境高等教育的新趋势,多方位、多角度地构建和优化跨境高等教育体系;不断创新思路,尊重和鼓励高校多样性和多元化的发展以适应

---

① Schomburg H , Teichler U . International Mobility of Students and Early Career.2008.

跨境教育不断变化的新趋势。学者方华明、曹梦婷分析了欧盟跨境高等教育质量保障项目,由信息、信任、合作以及质量保障机构网络等主要因素构成的跨境高等教育质量保障良性循环框架,为我国跨境教育质量保障面临的挑战提出了一系列解决对策。如利用"双一流"建设高校作为跨境高等教育的重要引领,引进外国优质资源,打造世界一流大学和一流学科建设,在竞争中以质取胜,奠定与别国的互信与合作基础。近年来,越来越多的学者将建立教育枢纽讨论置于可持续发展范式下,更好地利用教育枢纽来平衡经济、公平等社会问题,最终构建一个适合终身学习的学习型社会。

(四)跨境教育学段的转变:从高等教育转向基础教育

早期国内跨境教育的绝大部分研究都聚焦于高等教育和职业教育层面,较少涉及基础教育。随着研究的不断深入,这一现象发生了新的转变。从时区图谱可见2018—2019年关于基础教育国际化的研究明显突现。学者杨明全认为,在面向未来的教育发展中,基础教育国际化既是我国融入国际教育舞台的重要体现,也是我们借以理解世界教育的窗口。因此他在对基础教育国际化的背景、概念等方面进行详细阐释的基础上,从政府、机构、学校三个层面提出四种具体实施跨境基础教育的策略。学者周满生则认为基础教育国际化重在培养学生的全球意识及对多元文化的理解力,培养学生的好奇心、想象力、批判性思维能力、沟通与合作能力、国际规则意识;他还指出,培养国际化人才不应是口号,而应在跨境基础教育的路径选择中牢牢把握课程设置的问题。

第二节 国外跨境教育研究

一、文献数量和来源分析

本研究以 Web of Science 数据库的核心合集作为数据来源,检索条件为主题为"Cross-Border Education",检索时间为2000—2020年,文献类型选择"Article",并进行类别精炼,剔除不符合主题的文献,共选取321篇文献作为研究样本。

对筛选所得的文献进行年度分布统计以及来源出版物分析。根据图3-4可知,国际上跨境教育的研究大致始于2000年左右,关于跨境教育这一主题的发文量从2000年开始整体上呈逐年上升趋势。2002年5月第一届教育服务贸易论坛召开。经过讨论各国均承认发达国家提供跨境教育不仅能够通过吸引优质人才来进一步提高国家实力,而且对于满足全球高等教育发展需要具有重要意义。此次论坛在跨境教育发展初期起到了巨大的促进作用,催生了许多跨境教育相关的研究。自此关于跨境教育的相关研究开始蓬勃发展。之后,各国开始探索不同国家发展跨境教育的合适路径,跨境教育的关注度不断上升。

在文献来源方面,共有65个国家和地区的学者发表了与跨境教育主题相关的文献,美国和中国学者的发文量分别是71篇和49篇,占样本文献总数的37.38%,紧随其后的是英国33篇、澳大利亚27篇、德国22篇、加拿大21篇,这些研究成果表明各个国家都看到了跨境教育的重要性,并积极开展与之相关的研究。由图3-5可知发文量排名前十的来源出版物包括《国际教育研究杂志》(JOURNAL OF STUDIES IN INTERNATIONAL EDUCATION)、《高等教育》(HIGHER EDUCATION)、《高等教育政策》(HIGHER EDUCATION POLICY)、《亚太教育期刊》(ASIA PACIFIC

JOURNAL OF EDUCATION）等，其中教育研究类的期刊占比较大，大量高等教育相关的杂志显示出在跨境教育研究中对于高等教育的侧重。《国际教育研究杂志》由美国赛奇出版社出版，专门挑选国际读者感兴趣的、高质量的作品刊登，期刊的范围包括跨境教育背景下具有国际意义的研究课题，并关注国际团队合作研究的一些特殊教育问题。《高等教育》是由荷兰克吕韦尔学术出版社出版，是高等教育学界的权威刊物，杂志的影响指数高达4.089。《亚太教育杂志》于1996年在新加坡国立教育学院创办，是亚洲领先的教育基金会和政策杂志，2005年被重新推出，成为一份成熟的国际期刊。该期刊是第一个被索引的主要亚洲教育期刊。

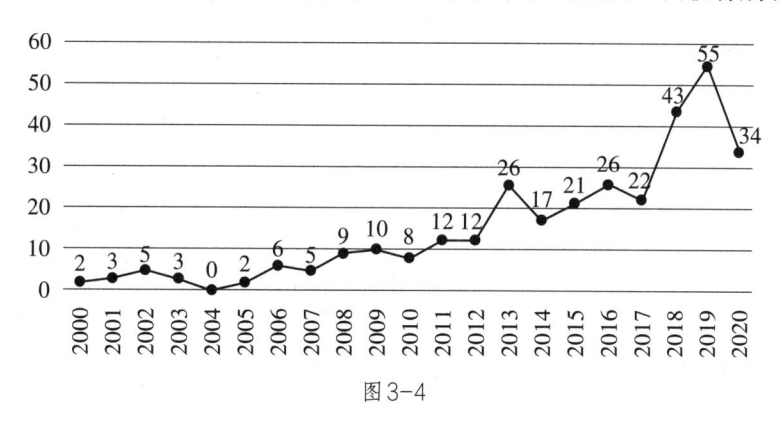

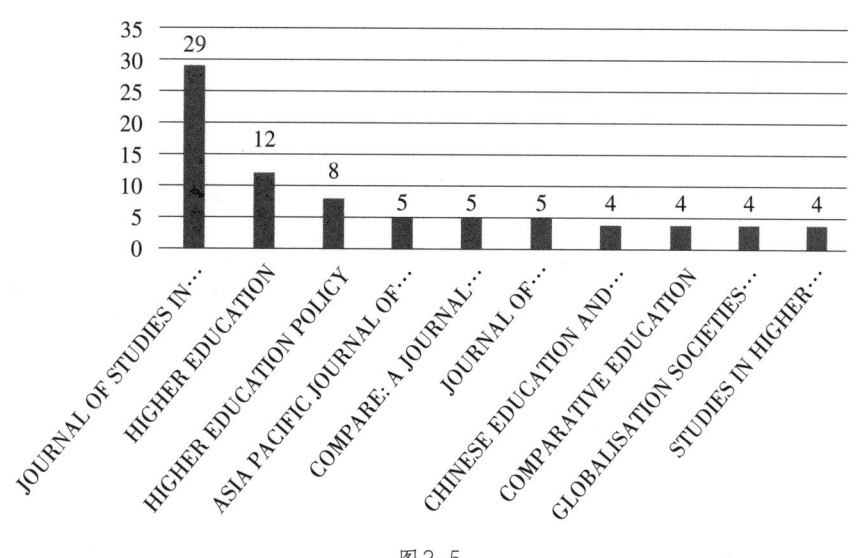

图 3-4

图 3-5

二、发文作者和机构分析

借助 CiteSpace 软件对作者发文的相关情况进行分析。发文量排名前三的作者分别是杰克李(Jack T Lee)发表四篇文献,简·奈特(Jane Knight)和杰森·莱恩(Jason Lane)等都发表了三篇。

在所选文献中有三篇文献来自简·奈特女士,她时任加拿大多伦多大学安大略教育研究院教授。她的研究方向主要是高等教育国际化,其在该领域取得了诸多学术成果。简·奈特在《激流中的高等教育:国际化变革与发展》一书中对世界各国家和地区丰富多样的高等教育国际化活动进行了深入考察,她认为高等教育国际化既会带来收益也会面临风险。这里的高等教育国际化也就是本文论及的跨境教育。杰森·莱恩博士是奥尔巴尼大学教育学院的教授和院长,曾担任纽约州立大学教育政策与领导力院系的主任,他的学术专长在于高等教育领域的研究,特别是对于高等教育与相关政策、国家政治以及全球化之间的新兴关系的研究。西蒙·马金森是牛津大学国际高等教育教授,他在2019年高等教育研究国际会议上进行的演讲中提到,必须捍卫和推动跨境的学术流动性。这些作者在各自的研究中都论述了跨境教育的重要性。以上三位作者都在大学的教育学院任教,反映出有关跨境教育的研究以教育一线人员的学术研究为主,同时三位作者都聚焦于跨境教育中高等教育的发展。

作者共现图谱显示出,在国外跨境教育研究中,作者间的合作联系偏少,固定的几位作者间的合作相对密集。发文量最多的杰克李共发表了四篇跨境教育相关的文献,但他与其他作者间的合作较少,更喜欢单打独斗。学者简·奈特共发表了三篇文献,但她只与特定的一位作者穆尔希迪·塞拉特有过学术合作。

表 3-5

序号	作者	发文量
1	Jack T Lee	4
2	Jane Knight	3
3	Jason Lane	3
4	Jennifer Keys Adair	3
5	Joseph T F Lau	3
6	Simon Marginson	3
7	Anatoly Olekslyenko	3
8	Hi Yi Tsui	3
9	Cora Lingling Xu	3
10	Mingyue Michelle Gu	3

由于跨境教育的特殊性，发展跨境教育需要涉及不同的国家或地区，所以研究机构之间的合作和联系较多。合作形式主要包括以下三种：一是同一地区内学校间的合作。如岭南大学、香港浸会大学、香港教育大学之间的合作，三所大学的合作研究具有地理位置上的优越性。岭南大学希望能够培养出具有国际视野，未来在国际竞争中脱颖而出的人才，因此在办学中积极寻求路径为学生提供全球性学习机会，让学生在接受跨境教育的过程中积累跨文化经验。全校80%以上的学生可以通过学校提供的平台前往其他国家的合作学校进行学习，岭南大学的这种办学背景对于跨境教育的研究大有裨益。而香港教育大学的教育学科在国际上名列前茅，教育学背景雄厚，能够对跨境教育的研究添砖加瓦。二是跨地区的学校合作。如韩国的高丽大学和美国的亚利桑那州立大学，两所大学相隔甚远，国家背景也不尽相同，在合作中更能洞察跨境教育开展中的一些具有代表性的问题。三是学校和校外机构的合作，如中国台湾辅仁大学和中国台湾高等教育评鉴委员会，辅仁大学在具有优质的国际化资源，在中国台湾的大学中遥遥领先，这为学校进行国际学术

交流和促进本校的学术国际化发展提供了保障。同时中国台湾地区具有比较完善的高等教育评估体系,可以严格把关中国台湾地区跨境教育发展的质量问题。

三、跨境教育的研究热点

关键词是在对文章进行整体把握的基础之上对内容信息的精炼,在行文中反复出现的关键词其重要性不言而喻。对关键词进行共现分析,出现频次前十的关键词依次是教育、高等教育、移民、大学、全球化、中国香港、国际化、流动性、跨境教育和政策。在对关键词进行整理并总结出国外跨境教育研究热点知识子群的基础之上,本文还进行关键词聚类,聚类结果依次是跨境教育、合作探索、教育、语言、比较教育、跨境合作、边境卫生或健康、技术移民、中国。通过对高频关键词的整理,如表3-6所示,并综合聚类结果,总结出以下跨境高等教育、学生主体、文化交流和质量监管四大研究热点。

表3-6

序号	关键词	频次	序号	关键词	频次
1	Education	51	11	China	11
2	Higher education	49	12	Identity	11
3	Migration	20	13	Transnational education	9
4	University	17	14	Cross-border delivery of education	9
5	Globalization	15	15	Impact	9
6	Hong Kong	14	16	Experience	8
7	Internationalization	13	17	Quality	8
8	Mobility	13	18	Internationalization of higher education	8
9	Cross-border education	12	19	Student	7
10	Policy	12	20	International student	6

(一)跨境高等教育的发展

由 Higher education、University、Internationalization of higher education、Cross-border higher education 等关键词形成了跨境高等教育研究热点知识子群。跨境高等教育是当前跨境教育的重要组成部分，是两个国家跨越国家管辖边界进行的高等教育供给活动。跨境高等教育的发展不仅有利于本国教育事业的进步，还可以促进国家间的相互理解和友好往来。克里斯汀·法鲁西亚(Christine Farrugia)和杰森·莱恩(Jason Lane)研究发现，许多发展跨境教育的大学在其本国已有较好的合法性，但当它们进入新全球化环境中时，现有的合法性可能不会转移到新环境中，或者只是部分地转移。国际分校是跨境教育的一个方面，在启动国际分校时，大学进入了一个新的组织环境，其中包含不同的利益相关者。因此，国际分校的发展要识别相关利益者，这样才有助于其合法性的建立。

(二)跨境教育中学生相关问题的研究

由 Student、Identity、Children、Student mobility、Healthcare、Brain gain、Immigration、Career guiding 等关键词形成了跨境教育的学生问题研究热点知识子群。学生是教育活动的主体，参与跨境教育的学生具有更强的特殊性。

一是学生的留学动因。学生选择跨境教育这一学习方式除了个人兴趣偏好的影响之外，还受到父母的建议、要求和国内升学压力等要素的影响，是众多因素综合的结果。皮特·博迪科特(Peter Bodycott)和艾达·莱(Ada Lai)发现大量学者在研究学生跨境流动时确定了影响学生决策的推拉因素。其中，"推"因素是指来源国内部的因素，包括来源国国内的经济、社会和政治力量，毕业后的移徙机会，来自朋友、亲戚或父母的推荐等。"拉"因素是指使对象国具有吸引外国学生的因素，如学校声誉，对国际学生的支持，以及高质量的教育以及相对较低的学费和生活费。

二是学生的身份认同问题。一方面在跨境教育活动中学生需要跨越国家边界来进行教育活动，身处不同的政治文化背景之下，跨国学生可能会经历身份冲突,这不仅使他们的学习复杂化,而且还可能"刺激个人成长并导致认知转变,例如理想信念的转变"。另一方面,这种冲突会导致跨国学生"开放的、适应性的和变革性的由己及人导向"的跨文化人格的兴起。研究者们认识到跨国学生们可以"建立和维持多层次的社会关系,将原籍社会和定居社会联系在一起"。

三是学生的人身安全及健康问题。学者劳利(Lawley)和布莱特(Blight)认为影响留学目的地选择的因素包括行政特征、国家特征和成本特征。其中国家特征包括与家的距离、气候、人身安全水平、生活方式、遭受歧视的可能性、移民的可能性、毕业后在东道国工作的可能性、非本地学生(包括来自同一原籍国的学生)的存在,以及家人、朋友和代理人的意见。

四是学生的移民问题。部分跨境学习的学生在其他国家完成学业后,出于生活环境、工作条件等多方面的考虑选择移民。知识经济时代,世界主要移民目的国的"人才战争"日渐激烈。与此同时,关于跨境学生移民的社会后果也产生了激烈的讨论。大量学生移徙者,特别是来自发展中国家的学生移徙者,往往被视为原籍国的"人才外流"和定居国的"人才收益"。意大利被广泛认为是受高等教育人才外流现象影响最大的国家之一,马蒂亚·卡塔里奥(Mattia Cattaneo)、保罗·马里盖蒂(Paolo Malighetti)和斯蒂法诺·帕莱亚里(Stefano Paleari)调查了2008—2010年间毕业的意大利经济学、金融学和商业管理学博士学位持有者的总体情况,研究结果表明更有可能移居海外的博士学位持有者是那些研究表现最好和最差的学生,而留在意大利的博士学位持有者研究表现较为平均。事实上,研究中并没有发现移民海外和留在本国的人在研究表现整体上存在显著差异。

(三)跨境教育中的文化交流

由 culture difference、cultural diversity、acculturation、cultural capital、cultural competence、cultural immersion、cultural identity、cultural safety 等关键词形成了文化交流研究热点知识子群。跨境教育是在文化背景不

同的两个国家之间开展的教育活动,必定会使两种文化在交流过程中产生碰撞,相互影响、相互交融。文化差异会导致文化冲突,跨境教育中的文化冲突问题尤为常见,如人际交往习惯的差异、不同社会制度下价值观的碰撞等,这些文化问题不仅会制约跨境教育本身的发展,还会对国家造成影响。学生的文化认同感会影响其跨文化适应,进而影响跨境教育的质量。在跨境教育过程中,要认识到文化的多样性,包容文化的差异性,增强文化自信,警惕文化渗透。

萨德科瓦·古拉(Sadykova Gulnara)运用社会文化理论框架,考查同伴在多元文化在线学习环境中可能扮演的中介角色。研究表明,来自不同学术背景和文化背景的国际学生面对文化差异和冲突时,需要与他们在课程中遇到的同龄人保持密切关系,同伴关系在此过程中成为知识的重要中介。研究建议,课程主持者在安排小组项目时应采取积极主动的态度,以便能够进行密切的同伴互动,并提供机会与其他班级成员建立互动关系。米歇尔·琳恩·埃德蒙兹(Michelle Lynn Edmonds)在研究中发现即使是那些参加过短期海外留学项目(2-4周)的学生,与那些并未接受跨境教育的同龄人相比,他们在文化意识、文化自我效能感和文化竞争力的发展方面表现更优。林德利·詹妮弗(Lindley Jennifer)等学者认为跨境学生在适应不同文化环境方面会遇到困难。如果没有促进跨文化交流的支持性学习环境的建构,就会影响学习、教学和后续实践,也可能影响到毕业生回国后从事专业工作时需要的能力。

(四)跨境教育质量监管体系

由 governance、accreditation、organizational legitimacy、quality assurance agencies、curriculum reform 等关键词形成了跨境教育质量监管体系研究热点知识子群。教育质量问题一直是教育领域的重中之重,高质量的教育才能培养高质量的人才。

有学者对韩国高等教育国际化进行了研究,认为韩国的跨境高等教育必须做到三点:一是为跨境教育活动建立有效的质量保证机制;二是纠正政府过去以牺牲质量为代价强调国际化的数量方面的做法;三是在与其他国家竞争和合作之间保持平衡。学者安娜（Anna Kosmützky）和拉胡尔·帕蒂（Rahul Putty）研究考察了跨境教育相关的国际准则和政策，在跨境教育质量监管方面达成了普遍共识：（1）许多国家既是教育进口国，也是教育出口国，因此质量保障框架应考虑到教育进出口的双重作用；（2）不同国家有不同的监管体系，质量保障有不同的意义和重要性，因此跨境教育的全球质量标准必须考虑保护本地系统；（3）许多监管制度不够完善，或者不一定与国际认证机构规定的外部评估措施相容。迈克·扎普（Mike Zapp）和佛朗西斯科·拉米雷斯（Francisco Ramirez）认为"全球高等教育体系"正成为一种席卷全球的趋势，其表现之一就是高等教育质量保障与认证机构（Quality Assurance and Accreditation）的建立。随着跨境教育的发展，许多国家和地区都相继建立了高等教育质量保障机构，同时还强调了这些机构的相互认可和跨国法律权威，而这些区域机构都是高等教育质量保障与认证国际网络的一部分。然而，随着高等教育的扩张和国际化，快速发展的高等教育质量保证机构仍面临一个主要问题，即质量指标和标准的明确定义。

跨境远程教育作为跨境教育的一种形式，其质量评估系统尚不完善。许多国际组织、各国政府以及相关专家学者都在关注利用互联网进行授课的跨境远程教育方式是否能与面对面教学达到同样的质量标准。阿尔弗雷德·罗瓦尔（Alfred Rovai）和詹姆斯·唐尼（James Downey）考察了决定远程教育项目成败的七个重要因素。这些因素包括计划、市场营销和招聘、财务管理、质量保证、生源、师资发展以及在线课程设计和教学法。成功的在线课程需要质量保障，而质量保障是定期进行的，以监测和改善在线课程的成果，使教育服务满足课程目标和学生需求。有效的在线课程质量保障策略涉及大量要素，包括教师的选拔和资格认定、教师专业发展和学生支持服务以及学生成绩等。

四、跨境教育研究的演进阶段

如图 3-6 关键词共现时区网络图可以显示出国外跨境教育领域在

不同时间段的演化轨迹,关键词突现图谱能够展现出特定年份发表的文献中骤增的专业术语。本研究认为近20年国外跨境教育的研究前沿演变主要经历了三个阶段。

Top 4 Keywords with the Strongest Citation Burs

Keywords	Year	Strength	Begin	End	2000—2020
cross-border delivery of education	2000	3.17	**2013**	2016	
internationalization of higher education	2000	3.78	**2016**	2017	
quality	2000	3.49	**2016**	2018	
transnational education	2000	3.19	**2018**	2020	

图 3-6

(一)跨境教育的内涵发展时期(2000—2006年)

这一阶段主要是对跨境教育概念的把握以及从多视角分析跨境教育的发展需求,包括本阶段教育自身的发展需要、学生和家长对跨境教育的态度、教师教育以及国家相关的政策等。简·奈特(Knight Jane)在《跨境教育:概念混乱和数据不足》一文中首先对跨境教育、国际教育、无国界教育的概念进行辨析,并指出跨境教育的开展促进了国际学术流动。但是该阶段还缺乏关于跨境教育目的地、影响和发展趋势等方面的可靠数据信息。

(二)跨境教育的路径探索时期(2006—2016年)

这一阶段各个国家开始积极探索发展跨境教育的合适路径,关注跨境教育的具体实施过程。虽然在该阶段,各国普遍认识到发展跨境教育对国家的重要性,但由于国家经济实力、教育背景、政策要求等方面的差异,各国在跨境教育的发展程度上还存在较大差距,且跨境教育在实施过程中也出现了许多亟待解决的问题。克里斯多夫(Pokarier Christopher)在《澳日关系中的跨境高等教育》中表明,虽然澳大利亚和日本之间的学生流动较之前显著增加,证明了两国教育领域的互补性,但是国家层面还缺少实质性的举措来促进双方跨境教育的进一步发展。越南学者齐格尔(Ziguras)通过调查研究发现胡志明市的学生在海外跨国项目的入学率远远高于越南的整体水平,但低于那些高质量的跨境教育中心。

(三)跨境教育的深化创新阶段(2016—2020年)

在这一阶段,跨境教育经过前两阶段的发展已经积累了一定经验,各国更关注跨境教育的质量保障、课程改革、模式创新等,并关注跨境教育发展的历史经验以及面临的新挑战。马里·吉福斯(Keevers Maree)等人强调跨境教育的质量保障,支持国家间的持续对话、共同开发课程和提高环境敏感。越南学者Ngoc Trinh Anh认为课程国际化对于高等教育的发展具有重要意义,而学生是促进课程国际化、多样性和包容性的潜在资源。他将学生视为课程国际化的推动者,学生可以有效地为课程开发和课程评估作出贡献,以促进课程改革。因此,有必要在课程中明确纳入学生参与实践活动,充分考虑学生的国际化动机、学生的课程参与水平以及他们在课程开发中的合作愿望。鼓励学生参与和重视学生观点将是发展国际化课程的关键。在教育模式方面,远程教育发展成为跨境教育的重要形式之一。跨境远程教育依靠信息通信技术来开展教育活动,能够突破时间和空间的限制,降低教学成本。

综上所述,2000—2020年国际跨境教育研究的发展演进可以归纳为从把握跨境教育的概念,到多视角分析跨境教育的发展需求,再到各国普遍认识到跨境教育的重要性并积极探索各自合适的发展路径,最后着眼点落于教育质量保障,促进跨境教育的高质量可持续发展。

第四章 数据统计与分析：SPSS及其核心操作

●○SPSS（Statistical Product and Service Solutions）是一款"统计产品与服务解决方案"的计算机统计软件包，能够应用于自然科学、技术科学和社会科学等各个领域，提供全面信息统计决策支持。本章介绍了SPSS的内涵和安装界面，并以实例示范详细介绍了使用SPSS进行描述性统计和推断性统计（差异分析、相关分析、回归分析、信效度检验）的原理及操作步骤。

第一节 数据统计与SPSS内涵

一、数据统计

(一)数据统计内涵

数据处理与分析以拥有数据为前提,没有数据也就没有了加工处理的对象。因此数据统计是进行统计分析的一个重要步骤,统计分析的对象是数据,数据是用于得到结论或者做出决策所依据的"事实"或者"证据",由全体数据所组成的集合称为"总体",但在实际生活中,总体数据总是难以获得。通常,我们在进行数据统计时选取总体中有代表性的一个子集合进行后续的分析研究,该子集称为"样本",大部分情况下,数据分析是基于样本进行的。

(二)数据来源

按照数据获取的方法不同,数据可分为观测数据和实验数据。观测数据可能是总体数据也可能是样本数据(局部),实验数据一般都是样本数据。

1.观测数据

观测数据是通过调查或观测收集到的数据,这类数据是在没有对事物人为控制的条件下得到的,有关社会经济现象的统计数据几乎都是观测数据,如房价、汇率等。

2.实验数据

实验数据是指在实验中控制实验对象而收集到的变量的数据,即在实验中控制一个或多个变量,在有控制的条件下得到观测结果,如灯泡的使用寿命或药品的治疗效果等。

(三)统计分析

1.统计分析内涵

统计分析是指应用适当的统计学的方法对收集到的数据资料进行整理归类并进行汇总分析和解释,从而得出结论并辅助决策的过程。

2.统计分析步骤

一般进行一次完整的统计分析,需要经过以下过程。

(1)认识研究的问题,明确研究目标。

(2)收集和研究目标有关的数据。

想要获取总体的数据是有困难或花费较大的,因此一般的做法是获取总体的一个子集,即样本。数据收集在统计分析过程中是十分重要的。如果收集的数据不够准确,那么所有的分析都没有意义。

二、SPSS内涵

SPSS是"统计产品与服务解决方案"的计算机统计软件包。其最初软件名称为"社会科学统计软件包"(Statistical Package for the Social Sciences),是由20世纪60年代美国斯坦福大学三位研究生研制开发的,他们基于这一系统于20世纪70年代在芝加哥成立了SPSS公司,并逐渐扩大了SPSS统计软件的应用范围,从原来只从事单一统计产品的开发与销售转向为能够应用于自然科学和社会科学等各个领域、提供全面信息统计决策支持的软件服务包。1984年,公司总部推出了世界上第一个统计分析软件微型机版本SPSS/PC+,开创了SPSS微型机系列产品的开发方向。随着SPSS产品服务领域的扩大和服务深度的增加,SPSS公司于2000年正式将英文全称更改为"统计产品与服务解决方案",SPSS成为世界上应用最广泛的统计软件之一。

2010年9月IBM公司收购了SPSS公司,因此现在的SPSS表示IBM公司推出的一系列用于统计学分析运算、数据挖掘、预测分析和决策支持任务的软件产品及相关服务的总称,有Windows和Mac OS X等版本。

第二节 SPSS的安装及界面介绍

一、SPSS的安装

IBM SPSS Statistics 的安装文件分为32位和64位两种,下载时按照计算机的配置选择对应种类,安装完成后启动安装程序,然后按照界面的提示一步步进行操作。SPSS在刚安装完毕时,尚未进行软件授权确认,此时只有一定时间的试用期,试用期之后软件就会被锁住而无法使用。因此用户还需要运行对应版本的"许可证授权向导",在联网的状态下输入授权码以将软件激活,激活完成后软件就可以正常使用了。

二、SPSS的界面介绍

SPSS软件有四个窗口,分别是数据编辑窗口、结果窗口、语法窗口和脚本窗口。下文介绍前三个窗口。

(一)数据编辑窗口

数据编辑窗口可以直观地看到自己要处理的数据。界面类似于Excel,SPSS处理数据的主要工作在此窗口中进行,如图4-1所示。

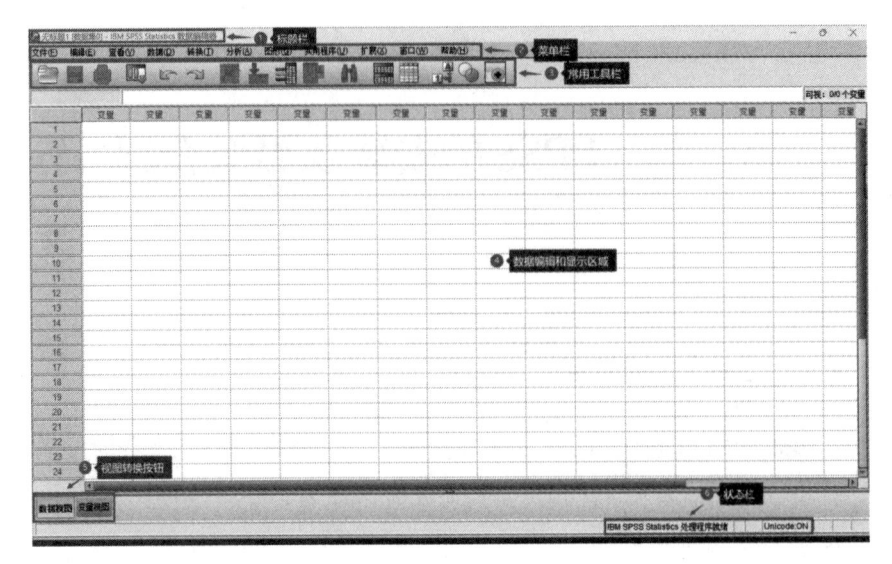

图 4-1

标题栏——用于定义文件/数据处理的标题内容。

菜单栏——重要的功能按钮，SPSS数据分析的核心。

常用工具栏——方便易用的快捷方式。

数据编辑和显示区域——形如 Excel，可对单元格中的内容进行输入和编辑，是数据编辑和文件导入后显示的区域。

视图转换按钮——可以在数据视图和变量视图之间进行自由切换。

状态栏——显示数据处理的状态。

菜单栏下具体的功能按钮如图4-2所示。

文件	可新建、打开、保存文件，对文件数据库进行查看、编辑等。
编辑	对数据编辑的撤销、复制、粘贴等，可插入变量和个案。
查看	可选择是否显示状态栏、工具栏、网格线或者标签值等。
数据	可对数据进行简单操作，比如：定义变量属性、定义时间和日期、定义多重相应集、标识重复个案、排序、拆分文件等。
转换	计算变量、重新编码生成新变量、替换缺失值、可拆分箱、个案排秩等。
分析	描述、生成报告（OLAP）、因子分析、聚类分析、生存分析、回归分析等。
图形	可做一般图形、回归变量图、威布尔图等。
实用程序	可查看变量信息、定义变量宏、脚本运行等。
扩展	对实用程序进行扩展应用。
窗口	将窗口最小化、拆分以及进行窗口之间的切换等。
帮助	联机进行各主题菜单的帮助，比如命令语法参考，还可链接到 IBM SPSS 官网等。

图 4-2

1.数据视图

数据视图是比较简单的,它可以直观看到每个单元格的数据,并对单元格的数据进行编辑。如图4-3所示。

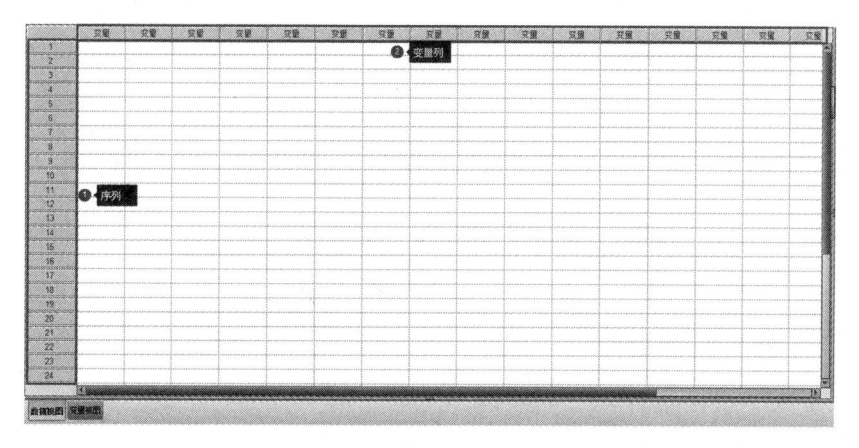

图 4-3

区域1:序列,如Excel中的行;

区域2:变量列,如Excel中的列。

2.变量视图

变量视图是对数据视图中的各个变量数据的属性进行定义,主要包括:名称、类型、宽度、小数位数、标签、值、是否缺失值、列宽、对齐方式、测量尺度、角色定义等。如图4-4所示。

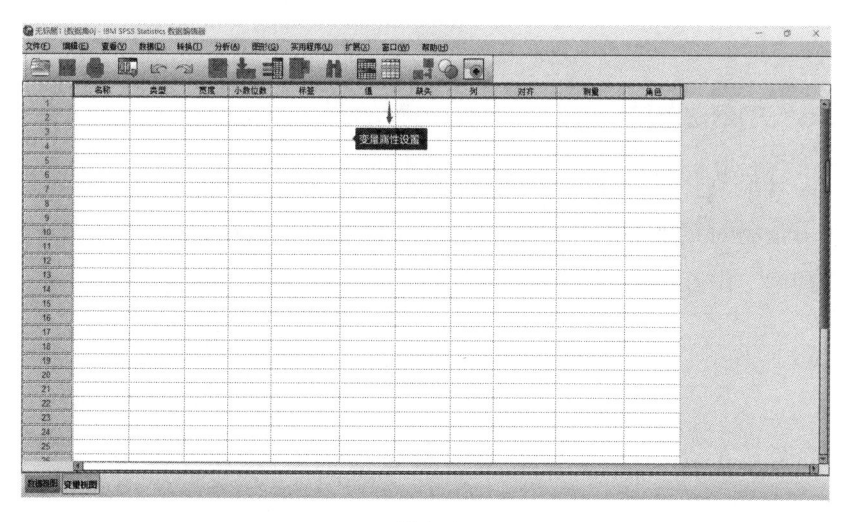

图 4-4

(二)结果窗口

结果输出窗口如图4-5所示。它是对数据执行后输出的结果、表格、图形、报告、出错提示等的存放窗口。该窗口中的结果可直接进行复制、粘贴到Excel或者Word文档中,保存的格式是*.spv。整个窗口分两个区:左边为目录区,是SPSS分析结果的一个目录;右边为内容区,是与目录一一对应的内容。

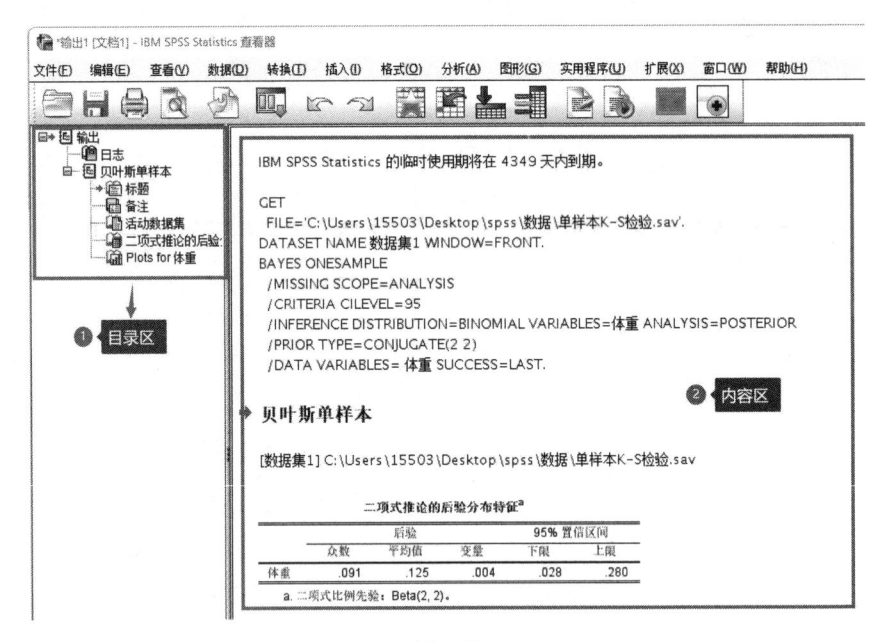

图4-5

(三)语法窗口

SPSS提供了语法方式或程序方式对数据进行分析,如图4-6所示。该方法是对菜单功能的一个补充,对于高级分析人员,该方法可以使其烦琐的工作得到简化。

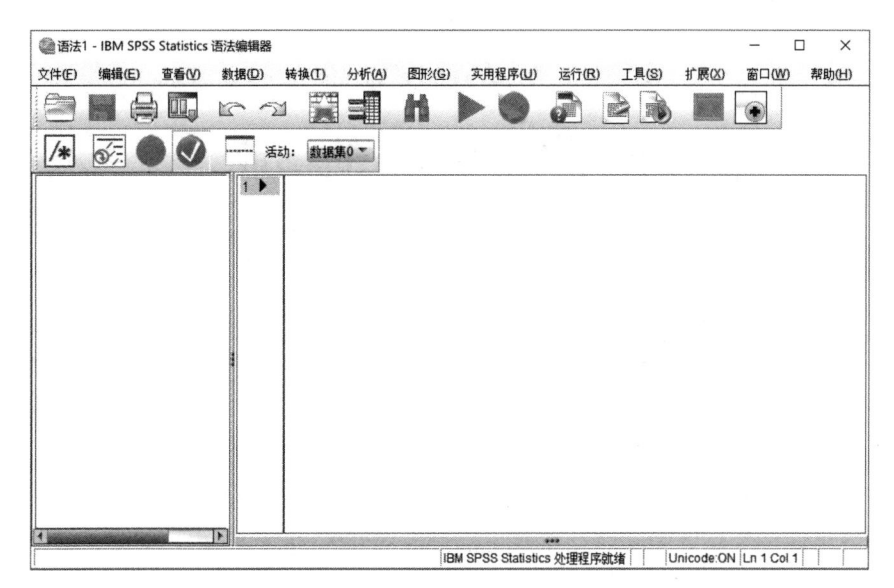

图 4-6

第三节 SPSS的功能

一、描述性统计

(一)简介

统计分析的目的,是研究总体的数量特征。但是,实践中能够得到的往往是从总体中随机抽取的一部分观察对象,它们构成了样本。通过对样本的研究来对总体的实际情况作出可能的判断。在数据收集、整理完毕,进行深入分析之前,首要的工作就是去了解数据的整体情况,随后才能做深入的推断。为了实现上述分析,往往有两种实现方式。

1. 数值计算

通过数值来准确地反映数据的基本统计特征。

2. 图形绘制

图形绘制即绘制常见的基本图形,通过图形来直观展现数据的分布特点。

具体操作时,常常两种方式混合使用。

SPSS的许多模块均可完成描述性分析,但专门为该目的而设计的几个模块则集中在菜单栏的"分析→描述统计"子菜单中。

(二)常用描述统计量

1. 刻画集中趋势的统计量

(1)均值。

均值:也称平均值、平均数,表示某变量所有取值的平均水平。

总体均值:$\mu = \dfrac{\sum_{i=1}^{N} X_i}{N}$

样本均值：$\bar{x} = \dfrac{\sum_{i=1}^{n} x_i}{n}$

(2)中位数。

中位数：把一组数据按递增或递减的顺序排列，处于中间位置上的变量值。

如果 N 为奇数，那么该数列的中位数就是位置上的数：$(N+1)/2$。

如果 N 为偶数，中位数则是该数列中第 $N/2$ 与第 $N/2+1$ 位置上两个数值的平均数。

(3)众数。

众数：众数是指一组数据中，出现次数最多的那个变量值。

2.刻画离散的统计量

(1)方差与标准差。

方差是所有变量值与平均数的偏差平方的平均值，表示一组数据分布的离散程度的平均值。标准差是方差的算术平方根。

总体方差：$\sigma^2 = \dfrac{\sum_{i=1}^{n}(x_i - \mu)^2}{N}$

样本方差：$s^2 = \dfrac{\sum_{i=1}^{n}(x_i - \bar{x})^2}{n-1}$

(2)全距。

全距也称为极差，是数据的最大值与最小值之间的绝对差。

(3)四分位数。

四分位数是将一组个案由小到大(或由大到小)排序后，用3个点将全部数据分为四等份，与3个点上相对应的变量称为四分位数，分别记为 Q_1(第一四分位数)、Q_2(第二四分位数)、Q_3(第三四分位数)。

(4)均值标准误差。

均值标准误差是描述样本均值与总体均值之间平均差异程度的统计量。

3.刻画分布形态的描述统计量

(1)峰度。

峰度为描述变量所有取值分布形态陡缓程度的统计量。峰度为0时表示其数据分布与正态分布的陡缓程度相同；大于0时表示比正态分布高峰要更加陡峭，为尖顶峰；小于0时表示比正态分布的高峰要平坦，为平顶峰。

（2）偏度。

偏度为描述变量所有取值分布对称性的统计量。偏度大于0时表示正偏差数值较大，为正偏或右偏，即有一条长尾巴拖在右边；小于0时表示负偏或左偏。

（三）常用描述统计分析

1.频数分析

频数分析是描述性统计量最常用的方法之一，它能够了解变量取值的状况，对把握数据分布特征非常有用。频数分析过程是专门为产生频数表而设计的。它不仅可以产生详细的频数表，还可以按要求给出某百分位的数值以及常用的条形图、饼图等统计图。具体统计分析过程如下。

步骤1：按顺序单击菜单栏中的"分析→描述统计→频率"命令，如图4-7所示。

图 4-7

步骤2：指定变量。在如图4-8所示对话框的左边列表框中选择一个或多个待分析变量，移入右侧。

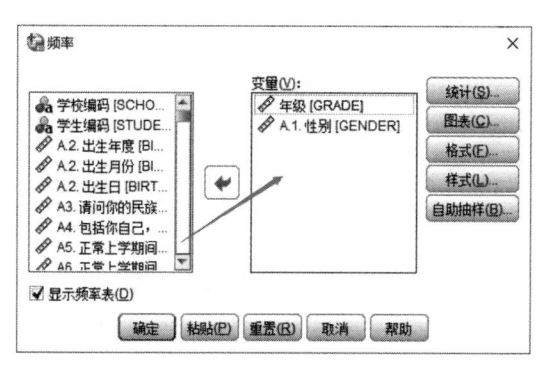

图 4-8

步骤3：勾选"显示频率表格"，该复选框可输出频率分析表。

步骤4：单击"统计"选项，该对话框用于设置需要在输出结果中出现的统计量，主要包括5个选项组，如图4-9所示。

图 4-9

（1）百分位值。该选项组主要用于设置输出的百分位数，包括以下3个复选框："四分位数"复选框，用于输出四分位数；"分割点"复选框，用于输出等间隔的百分位数，在其后的文本框中可以输入介于2~100的整数；"百分位数"复选框，用于输出用户自定义的百分位数。在其后的文本框中输入自定义的百分位数，然后单击"添加"按钮加入相应列表框即可在结果中输出。对于已经加入列表框的百分位数，用户还可以通过"更改"和"除去"按钮进行修改和删除操作。

(2)集中趋势。该选项组用于设置输出表示数据集中趋势的统计量,包括"平均值""中位数""众数"和"总和"4个复选框,分别用于输出的均值、中位数、众数和样本数。

(3)离散。该选项组用于设置输出表示数据离中趋势的统计量,包括"标准差""方差""范围""最小值""最大值"和"标准误差平均值"6个复选框,用于输出的标准差、方差、全距、最小值、最大值和均值的标准误差。

(4)分布。该选项组用于设置输出表示数据分布的统计量,包括"偏度"和"峰度"两个复选框,用于输出样本的偏度和峰度。

(5)"值为组的中点"复选框。当原始数据采用的是取组中值的分组数据时(如所有分数在70~80分学生的成绩都记录为75分),选中该复选框。

其余选项保持系统默认。

步骤5:结果分析。单击"确定"按钮,就可以在SPSS Statistics查看器窗口得到所选择的变量频数分析的结果,如图4-10所示。

年级

		频率	百分比	有效百分比	累积百分比
有效	4	5759	50.4	50.4	50.4
	6	5658	49.6	49.6	100.0
	总计	11417	100.0	100.0	

A.1.·性别

		频率	百分比	有效百分比	累积百分比
有效	男	5632	49.3	51.5	51.5
	女	5312	46.5	48.5	100.0
	总计	10944	95.9	100.0	
缺失	5	1	.0		
	系统	472	4.1		
	总计	473	4.1		
总计		11417	100.0		

图 4-10

图4-10显示了年级和性别的频数表。原始数据中,4年级与6年级的学生人数分别为5 759人和5 658人,占比50.4%和49.6%。男女生分别为5 632和5 312人,占比分别为49.3%和46.5%,系统中有5个缺失值。百分比与有效百分比的区别在于,前者包含了缺失值,后者不包含缺失值。累积百分比是有效百分比之和。

2. 描述分析

描述分析与频数分析类似,具体统计分析过程如下。

步骤1:按顺序单击菜单栏中的"分析→描述统计→描述"命令,打开如图4-11所示的"描述"对话框。

图4-11

步骤2:指定变量。从源变量列表框中选择需要描述的变量,将需要描述的变量选入"变量"列表框中,如图4-12所示。

步骤3:进行选项设置。单击右侧的"选项"按钮,弹出如图4-13所

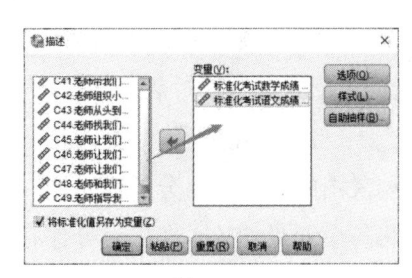

图4-12

示的"描述:选项"对话框。"描述:选项"对话框用于指定需要输出和计算的基本统计量和结果输出的显示顺序,分为4个部分。

(1)"平均值"和"总和"复选框。选中"平均值"复选框,表示输出变量的算术平均数;选中"总和"复选框,表示输出各个变量的合计数。

(2)"离散"选项组。该选项组用于输出离散趋势统计量,共有6个复选框:"标准差""方差""范围""最小值""最大值""标准误差平均值",选中这些复选框分别表示输出变量的标准差、方差、范围、最小值、最大值、平均值的标准误。

图4-13

(3)"表示后验分布的特征"选项组。该选项组用于输出表示分布的统计量:"峰度"复选框,选中该复选框,表示输出变量的峰度统计量。"偏度"复选框,选中该复选框,表示输出变量的偏度统计量。

(4)"显示顺序"选项组。该选项组用于设置变量的排列顺序。有以下4种选择。

变量列表:表示按变量列表中变量的顺序进行排序。

字母:表示按变量列表中变量的首字母的顺序排序。

按平均值的升序排序:表示按变量列表中变量的均值的升序排序。

按平均值的降序排序:表示按变量列表中变量的均值的降序排序。

其中,系统默认的基本统计量是"平均值""标准差""最大值""最小值"和"显示顺序"选项组中的"变量列表"。设置完毕后,单击"继续"按钮,返回到"描述"对话框。

"将标准化值另存为变量"复选框。如果选中该复选框,则表示变量列表中的每一个要分析描述的变量都要计算Z标准化得分,并且系统会将每个变量的Z标准化得分保存到数据文件中(其中,新变量的命名方式是在源变量的变量名前加Z,如源变量名为"English",则生成的新变量名为"ZEnglish")。

步骤4:结果分析。单击"确定"按钮,就可以在SPSS Statistics查看器窗口中得到所选择的变量描述性分析的结果,如图4-14所示。

	数字	范围	最小值	最大值	平均值	标准偏差	方差	偏度		峰度	
	统计	统计	统计	统计	统计	统计	统计	统计	标准错误	统计	标准错误
标准化考试数学成绩	11417	100	0	100	67.52	20.346	413.941	-.388	.023	-.532	.046
标准化考试语文成绩	11417	100	0	100	54.86	21.716	471.584	-.115	.023	-.737	.046
有效·N(成列)	11417										

图4-14

描述性分析结果展示了标准化考试数学成绩和标准化语文成绩的描述性统计量。对于标准化数学成绩,个案数为11 417,全距为100,最小值是0,最大值是100,平均值为67.52,标准差为20.346,方差为413.941,偏度是-0.388,峰度为-0.532。对于标准化语文成绩,个案数为11 417,全距为100,最小值是0,最大值是100,平均值为54.86,标准差为21.716,方差为471.584,偏度是-0.115,峰度为-0.737。

3.探索分析

探索分析可以在对变量的分布特点不了解时,对变量进行深入和详尽的描述分析,这有助于用户思考对数据做进一步分析的方案。探索分析能够生成关于所有个案或不同分组个案的综合统计量及图形;可以进行数据筛选工作,例如检测异常值、极端值、数据缺口等;还可以进行假设检验。具体统计分析过程如下。

步骤1:按顺序单击菜单栏中"分析→描述统计→探索"命令执行探索分析过程,其主设置界面如图4-15所示。

图 4-15

步骤 2：指定变量。从源变量列表框中选择需要探索分析的变量，将需要描述的变量选入"变量"列表框中，例如在分析不同性别学生的身高时，将身高变量指定为因变量；性别变量指定为因子变量；在变量列表中选中编号变量，然后单击"个案标准依据"将其指定为标签变量，如图 4-16 所示。

图 4-16

该界面主要包括 5 个选项组。

（1）因变量列表：一般为连续变量。

(2)因子列表:用于从左侧的变量列表中选入因子变量,一般为分类变量。如果同时选入了多个因变量和多个因子变量,将对它们之间的两两组合分别进行分析,对于每对因变量和因子变量的搭配,输出结果都是类似的;选入的变量很多时,可能会耗费较长时间并产生很多的输出。

(3)标注个案依据:用于从左侧的变量列表中选入标签变量,用以在结果里标识观测个案。

(4)"输出"栏指定输出哪些内容:"统计""图""两者"(统计量和图形)。

步骤3:进行选项设置。

首先,单击探索对话框右侧的"统计"选项,弹出如图4-17所示的"探索:统计"对话框。

图 4-17

该对话框主要包括4个选项组。

(1)"描述"复选框。选中此项输出描述性分析中的一些基本统计量,如均值、方差、标准差、全距等,还可在下面指定显示"平均值的置信区间",可以选择1%~99%的任意一个,系统默认为95%。

(2)"M-估计量"复选框。选中此项输出比均值和中位数更具有稳健性的数据中心估计值,包括如下 4 个:稳健估计量、非降稳健估计量、波估计值、复权重估计量。

(3)"离群值"复选框。选中此项输出变量数据的前5个最大值与后5个最小值。

(4)"百分位数"复选框。输出第5%、10%、25%、50%、75%、90%、95%的百分位数。

其次，单击探索对话框右侧的"图"选项，弹出如图4-18所示的"探索:图"对话框。

图4-18

该对话框主要包括4个选项组。

(1)"箱图"复选框。选中此项设置关于箱图的参数，包括3个选择："因子级别并置":对每个因子变量，每图只显示一个因变量，默认为此选项；"因变量并置":对每个因子变量，每图显示所有的因变量；"无":表示不绘制箱图。

(2)"描述图"复选框。选中此项输出数据描述性质的图形:茎叶图和直方图。

(3)"含检验的正态图"复选框。选中此项输出变量数据的作正态概率图和离散正态概率图，并输出变量数据经过Lilliefors显著水平修正的柯尔莫戈洛夫—斯米诺夫统计量和夏皮洛—威尔克统计量。

(4)"含莱文检验的分布-水平图"复选框。选中此项用于对数据转换的散布水平图进行设置，可以显示数据转换后的回归曲线斜率和进行方差齐性的莱文检验，包括4个单选按钮:"无"表示将不输出变量的散布水平图；"幂估算"表示对每一个变量数据产生一个中位数的自然对数和四分位数的自然对数的散点图，还可以对各个变量数据方差转化为同方差所需要幂的估计；"转换后"表示对因变量数据进行相应的转换，具体的转换方法有自然对数变换、1/平方根的变换、倒数变换、平方根变换、平方变换、立方变换；"未转换"表示不对原始数据进行任何变换。

再次，单击探索对话框右侧的"选项"，弹出如图4-19所示的"探索：选项"对话框。

图4-19

该对话框主要包括3个选项组。

（1）"成列排除个案"复选框。选中此项用于对每个观测记录，只要当前分析所用到的变量中有一个含缺失值，就将该观测记录从所有分析中剔除，系统默认此选项。

（2）"成对排除个案"复选框。选中此项用于对只有当前分析中用到的变量含缺失值时，才将相应的观测记录从当前分析中剔除。

（3）"报告值"复选框。选中此项将单独统计并输出变量中含有缺失值的一个类别。

步骤4：结果分析。

单击"确定"按钮，就可以在SPSS Statistics查看器窗口中得到所选择的变量探索性分析的结果，如图4-20至4-26所示。

个案处理摘要							
	性别	个案					
		有效		缺失		总计	
		数字	百分比	数字	百分比	数字	百分比
身高	男	16	100.0%	0	0.0%	16	100.0%
	女	14	100.0%	0	0.0%	14	100.0%

图4-20

图4-20显示了不同组别的个案数，男生有16人，女生有14人。

描述性				统计	标准错误
身高（cm）	男	平均值		178.63	1.573
		平均值的95%置信区间	下限值	175.27	
			上限	181.98	
		5%截尾平均值		178.69	
		中位数		178.00	
		方差		39.583	
		标准偏差		6.292	
		最小值		167	
		最大值(X)		189	
		范围		22	
		四分位距		8	
		偏度		.091	.564
		峰度		-.183	1.091

图 4-21

	女	平均值		161.21	1.559
		平均值的95%置信区间	下限值	157.85	
			上限	164.58	
		5%截尾平均值		160.90	
		中位数		160.00	
		方差		34.027	
		标准偏差		5.833	
		最小值		155	
		最大值(X)		173	
		范围		18	
		四分位距		10	
		偏度		.711	.597
		峰度		-.463	1.154

图 4-22

图4-21、图4-22显示了男生、女生身高的描述性统计量，包含了平均值、平均值的95%置信区间、中位数等。

常态性检验							
	性别	Kolmogorov-Smirnov(K)ᵃ			Shapiro-Wilk		
		统计	df	显著性	统计	df	显著性
身高	男	.165	16	.200*	.941	16	.357
	女	.154	14	.200*	.908	14	.149
*. 这是真正显著性的下限。							
a. Lilliefors 显著性校正							

图 4-23

图 4-23 显示了男女生的身高是否符合正态分布，包含了 Kolmogorov-Smirnov(K-S) 和 Shapiro-Wilk(S-W) 两种检验模式。在 K-S 检验中，男生和女生的身高显著性值均为 0.200，大于 0.05，故男生、女生的身高均符合正态分布。在 S-W 检验中，得出的结论相同。

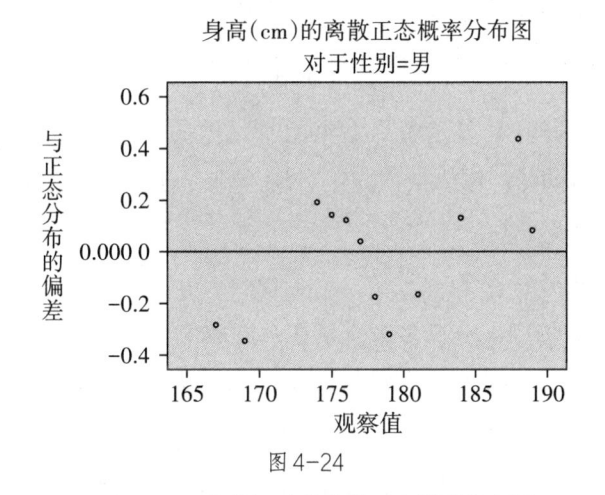

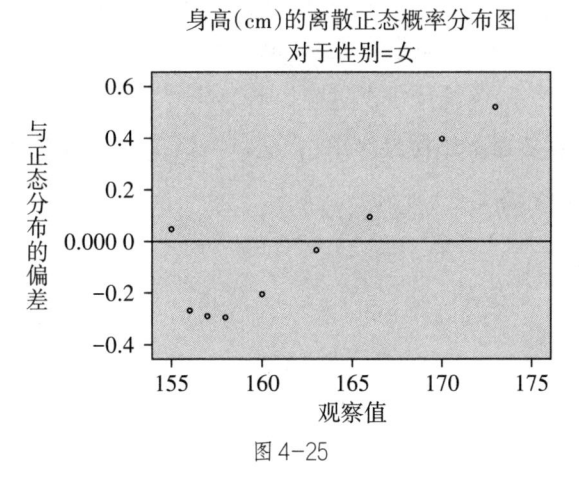

图 4-24

图 4-25

图4-24,图4-25也显示了男女生的身高是否呈正态分布,横坐标表示身高的观察值,纵坐标显示了观察值与正态分布的偏差,图中显示偏差值在0.6以内。因而,男女生身高均呈正态分布。

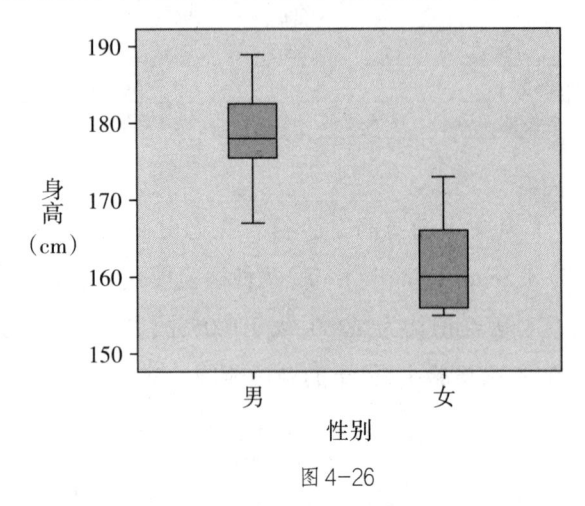

图4-26

图4-26为箱图,显示了男女生的身高值的分布情况。箱图的两端为最大值和最小值,箱体从下向上分别为第一四分位数、第二四分位数和第三四分位数。

4.列联表分析

列联表分析用来分析多个变量在不同取值情况下的数据分布情况,常用来做变量间交叉分组下的频数分布,用以判断变量间的相关性,以及变量组间的差异性。

SPSS中使用"交叉表"过程对计数资料和某些等级资料进行列联表分析,它可以给出Pearson卡方检验、似然比卡方检验等许多统计检验和统计量的输出。具体统计分析过程如下。

步骤1:在菜单栏中按顺序单击"分析→描述统计→交叉表格"命令,其主设置界面如图4-27所示。

图 4-27

步骤 2：指定变量。在源变量列表框中选择对应变量分别列入"行"列表框、"列"列表框以及"层 1 的 1"列表框中，如图 4-28 所示。

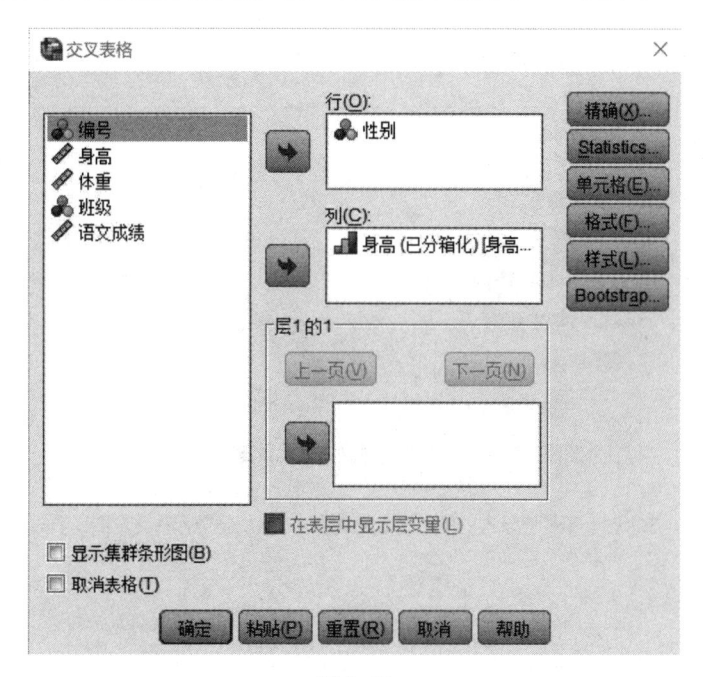

图 4-28

该对话框主要包括5个选项组。

(1)"行"列表框。该列表框中的变量为交叉分析表的行变量,变量的属性一般为数值型变量或字符型变量。

(2)"列"列表框。该列表框中的变量为交叉分析表的列变量,变量的属性一般为数值型变量或字符型变量。

(3)"层1的1"列表框。该列表框中的变量为交叉分析中分层变量,该变量主要用于对频数分布表进行分层,对每一层都可以进行行和列的交叉表格分析。

(4)"显示集群条形图"列表框。输出关于各类别频数统计的复式条形图。

(5)"取消表格"列表框。选中表示不输出频数统计表格。

步骤3:单击"显示簇状条形图"复选框,输出关于各类别频数统计的复式条形图。

步骤4:单击选中"禁止显示表"复选框,将不输出频数统计表。

步骤5:进行选项设置。

首先,单击"精确"选项,弹出如图4-29所示的"精确检验"对话框。

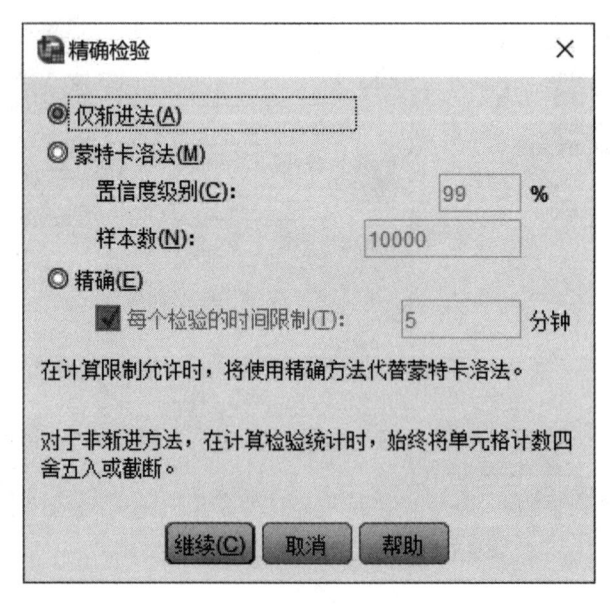

图4-29

该对话框主要包括3个选项组。

（1）"仅渐进法"复选框。选中此复选框用于计算基于具有渐进分布的检验统计量相应的显著性水平。若输出的显著性小于0.05时，认为是显著的。

（2）"蒙特卡洛法"复选框。选中此复选框用于对精确显著性水平的无偏估计。此方法是非常有效的计算确切显著性水平的方法，适用于数据量大，无法使用其他方法进行计算的情况。"置信度级别"复选框用来指定置信水平；"样本数"复选框用来指定样本的抽样次数。

（3）"精确"复选框。选中此复选框表示在一定时间限制下计算统计量的显著水平。一般情况下，由此计算的显著性水平低于0.05时被认为是显著的，即认为行、列变量之间存在一定的相关性。

其次，单击"统计"选项，弹出如图4-30所示的"交叉表：统计"对话框。

（1）"卡方"复选框。选中该复选框对行列变量的独立性进行卡方检验，包括皮尔逊卡方检验、似然比卡方检验、费希尔精确检验等。

（2）"相关性"复选框。选中该复选框对变量进行相关性检验，包括斯皮尔曼相关系数检验和皮尔逊相关系数检验。

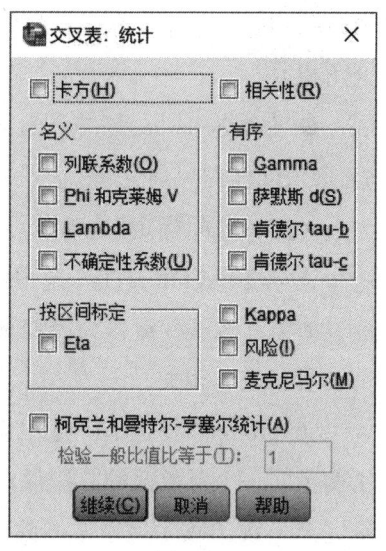

图4-30

（3）"名义"选项组设置。该选项组用于检验名义变量的统计量，包括4个选项。

● 列联系数：用于基于卡方检验的相关性统计量检验，其取值介于0~1之间，0表示行、列变量完全不相关，1表示完全相关。

● Phi和克莱姆V：同样是两个表示相关性的检验统计量。

● Lambda：用于对有序变量相关性的度量，取值在-1~1之间，-1表示完全负相关、0表示完全不相关，1表示完全正相关。

● 不定性系数：表示用一个变量预测其他变量时的预测误差降低比例，取值在 0~1 之间，0 表示完全不能预测，1 表示预测完全准确。

（4）"有序"选项组设置：该选项组用于检验有序变量的统计量，包括 4 个选项。

● Gamma：该统计量是关于两个有序变量相关性的对称度量，取值在 -1~1，-1 表示变量之间完全负相关，0 表示完全无关，1 表示完全正相关。

● 萨默斯 d：该统计量是关于两个有序变量相关性的非对称度量，取值在 -1~1 之间，-1 表示变量之间完全负相关，0 表示完全无关，1 表示完全正相关。

● 肯德尔 tau-b：该统计量是关于有序变量相关性的非参数检验，取值在 -1~1 之间，-1 表示变量之间完全负相关，0 表示完全无关，1 表示完全正相关。

● 肯德尔 tau-c：该统计量同样是关于有序变量相关性的非参数检验，取值同样在 -1~1 之间。

（5）"按区间标定"选项组设置：该选项组用于检验一个分类变量和一个连续变量的相关性。选中"Eta"复选框，分别输出将行变量作为因变量的值和将列变量作为因变量的值，取值在 0~1 之间，0 表示完全不相关，1 表示完全相关。

（6）"Kappa"复选框。选中该复选框输出"Cohen's Kappa"统计量用于衡量同一个对象两种方法评价是否具有一致性，取值在 0~1 之间，1 表示完全一致，0 表示完全不一致；只有当表格的行、列变量有相同的取值个数和范围都一致时才会被输出。

（7）"风险"复选框。选中该复选框用来衡量行变量与列变量的相关性，一般是对 2×2 表格进行计算。

（8）"麦克尼马尔"复选框。选中该复选框输出麦克尼马尔—Bowker 统计量来对两个二分变量进行非参数检验，利用卡方分布对响应变化进行检验；经常用来检验对实验进行某项干预之后所引起的变化。

(9)"柯克兰和曼特尔-亨塞尔统计"复选框。选中该复选框用来检验两个二分变量独立性的统计量。

然后,单击"单元格"选项,弹出如图4-31所示的"交叉表:单元格显示"对话框。

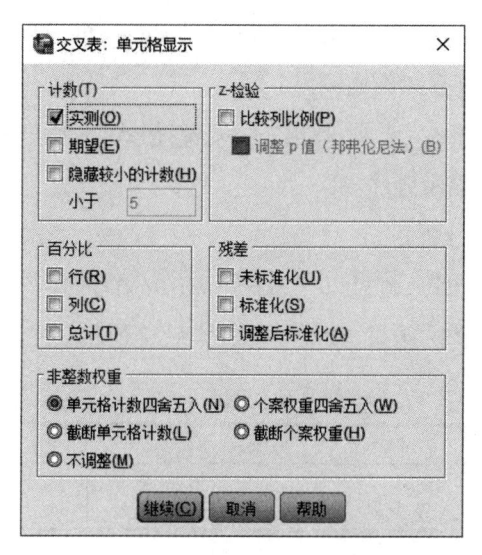

图 4-31

该对话框主要包括5个选项组。

(1)"计数"选项组设置。该选项组用于对输出的观测值数量进行设置,包括实测、期望、隐藏较小的计数三个复选框。

(2)"Z-检验"选项组设置。该选项组用于检验列属性的比例是否相等。

(3)"百分比"选项组设置。该选项组是关于百分比的选项,包括行百分比、列百分比和总计百分比。

(4)"残差"选项组设置。

● 未标准化:表示输出的残差没有经过标准化处理,为原始残差。

● 标准化:表示输出的残差是原始残差除以标准差后的残差。

● 调整后标准化:表示输出的是经过标准误差调整后的残差。

(5)"非整数权重"选项组设置。该选项组用于设置关于非整数权重的处理方式。有如下五种方法。

- 单元格计数四舍五入：对加权处理后的频数进行四舍五入取整。
- 个案权重四舍五入：直接对单个观测记录的权重进行四舍五入处理。
- 截断单元格计数：对加权处理前后的频数进行截断舍位调整。
- 截断个案权重：直接对单个观测记录的权重进行取整运算。
- 不调整：对频数不做调整。

最后，单击"格式"选项，弹出"交叉表：格式"对话框。该对话框用于设置输出结果的显示顺序。

步骤6：结果分析。

单击"确定"按钮，就可以在SPSS Statistics查看器窗口中得到所选择的变量列联表分析的结果，如图4-32、图4-33所示。

性别 * 身高（已分箱化）交叉表

		身高(已分箱化)				总计
		155 cm - 159.9 cm	160 cm - 169.9 cm	170 cm - 179.9 cm	180 cm 以上	
性别	男	0	2	9	5	16
	女	6	6	2	0	14
总计		6	8	11	5	30

图4-32

卡方检验

	值	自由度	渐近显著性·（双向）
皮尔逊卡方	17.399[a]	3	.001
似然比(L)	22.027	3	.000
线性关联	15.931	1	.000
有效个案数	30		

a. 6个单元格 (75.0%) 具有的预期计数少于5。最小预期计数为2.33。

图4-33

性别变量和身高变量的交叉列联表分析结果显示，男生中身高155 cm~159.9 cm的有0人，160 cm~169.9 cm的有2人，170 cm~179.9 cm的有9人，180 cm以上的有5人。女生中身高155 cm~159.9 cm的有6人，160 cm~

169.9 cm的有6人,170 cm~179.9 cm的有2人,180 cm以上的有0人。卡方检验结果显示,渐近显著性值均小于0.05,表明性别与身高具有显著相关性。男生身高比女生优势明显。

二、推断性统计

(一)差异分析

参数检验是推断统计的重要组成部分。当总体分布已知(一般为正态分布)时,根据样本数据对总体分布的统计参数进行推断,包括平均值、方差。

1. 单样本T检验

单样本T检验是用来检验样本统计量与总体统计量或理论值之间的差异。例如:利用单样本T检验可以检验某高中所有男生的平均体重是否与去年全国高中男生的平均体重一致。具体统计分析过程如下。

步骤1:在菜单栏中按顺序单击"分析→比较平均值→单样本T检验"命令,其主设置界面如图4-34所示。

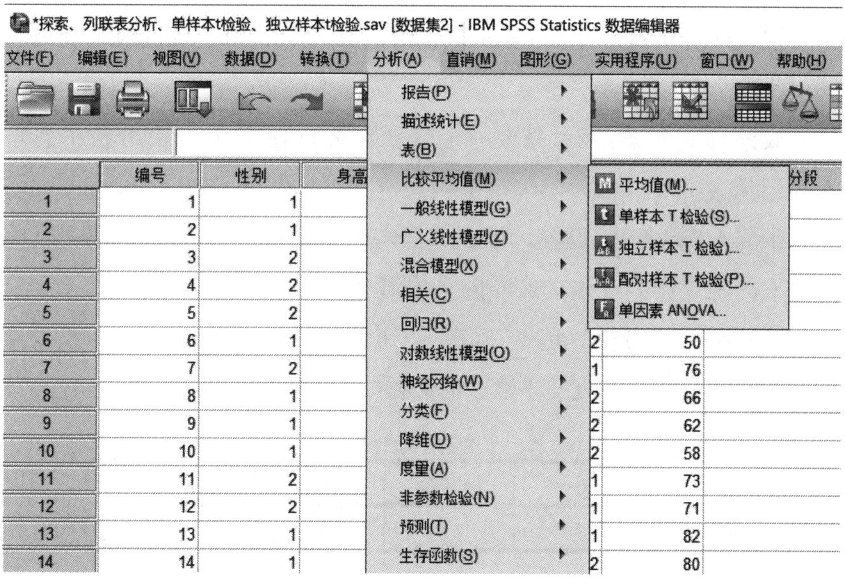

图 4-34

步骤2:指定变量。在源变量列表框中选择对应变量列入检验变量框中,如图4-35所示。

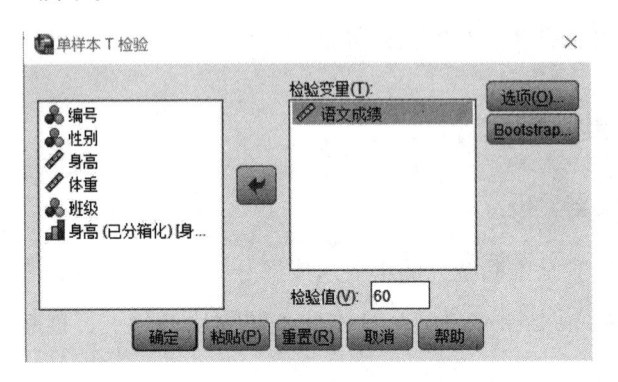

图4-35

步骤3:单击单样本T检验对话框中"选项"按钮。

选项对话框主要包括两个选项组。

(1)"置信区间百分比"复选框。选中该复选框用于指定输出结果中的平均值置信区间,取值范围是1~99,系统默认值为95%。

(2)"缺失值"复选框。选中该复选框用于指定当检验过程中出现一个或多个缺失值时,剔除哪些个案,包括两个选项。

按具体分析排除个案:表示排除给定分析中的因变量或因子变量有缺失值的个案。

成列排除个案:表示只要一个变量含缺失值,则在所有分析中忽略这个记录。

步骤4:"检验值"设置。该复选框内用于输入一个假设的检验值,此处输入的是全国高中语文成绩的平均值60。

步骤5:结果分析。单击"确定"按钮,就可以在SPSS Statistics查看器窗口中得到所选择的变量T检验的分析结果。

单样本统计

	数字	平均值	标准偏差	标准误差平均值
语文成绩	30	71.77	9.328	1.703

图4-36

单样本检验

	检验值 = 60					
	t	自由度	显著性(双尾)	平均差	差值的95%置信区间	
					下限	上限
语文成绩	6.909	29	.000	11.767	8.28	15.25

图 4-37

如图 4-36、4-37 所示，从结果输出图可以看出，T 检验的显著性是 0.000，小于显著水平 0.05，拒绝原假设。说明该高中学生的语文成绩与检验值 60 存在显著差异。

2. 独立样本 T 检验

独立样本 T 检验适用于两个群体平均数的差异检验，其自变量为二分类变量，因变量为连续变量且样本间要保证相互独立，不受影响。例如要判断两个班级间的语文成绩是否有显著差异可采用此检验。

步骤 1：统计分析过程。在菜单栏中选择"分析→比较平均值→独立样本 T 检验"命令，其主设置界面如图 4-38 所示。

图 4-38

步骤 2：指定变量。在源变量列表框中选择对应变量分别列入右侧的变量框中。

该对话框主要包括 2 个选项组。

（1）检验变量。该变量框中的变量用于输入进行独立样本 T 检验的目标变量，一般为连续性数值变量。

(2)分组变量。该变量框用于对检验变量进行分组。指定分组变量后,"定义组"对话框立即被激活,该对话框用于对分组变量进行设置,如图4-39所示。

图 4-39

步骤3:选项设置。此处的选项含义与设置和单样本T检验一样。

步骤4:结果分析。

单击"确定"按钮,就可以在SPSS Statistics查看器窗口中得到所选择的变量T检验的核心结果。

		列文方差相等性检验		平均值相等性的t检验					差值的95%置信区间	
		F	显著性	t	自由度	显著性（双尾）	平均差	标准误差差值	下限	上限
语文成绩	已假设方差齐性	1.274	.269	1.942	28	.062	6.376	3.284	-.351	13.102
	未假设方差齐性			1.884	22.570	.073	6.376	3.385	-.634	13.385

图 4-40

从结果输出图4-40可以看出,两个班的语文成绩的方差相等(F=1.274,P=0.269>0.05)。方差相等,则看第一行的结果,t为1.942,显著性(双尾)为0.062,大于0.05,因此,接受均值相等的原假设。说明两个班级的语文成绩没有显著差异。

3.配对样本T检验

配对样本T检验,用于检验两个相关的样本(配对资料)是否来自具有相同均值的总体。例如:检验某保健品对糖尿病的治疗是否有辅助作用的研究。配对数据来源的方式有两种:自身配对与同源配对。自身配对指同一个试验对象,在两个不同时间上分别接受前、后两次处理,用其前后两次的观测值进行对照和比较;或者,对同一试验对象,取其不同部分的观测值或不同方法处理后的观测值进行自身对照和比较。同源配对指将来源相同、性质相同的两个个体配成一对,然后对配对的两个个体随机地实施不同处理,再根据所得的试验数据检验两种处理方法的效果。具体统计分析过程如下。

步骤1:在菜单栏中按顺序单击"分析→比较平均值→成对样本T检验"命令,打开主设置界面。

步骤2:指定变量。在源变量列表框中选择成对的变量组列入右侧的变量框中,例如本例的"疗程初血糖"和"疗程末血糖",选入多对变量时,将分别对它们做配对检验,如图4-41所示。

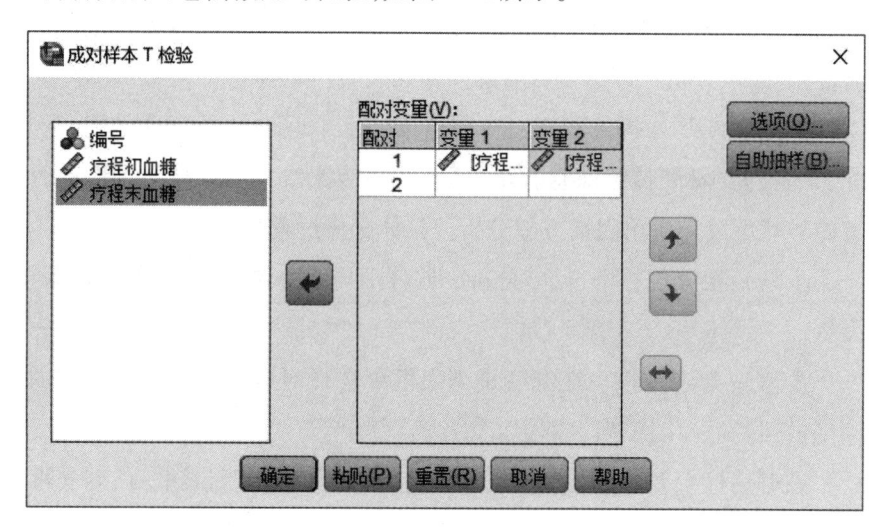

图 4-41

步骤3:选项设置。此处的选项与含义和单样本T检验一样,不再赘述。

步骤4:结果分析。单击"确定"按钮,就可以在SPSS Statistics查看器窗口中得到所选择的成对变量T检验的分析结果,如图4-42所示。

配对样本检验

		配对差值							显著性(双尾)
		平均值(E)	标准偏差	标准误差平均值	差值的95%置信区间		t	自由度	
					下限	上限			
配对1	疗程初血糖 - 疗程末血糖	-.1200	1.0029	.2243	-.5894	.3494	-.535	19	.599

图 4-42

从结果输出图4-42可以看出,疗程前后的血糖不存在显著差异,因为T检验结果中,t=-0.535,P=0.599>0.05。说明这种保健食品对病人血糖状况的改善并无作用。

4.单因素方差分析

在均值差异检验中,若是分组变量的水平数值在三个以上,则不能采用独立样本T检验,要改用方差分析,推断各组样本之间是否存在显著性差异,以分析该因素是否对总体存在显著性影响。

单因素方差分析是研究一个因素不同水平间的计量变量比较。例如:某教师要研究传统课堂教学、慕课和翻转课堂教学的教学效果是否有差异就可以采用单因素方差分析。具体分析过程如下。

步骤1:在菜单栏中选择"分析→比较平均值→单因素ANOVA检验"命令。

步骤2:指定变量。在源变量列表框中选择对应的变量列入右侧的因变量列表框和因子列表框中。

该对话框主要有2个选项组。一是"因变量列表"列表框:该列表框中列入的变量为要进行方差分析的变量,一般为数值型变量。二是"因子"列表框:该列表框中列入的变量为分组变量。该案例中的变量选择如图4-43所示。

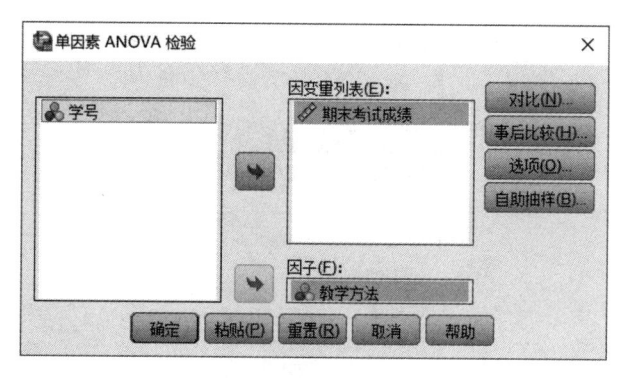

图 4-43

步骤 3：首先，单击"事后比较"复选框，弹出如图 4-44 所示的"单因素 ANOVA 检验：事后多重比较"对话框。假定等方差和不假定等方差下都有多种检验方法，这里"假定方差齐性"我们选择"LSD"，"未假定方差性"选择"Tamhane's T2"。

图 4-44

然后，单击"选项"复选框，弹出如图 4-45 所示的"单因素 ANOVA 检验：选项"对话框。该选项下必须勾选的选项为"描述"和"方差齐性检验"。

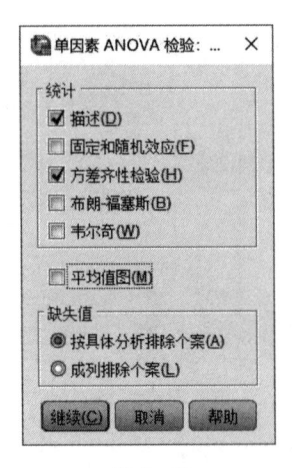

图 4-45

步骤 4：结果分析。

单击"确定"按钮，就可以在 SPSS Statistics 查看器窗口中得到单因素方差分析的结果。

描述性

期末考试成绩

	N	平均值	标准 偏差	标准 错误	平均值 95% 置信区间		最小值	最大值
					下限值	上限		
传统教学	10	66.40	8.682	2.746	60.19	72.61	53	80
翻转课堂	10	78.20	6.356	2.010	73.65	82.75	66	89
慕课	10	75.70	8.042	2.543	69.95	81.45	63	87
总计	30	73.43	9.092	1.660	70.04	76.83	53	89

图 4-46

三种教学方法的几个基本统计量见图 4-46，传统教学平均分为 66.40 分，翻转课堂教学为 78.20，慕课为 75.70 分。三种教学方法看似有一定的差异，但这种差异不一定具有统计学意义，因此还需要进一步检验。

方差同质性检验

期末考试成绩

Levene 统计	df1	df2	显著性
.944	2	27	.401

图 4-47

检验三种教学方法下期末考试成绩的方差是否相同,由图4-47可知,显著性P大于0.05,即方差相等,可查看LSD方法的结果。

ANOVA

期末考试成绩

	平方和	df	均方	F	显著性
组之间	773.267	2	386.633	6.428	.005
组内	1624.100	27	60.152		
总计	2397.367	29			

图 4-48

单因素方差分析见图4-48,其中组间差异和组内差异分别为773.267和1624.100,F=6.428,P=0.005<0.05,说明不同教学方法对应的期末考试成绩存在差异,也即教学方法对期末考试成绩存在显著影响。

多重比较

因变量:期末考试成绩

	(I)教学方法	(J)教学方法	平均差(I-J)	标准错误	显著性	95%置信区间	
						下限值	上限
LSD(L)	传统教学	翻转课堂	-11.800*	3.468	.002	-18.92	-4.68
		慕课	-9.300*	3.468	.012	-16.42	-2.18
	翻转课堂	传统教学	11.800*	3.468	.002	4.68	18.92
		慕课	2.500	3.468	.477	-4.62	9.62
	慕课	传统教学	9.300*	3.468	.012	2.18	16.42
		翻转课堂	-2.500	3.468	.477	-9.62	4.62
Tamhane	传统教学	翻转课堂	-11.800*	3.403	.009	-20.84	-2.76
		慕课	-9.300	3.742	.068	-19.15	.55
	翻转课堂	传统教学	11.800*	3.403	.009	2.76	20.84
		慕课	2.500	3.242	.835	-6.08	11.08
	慕课	传统教学	9.300	3.742	.068	-.55	19.15
		翻转课堂	-2.500	3.242	.835	-11.08	6.08

*. 均值差的显著性水平为0.05。

图 4-49

LSD法两两比较发现,凡显著性P小于0.05,则表示两种教学法之间有差异。从图4-49中可以看出,传统教学与翻转课堂和慕课间的差异均显著,翻转课堂和慕课间的差异不显著。即翻转课堂和慕课的教学效果,均优于传统教学。

(二)相关分析

相关分析是用来描述变量之间线性相关程度的强弱,并用适当的统计指标即相关系数表示出来的过程。相关系数的取值范围为$(-1,+1)$。根据相关方向的不同分为正相关、负相关、不相关;根据相关程度划分为高度相关、中度相关、低度相关、弱相关。

1.二元等距变量的相关分析

二元等距变量的相关分析是指通过计算等距变量间两两相关的相关系数,对两个或两个以上等距变量之间两两相关的程度进行分析。二元等距变量的相关分析一般采用Pearson简单相关系数进行分析,Pearson相关分析的一般适用条件为:①连续变量;②成对出现;③正态分布。例如:现已知某班级学生数学和化学的期末考试成绩(数据:"皮尔逊相关.sav"),要研究该班学生的数学和化学成绩之间是否具有相关性就是一个二元等距变量的相关分析问题。具体统计分析过程如下。

步骤1:在菜单栏中选择"分析→相关→双变量"命令,其主设置界面如图4-50所示。

图4-50

步骤2：指定变量。从源变量列表框中选择需要进行相关分析的变量，将其选入"变量"列表框中，如图4-51所示。

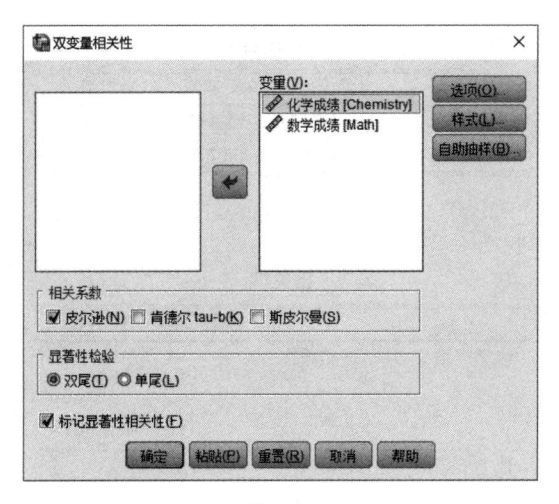

图 4-51

步骤3：设置相关系数选项区。系统默认选择"皮尔逊"方法。

步骤4：设置显著性检验选项区。系统默认选择为"双尾"检验。双尾检验可以检验两个变量间的相关取向，即正相关还是负相关。

步骤5：选中"标记显著性相关性"，表示不显示统计检验的显著性概率，而以*表示。一个星号表示当指定的显著性水平为0.05时，两个变量无显著性相关的可能性小于等于0.05；两个星号表示当指定的显著性水平为0.01时，两个变量无显著性相关的可能性小于等于0.01。

步骤6：单击"选项"按钮，弹出如图4-52所示对话框，在本例中选择"平均值和标准差"和"成对排除个案"选项。

图 4-52

步骤7：结果分析。单击"确定"按钮，就可以在SPSS Statistics查看器窗口中得到如图4-53、图4-54所示二元等距变量相关分析的结果。

描述统计

	平均值	标准 偏差	个案数
化学成绩	83.56	12.142	18
数学成绩	86.61	10.771	18

图4-53

相关性

		化学成绩	数学成绩
化学成绩	皮尔逊相关性	1	.742**
	Sig.（双尾）		.000
	个案数	18	18
数学成绩	皮尔逊相关性	.742**	1
	Sig.（双尾）	.000	
	个案数	18	18

**．在0.01级别（双尾），相关性显著。

图4-54

从图4-54中可以看出，化学成绩和数学成绩之间的相关系数为0.742，星号表示在指定的显著性水平为0.01时，统计检验的显著性概率小于等于0.01，即化学成绩与数学成绩显著高度正相关。

2. 二元定序变量的相关分析

二元定序变量的相关分析是指通过定序变量间两两相关的相关系数，对两个或两个以上定序变量之间两两相关的程度进行分析。定序变量又称为有序变量、顺序变量，它取值的大小能够表示观测对象的某种顺序关系（等级、方位或大小等），也是基于"质"因素的变量。此时，需要用两种研究等级相关的相关量——Spearman相关系数或Kandall和谐系数进行分析，等级相关分析的适用条件：两列变量都是等级或顺序变量的时候；一个变量的变量值是等级数据，另一个变量的变量值是等距或比率数据；确定不了数据的分布形态的时候；积差相关运算太繁，转用等级相关。例如：某语文老师先后两次对其班级学生同一篇作文加以评分,评定等级为一级至十级(数据:"等级相关.sav"),要研究两次评分的等级相关有多大,是否达到显著水平,就是一个典型二元等级变量的相关分析问题。具体统计分析过程如下。

步骤1:在菜单栏中按顺序单击"分析→相关→双变量"命令。

步骤2:指定变量。从源变量列表框中选择需要进行相关分析的变量,将其选入"变量"列表框中,如图4-55所示。

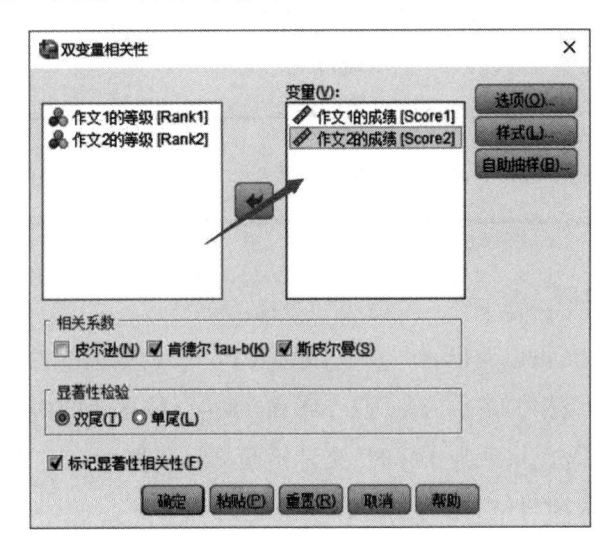

图4-55

步骤3:选项设置。上图4-55中的选项与二元等距变量相关分析中的选项完全相同,此例勾选"肯德尔tau-b(K)""斯皮尔曼""双尾""标记显著性相关性"选项,单击"确定"即可。

步骤4:结果分析。单击"确定"按钮,就可以在SPSS Statistics查看器窗口中得到二元定序变量相关分析的结果,如图4-56所示。

相关性

			作文1的成绩	作文2的成绩
肯德尔tau_b	作文1的成绩	相关系数	1.000	.745**
		Sig.（双尾）	.	.000
		N	18	18
	作文2的成绩	相关系数	.745**	1.000
		Sig.（双尾）	.000	.
		N	18	18
斯皮尔曼Rho	作文1的成绩	相关系数	1.000	.874**
		Sig.（双尾）	.	.000
		N	18	18
	作文2的成绩	相关系数	.874**	1.000
		Sig.（双尾）	.000	.
		N	18	18

**. 在0.01级别（双尾），相关性显著。

图4-56

从图4-56可以看出,作文1的成绩与作文2的成绩的肯德尔系数和斯皮尔曼等级相关系数分别为0.745和0.874。数据旁的两个星号表示在指定的显著性水平为0.01时,统计检验的显著性概率小于等于0.01,即作文1的成绩与作文2的成绩的一致性较高。

3. 偏相关分析

偏相关是指在控制了一个或几个其他变量影响的条件下两个变量之间的相关关系。例如,在研究某农场春季早稻产量与平均降雨量、平均温度之间的关系时,产量和平均降雨量之间的关系中实际还包含了平均温度对产量的影响。同时平均降雨量对平均温度也会产生影响。因此,偏相关分析是指当两个变量同时与第三个变量相关时,将第三个变量的影响剔除,只分析另外两个变量之间相关程度的过程。例如:某次抽样调查获得15人的收入、受教育程度及工作经验数据（数据:"偏相关.sav"）。要研究受教育程度对收入的相关关系,就是一个偏相关分析问题。

步骤1:统计分析过程。在菜单栏中选择"分析→相关→偏相关"命令。

步骤2：指定变量。从源变量列表框中选择需要进行相关分析的变量，将其选入"变量"列表框中，选择控制变量，即不变的变量，将其添加到对应的变量框中，如图4-57所示。

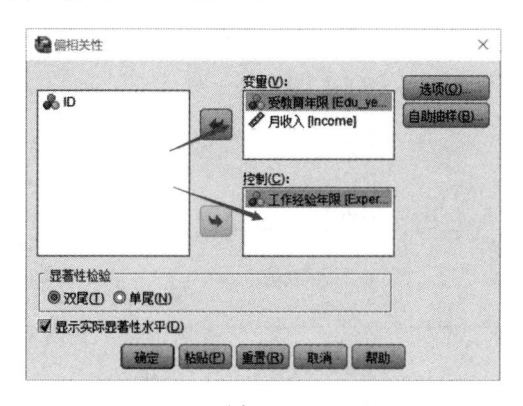

图4-57

步骤3：选项设置。

偏相关分析指定变量界面的选项与上述两种相关分析设置一致，"偏相关性：选项"复选框中选择"零阶相关性"，该选项表示，在不考虑控制变量的情况下，输出"变量"和"控制变量"选项区所有变量的两两相关系数，如图4-58所示。

图4-58

步骤4：结果分析。

单击"确定"按钮，就可以在SPSS Statistics查看器窗口中得到偏相关分析的结果，如图4-59所示。

相关性

控制变量			受教育年限	月收入	工作经验年限
-无-[a]	受教育年限	相关性	1.000	.874	.859
		显著性（双尾）	.	.000	.000
		自由度	0	13	13
	月收入	相关性	.874	1.000	.836
		显著性（双尾）	.000	.	.000
		自由度	13	0	13
	工作经验年限	相关性	.859	.836	1.000
		显著性（双尾）	.000	.000	.
		自由度	13	13	0
工作经验年限	受教育年限	相关性	1.000	.556	
		显著性（双尾）	.	.039	
		自由度	0	12	
	月收入	相关性	.556	1.000	
		显著性（双尾）	.039	.	
		自由度	12	0	

a. 单元格包含零阶（皮尔逊）相关性。

图 4-59

图4-59上半部分输出的是变量间的皮尔逊简单相关系数。"受教育年限"和"月收入"的关系系数为0.874，"受教育年限"和"工作经验年限"的关系系数为0.859，"月收入"和"工作经验年限"的关系系数为0.836。对应的显著性概率都为0.000，都小于0.05。因此，它们两两之间具有显著性相关关系。

下半部分输出的是偏相关分析的结果，从图中可以看出，在剔除"工作经验年限"变量影响的情况下，"受教育年限"与"月收入"的偏相关系数为0.556，明显低于0.874。可见，简单相关系数比起偏相关系数有夸大的成分，偏相关系数更符合实际。

（三）回归分析

回归分析是用来确定变量之间的因果关系，并建立相应的回归模型来表现其具体关系。回归分析的主要目的在于描述、解释和预测。回归分析的一般步骤：①选择因变量和自变量；②拟合回归方程；③进行方程检验；④进行方程修正；⑤进行残差分析；⑥确定模型，进行预测。

1.线性回归

多元线性分析是指两个及两个以上自变量与因变量的线性回归分析,它要求自变量和因变量都必须是计量型变量。多元回归的基本假定:①正态性;②因变量各观察值之间独立;③自变量之间没有多元线性关系;④残差独立性假定。现有150家企业的供应商关系(sur)、领导支持(les)、员工参与(emi)、客户关系(cuf)的数据,试建立企业绩效(per)与供应商关系(sur)、领导支持(les)、员工参与(emi)、客户关系(cuf)之间的线性回归方程(数据:"回归分析.sav")。具体统计分析过程如下。

步骤1:在菜单栏中选择"分析→回归→线性"命令,其主设置界面如图4-60所示。

图4-60

步骤2:指定变量。从源变量列表框中选择需要进行回归分析的变量,将其选入对应的变量列表框中,将该例中企业绩效作为因变量,供应商关系、领导支持、员工参与、客户关系选入自变量列表框中,如图4-61所示。

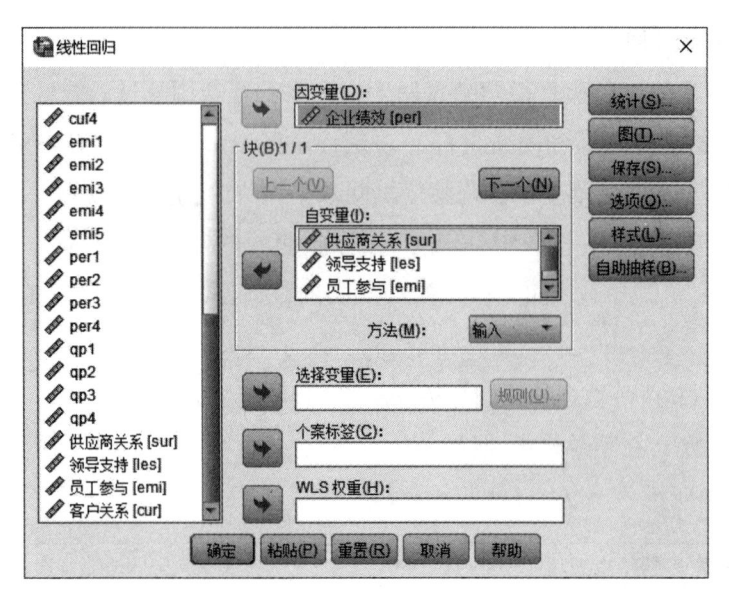

图 4-61

步骤 3：选项设置。

首先，"方法"复选框。该选项框包含五种自变量的选入方法为输入、步进、除去、后退、前进。本例选择"输入"方法。

其次，单击"统计"复选框，弹出"线性回归：统计"对话框，在该对话框中选择要输出的统计量，在本例中选择的选项如图 4-62 所示。

图 4-62

再次，单击"图"复选框，弹出"线性回归：图"对话框，在该对话框中选择要输出的图形，在本例中选择"正态概率图"，用来检查残差值是否呈正态分布，如图4-63所示。

图 4-63

然后，单击"保存"复选框，弹出"线性回归：保存"对话框，在该对话框中可以选择将回归分析的相关结果以一个新变量名称保存到数据窗口中，在本例中的选择如图4-64所示。

图 4-64

最后，单击"选项"复选框，弹出"线性回归：选项"对话框，在该对话框中可以选择进入回归方程式的自变量的准则以及对缺失值采用的不同处理方法，在本例中的选择如图4-65所示。

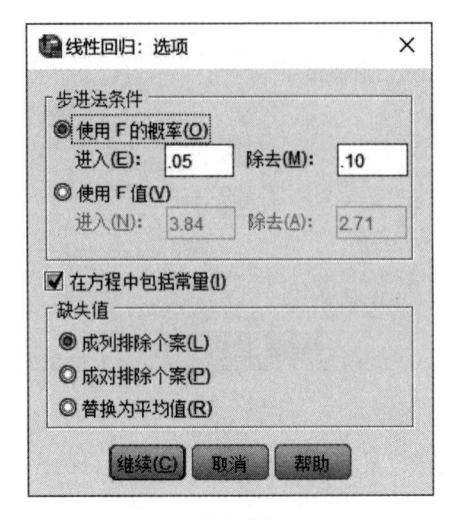

图4-65

步骤4：结果分析。单击"确定"按钮，就可以在SPSS Statistics查看器窗口中得到多元线性回归分析的结果。如图4-66、图4-67所示。

输入/除去的变量[a]

模型	输入的变量	除去的变量	方法
1	客户关系，供应商关系，员工参与，领导支持[b]		输入

a. 因变量：企业绩效。
b. 已输入所请求的所有变量。

图4-66

模型摘要[b]

模型	R	R方	调整后R方	标准估算的错误
1	.692[a]	.479	.465	.94469

a. 预测变量：(常量)，客户关系，供应商关系，员工参与，领导支持
b. 因变量：企业绩效

图4-67

模型摘要表显示的是回归模型的拟合优度检验结果，即自变量对因变量的解释程度，从图中可以看出，校正判定系数 R 为 0.692，说明模型的拟合优度较好，即因变量变化中有 69.2% 的信息可以由自变量解释。

ANOVA^a

模型		平方和	自由度	均方	F	显著性
1	回归	119.173	4	29.793	33.384	.000^b
	残差	129.405	145	.892		
	总计	248.578	149			

a. 因变量：企业绩效
b. 预测变量：(常量)，客户关系，供应商关系，员工参与，领导支持

图 4-68

从图 4-68 中可以看出，该模型的 F 统计量为 33.384，显著性概率为 $P=0.000<0.05$，说明自变量与因变量之间有线性关系。

系数^a

模型		未标准化系数		标准化系数	t	显著性
		B	标准错误	Beta		
1	(常量)	.451	.483		.934	.352
	供应商关系	.355	.121	.273	2.936	.004
	领导支持	.063	.133	.049	.471	.638
	员工参与	.246	.086	.251	2.845	.005
	客户关系	.254	.122	.224	2.083	.039

a. 因变量：企业绩效

图 4-69

从图 4-69 中可以看出，常数项显著性概率 $P=0.352>0.05$，说明常数项应为 0。因此在"线性回归：选项"对话框中，取消选择"在方程中包含常量"选项，在"线性回归：统计"对话框中选择如图 4-70 所示的选项，再计算一次结果。

修改后的结果如图 4-71 所示。

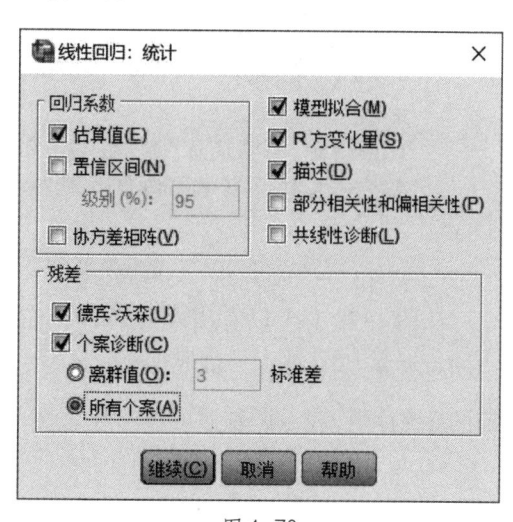

图 4-70

描述统计ᵃ

	平均值ᵇ	均方根	个案数
企业绩效	5.3579	5.51041	150
供应商关系	5.6480	5.73383	150
领导支持	5.7767	5.86243	150
员工参与	4.7371	4.91603	150
客户关系	5.3914	5.50961	150

a. 已通过原点计算系数。
b. 打印了实测平均值。

图 4-71

模型摘要ᶜ,ᵈ

模型	R	R方ᵇ	调整后R方	标准估算的错误	更改统计					德宾-沃森
					R方变化量	F变化量	自由度1	自由度2	显著性F变化量	
1	.986ᵃ	.971	.971	.94428	.971	1240.521	4	146	.000	1.911

a. 预测变量: 客户关系, 员工参与, 供应商关系, 领导支持。
b. 对于过原点回归(无截距模型), R方用于衡量因变量相对于此回归所解释的原点的可变比例。此R方不能与针对包含截距的模型的R方进行比较。
c. 因变量: 企业绩效。
d. 过原点线性回归。

图 4-72

从图4-72可以看出,调整后的R^2为0.971,远远大于调整前的0.692,说明去除常数项后,模型的拟合优度大大提高了。

ANOVAᵃ,ᵇ

模型		平方和	自由度	均方	F	显著性
1	回归	4424.512	4	1106.128	1240.521	.000ᶜ
	残差	130.183	146	.892		
	总计	4554.695ᵈ	150			

a. 因变量: 企业绩效。
b. 过原点线性回归。
c. 预测变量: 客户关系, 员工参与, 供应商关系, 领导支持。
d. 因为对于过原点回归而言常量为零, 所以此总平方和对于常量而言不正确。

图 4-73

从图4-73中可以看出,该回归模型的显著性概率$P=0.000$(<0.05),说明自变量与因变量之间有显著线性关系。$F=1240.521$,远远大于调整前的F统计量,表示调整后的模型显著性增强。

系数[a,b]

模型		未标准化系数		标准化系数	t	显著性
		B	标准错误	Beta		
1	供应商关系	.393	.114	.408	3.432	.001
	领导支持	.104	.126	.111	.826	.410
	员工参与	.241	.086	.215	2.799	.006
	客户关系	.257	.122	.257	2.106	.037

a. 因变量：企业绩效。
b. 过原点线性回归。

图 4-74

从图4-74可以看出，回归方程中，除了自变量领导支持的显著性概率大于0.05，其余都小于0.05。由此，可以得出回归方程为：$y=0.393x_1+0.241x_2+0.257x_3$

个案诊断[a,b]

个案号	标准残差	企业绩效	预测值	残差
1	.668	5.33	4.7024	.63090
2	1.400	4.75	3.4284	1.32160
3	-.655	5.50	6.1188	-.61881
4	.465	6.67	6.2273	.43935
5	-.374	3.75	4.1035	-.35351
6	1.614	5.42	3.8923	1.52442
7	-.739	3.92	4.6149	-.69819
8	1.072	5.42	4.4042	1.01243
9	.759	7.00	6.2833	.71672
10	-.991	3.33	4.2694	-.93607
11	-.150	4.92	5.0587	-.14204
12	-.072	4.75	4.8179	-.06785
13	-.204	6.00	6.1925	-.19250
14	.776	6.83	6.1001	.73321
15	.786	7.00	6.2576	.74243
16	-1.291	4.00	5.2187	-1.21867
17	-1.330	4.92	6.1727	-1.25602
18	-.545	5.58	6.0981	-.51472
19	.761	6.75	6.0315	.71853
20	.819	6.67	5.8933	.77333

图 4-75

图4-75是将自变量代入回归方程得出企业绩效预测值（第4列）与企业绩效实际值（第3列）进行比较。

2. 曲线拟合

因变量与自变量都是数值型变量，且两变量之间不具有线性特征，而呈现曲线分布时就需要采用曲线拟合的方式进行回归分析。它的基本思想是：首先根据经验直接选择模型，或者通过绘制散点图选择适应的模型；其次利用SPSS计算出相应统计量，判断选择的模型对变量的拟合情况；最后选择最佳的拟合模型，并作出预测。现有40个国家的人均GDP和高等教育毛入学率，试建立人均GDP和高等教育毛入学率之间的函数关系（数据：中国高等教育数据）。具体统计分析过程如下。

步骤1：在菜单栏中按顺序点击"图形→图表构建器"命令，在打开的对话框中选入对应的自变量和因变量并将"选择范围"设置为散点图，得到散点图形如图4-76所示。

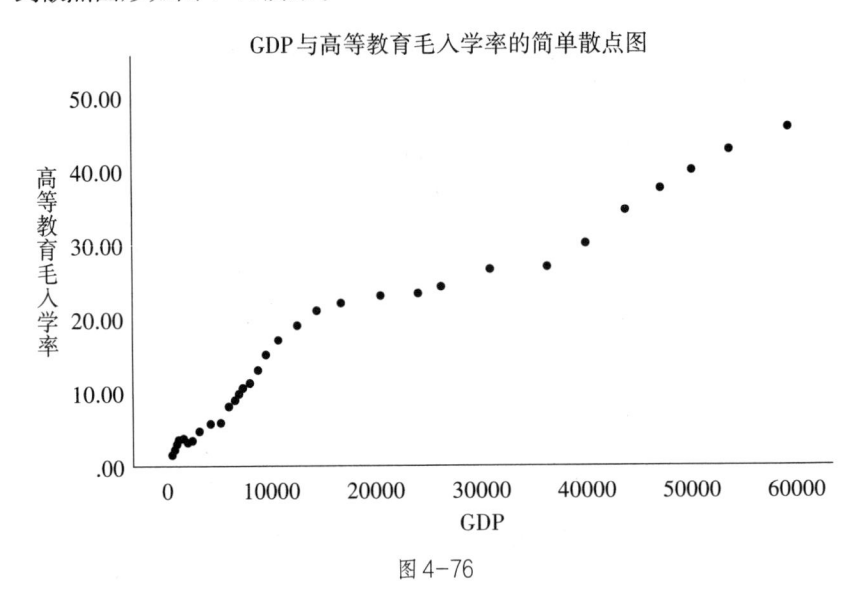

图4-76

从图4-76可以看出，人均GDP和高等教育毛入学率的关系是非线性的，因此，采用曲线拟合的方法来选择最佳的拟合模型。

步骤2：在菜单栏中按顺序点击"分析→回归→曲线估算"命令，其主设置界面如图4-77所示。

图 4-77

步骤3：定变量。从源变量列表框中选择需要进行回归分析的变量，将其选入对应的变量列表框中，该例中高等教育毛入学率为因变量，将人均GDP选入自变量列表框中，若自变量为时间，则选入"时间"变量框。模型选择"线性""二次""三次""幂"共四种模型进行拟合，如图4-78所示。

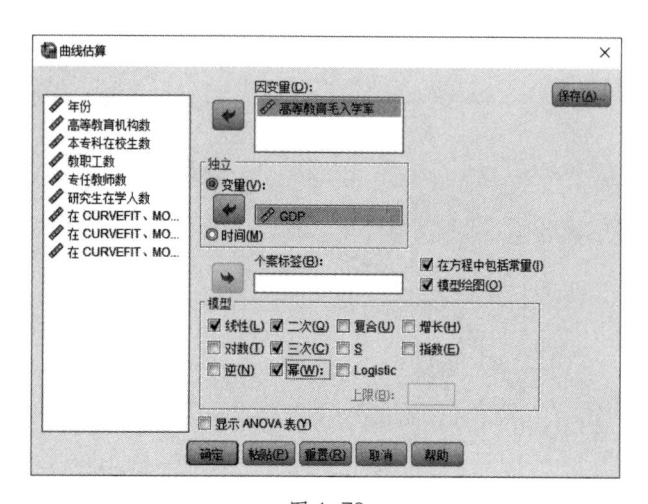

图 4-78

步骤4:确定选项。单击曲线估算复选框中的"保存"按钮,弹出如图4-79所示的对话框。

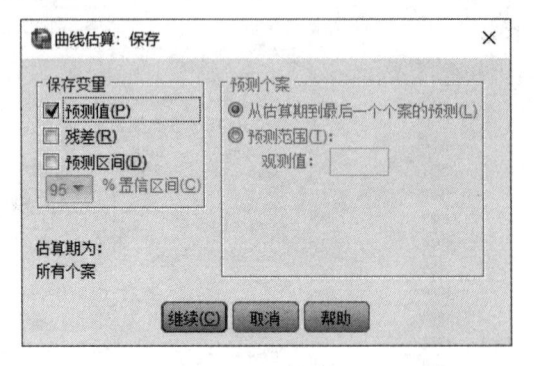

图4-79

选择"预测值"选项,该对话框用来规定保存所选模型的预测值为一个单独的数据文件中去。

步骤5:结果分析。单击"确定"按钮,就可以在SPSS Statistics查看器窗口中得到曲线拟合回归分析的结果。

模型摘要和参数估算值

因变量: 高等教育毛入学率

	模型摘要					参数估算值			
方程	R方	F	自由度1	自由度2	显著性	常量	b1	b2	b3
线性	.958	871.765	1	38	.000	3.759	.001		
二次	.973	673.103	2	37	.000	2.367	.001	-6.510E-9	
三次	.989	1067.575	3	36	.000	.897	.002	-3.927E-8	4.084E-13
幂	.976	1577.992	1	38	.000	.032	.652		

自变量为GDP。

图4-80

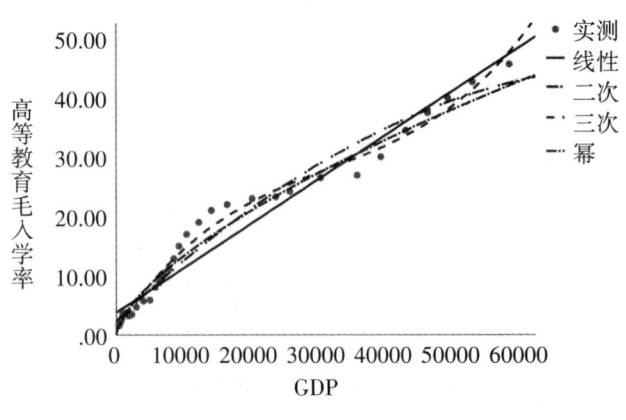

图4-81

从图4-80和4-81可以看出,三个非线性模型都显著成立,其中三次曲线的判定系数最大,幂函数曲线与样本的观察值拟合得较好。

3. 二值Logistic回归模型

Logistic回归分析是一种广义的线性回归分析模型,常用于数据挖掘,疾病的自动诊断,经济预测等。

二值Logistic回归模型的因变量的取值个数为2,并且必须是分类变量,而自变量可以是数值型变量,也可以是分类变量。

现有200名患者的急性心肌梗死状况数据,试分析是否发生休克、是否发生心衰、是否超过12小时对患者死亡与否的影响。这是一个典型的二值Logistic回归分析问题。具体统计分析过程如下。

步骤1:在菜单栏中按顺序点击"分析→回归→二元Logistic"命令,其主设置界面如图4-82所示。

图 4-82

步骤2：指定变量。

从源变量列表框中选择需要进行二元回归分析的变量，将其选入对应的变量列表框中，该例中"是否死亡"为因变量，"是否发生休克""是否发生心衰""是否超过12小时"为自变量，方法选择"输入"，如图4-83所示。

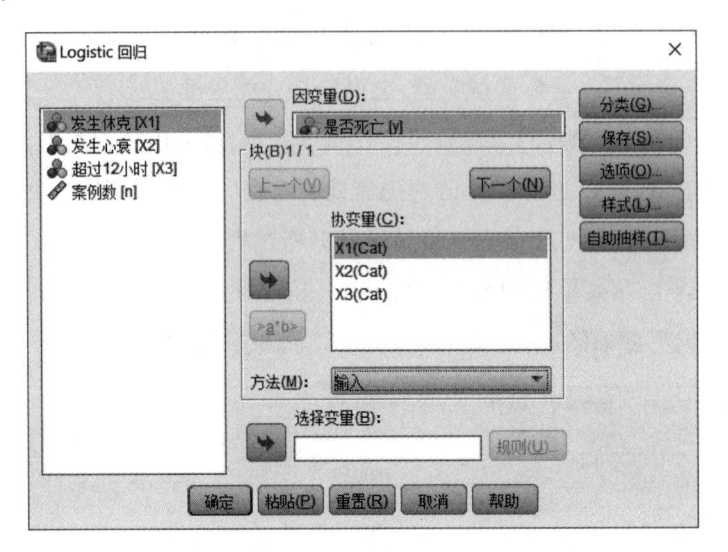

图 4-83

步骤3：选项设置，按图4-84和4-85设置选项。

图 4-84

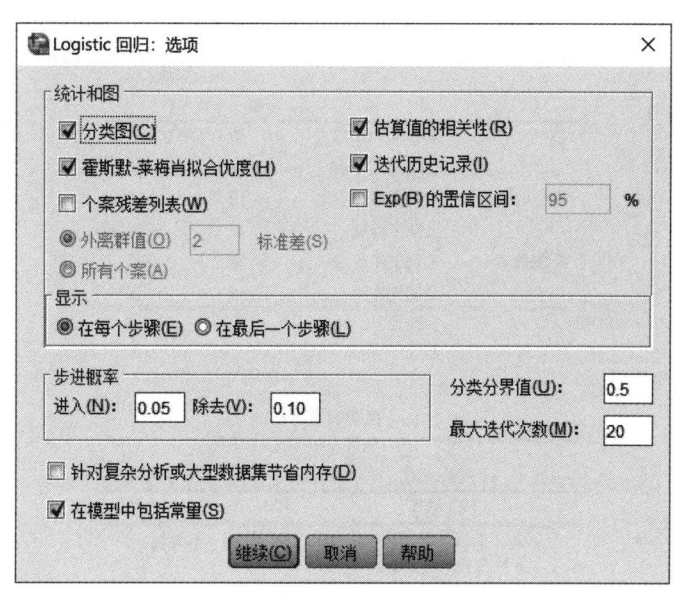

图 4-85

步骤 4:结果分析。

单击"确定"按钮,就可以在 SPSS Statistics 查看器窗口中得到二元 Logistic 回归分析的结果。如图 4-86 至图 4-91 所示。

因变量编码

原值	内部值
抢救成功	0
死亡	1

图 4-86

个案处理摘要

未加权个案数[a]		个案数	百分比
选定的个案	包括在分析中的个案数	16	100.0
	缺失个案数	0	.0
	总计	16	100.0
未选定的个案		0	.0
总计		16	100.0

a. 如果权重为生效状态,请参阅分类表以了解个案总数。

图 4-87

分类变量编码

		频率	参数编码(1)
超过12小时	未超过12小时	8	1.000
	已超过12小时	8	.000
发生心衰	未发生心衰	8	1.000
	已发生心衰	8	.000
发生休克	未发生休克	8	1.000
	已发生休克	8	.000

图 4-88

模型摘要

步骤	-2 对数似然	考克斯-斯奈尔 R 方	内戈尔科 R 方
1	222.616[a]	.103	.146

a. 由于参数估算值的变化不足 .001，因此估算在第 4 次迭代时终止。

图 4-89

分类表[a]

			预测		
			是否死亡		
	实测		抢救成功	死亡	正确百分比
步骤 1	是否死亡	抢救成功	134	6	95.7
		死亡	54	6	10.0
	总体百分比				70.0

a. 分界值为 .500

图 4-90

方程中的变量

		B	标准误差	瓦尔德	自由度	显著性	Exp(B)
步骤 1[a]	发生休克(1)	-1.110	.348	10.142	1	.001	.330
	发生心衰(1)	-.703	.329	4.559	1	.033	.495
	超过12小时(1)	-.975	.344	8.036	1	.005	.377
	常量	.702	.378	3.444	1	.063	2.018

a. 在步骤 1 输入的变量：发生休克, 发生心衰, 超过12小时。

图 4-91

从图 4-89 可以看出，-2 对数似然值为 222.616，此值较大，说明模型拟合得不好。考克斯-斯奈尔 R 方和内戈尔科 R 方分别为 0.103 与 0.146，值较小，说明模型解释力不高。

从图4-90可以看出,134名"抢救成功的患者"被正确预测,6名"抢救成功的患者"被预测为"死亡",正确率为95.7%;6名"死亡"患者被正确预测,54名"死亡"患者被预测为"抢救成功",正确率为10%;总的正确率为70%。说明这个回归方程的拟合效果不是很好。

从图4-91可以看出,除了常量以外,自变量的检验概率均小于0.05,说明它们的回归系数显著不为0,即它们对因变量有显著关联或影响。

(四)信效度检验

1. 信度分析

(1)信度的概念。

信度就是问卷结果的稳定性和可靠性,它是指测验分数的特性或测量的结果,而非测验或测量工具本身。经典测量理论中信度的计算方法为真实分数的方差与观察分数的方差的比例。

(2)信度的类型。

信度有外在信度与内在信度两大类,可以通过信度系数指标进行量化,信度系数是指量化信度的指标,包括稳定系数、等值系数、内部一致性系数,其中稳定系数和等值系数是用来衡量外在信度的指标,内部一致性系数是用来衡量内在信度的指标。一般有两种估算方法:①折半信度;②同质性信度。

(3)案例分析。

现有学校知识管理量表(数据:学校知识管理),对"知识创新""知识分享""知识获取"层面,以及学校知识管理总量表进行信度分析。具体统计分析过程如下。

步骤1:在菜单栏中按顺序点击"分析→度量→可靠性分析"命令,其主设置界面如图4-92所示。

图 4-92

步骤 2：指定变量。从源变量列表框中选择需要进行信度分析的项，将其选入对应的项列表框中，如图 4-93 所示。

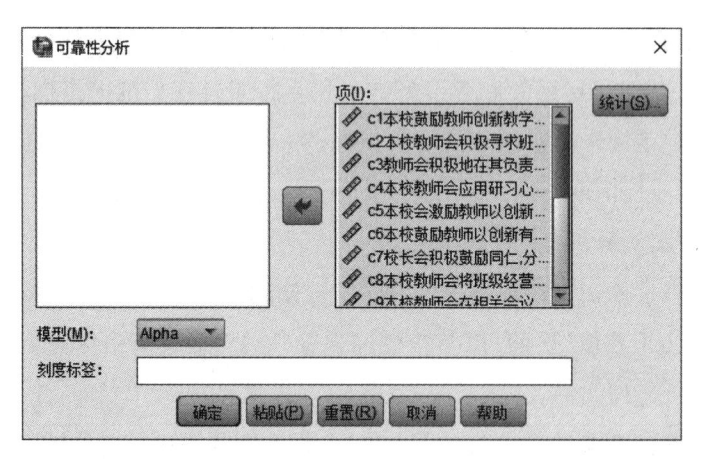

图 4-93

步骤 3：确定选项。

首先，"模型："，该选项框用于选择可靠性分析的模型，此处共有五种分析模型，在该例中选择"Alpha"模型，输出克朗巴哈系数检测量表的内部一致性。

其次,"刻度标签:",该选项框用来命名尺度标签,该例的名称为"知识管理的α系数"。

最后,单击"统计"选项框,该对话框用于输出描述信度和评估项目的统计量,单击该选项框,弹出"可靠性分析:统计"对话框,该例中的选择如图4-94所示。

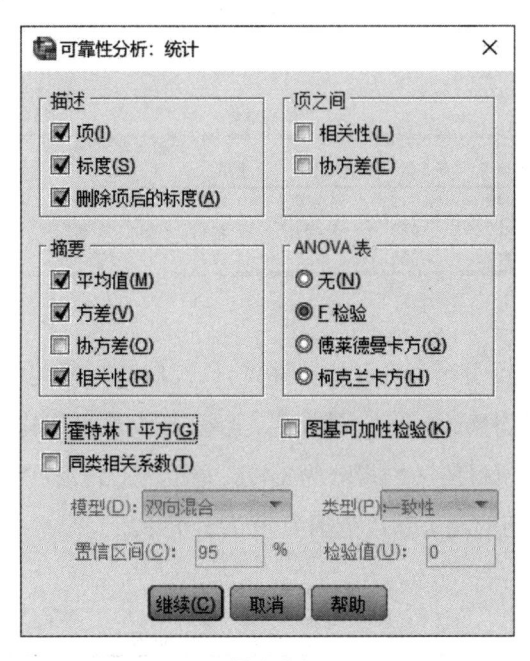

图4-94

步骤4:结果分析。单击"确定"按钮,就可以在SPSS Statistics查看器窗口中得到信度分析的结果。

个案处理摘要

		个案数	%
个案	有效	200	100.0
	排除ᵃ	0	.0
	总计	200	100.0

a. 基于过程中所有变量的成列删除。

图4-95

图4-95说明,本次分析共有200个观察值,全部有效,没有缺失值。

可靠性统计

克朗巴赫 Alpha	基于标准化项的克朗巴赫 Alpha	项数
.892	.896	19

图 4-96

图 4-96 可以看出,克朗巴赫系数为 0.892,可见该量表的内在信度还是比较理想的。

摘要项统计

	平均值	最小值	最大值	全距	最大值/最小值	方差	项数
项平均值	3.478	2.840	4.170	1.330	1.468	.120	19
项方差	.815	.420	1.763	1.344	4.202	.109	19
项间相关性	.312	-.095	.982	1.077	-10.365	.048	19

图 4-97

图 4-97 是部分项目的基本描述统计,反映项目平均值、方差和项内相关系数的平均数、最小值、最大值、全距、最大最小值比率、方差、项目数。此例每个项目的平均得分为 3.478,全距为 1.33;各项目的方差平均为 0.815;项目间的相关系数范围为 -0.095~0.982。

项总计统计

	删除项后的标度平均值	删除项后的标度方差	修正后的项与总计相关性	平方多重相关性	删除项后的克隆巴赫 Alpha
c1 本校鼓励教师创新教学或工作创新	62.01	94.824	.345	.433	.891
c2 本校教师会积极寻求班级经营上的创新	62.23	93.733	.387	.639	.890
c3 教师会积极地在其负责的行政工作上创新展现	62.17	93.328	.418	.741	.889
c4 本校教师会应用研习心得于教育质量的提升	62.33	95.117	.325	.486	.891
c5 本校会激励教师以创新理念提升学生学习成效	62.53	93.858	.377	.445	.890
c6 本校鼓励教师以创新有效方法激励学生学习动机	61.91	94.766	.347	.268	.891
c7 校长会积极鼓励同仁,分享研习吸取的新知能	62.78	86.203	.657	.624	.881
c8 本校教师会将班级经营的有效策略与其他教师分享	62.60	86.513	.700	.700	.880
c9 本校教师会在相关会议中提供意见供其他教师分享	62.83	86.497	.692	.969	.880
c10 本校行政事务处理流程有完整记录,以供同仁分享参考	62.99	85.653	.609	.593	.883

图 4-98

c11本校教师常于教学研讨会上分享其教学经验	3.68	1.001	200
c12本校同仁会于朝会上分享其研习的心得体会与知能	2.84	1.328	200
c13本校同仁会于同仁会议中分享其处理学生问题的策略	3.28	.983	200
c14学校鼓励同仁参访标竿学校以获取教学及行政知能	3.27	.939	200
c15学校会鼓励教师通过教学观摩,以获取专业知能	3.31	.882	200
c16学校积极鼓励教师参与研习活动以获取专业知能	3.36	.908	200
c17学校鼓励教师通过教师社群活动,以获取专业知能	3.24	.864	200
c18学校鼓励教师通过数字化数据来获取新知识	3.42	.910	200
c19学校会影印相关教育新知给教师,以增进教师知能	3.25	.877	200

图 4-99

图 4-98 显示了项目与量表得分之间的关系,若将某一项从量表中剔除,则量表的均值、方差、每个项目得分与剩余各项目得分总和间的相关系数,以该项目为自变量、所有其他项目为因变量建立回归方程的 R^2 值以及克朗巴赫系数值。本例的每个项目得分与剩余各项目得分间的相关系数中,C8 最大,为 0.7,表明该项目与其他各项目间的关系最密切;R^2 值中,C9 最大,为 0.969,表明其含义有 96.9% 可被其他项目解释。

标度统计

平均值	方差	标准偏差	项数
66.08	99.642	9.982	19

图 4-100

图 4-100 是标度基本统计量,反映标度所有被调查者所有项目评分的平均值、方差、标准差、项数。本例中,200 个被调查者 19 个项目评分总和的平均值为 66.08,方差为 99.642,标准差为 9.982。

ANOVA

		平方和	自由度	均方	F	显著性
人员间		1043.617	199	5.244		
人员内	项间	430.423	18	23.912	42.026	.000
	残差	2038.103	3582	.569		
	总计	2468.526	3600	.686		
总计		3512.143	3799	.924		

总平均值 = 3.48

图 4-101

图4-101为标度统计量的方差分析表,反映量表的重复度效果。方差分析表明,F=42.026,P<0.001,即该量表的重复度效果良好。

霍特林T方检验

霍特林T方	F	自由度1	自由度2	显著性
475.687	24.169	18	182	.000

图4-102

图4-102是项目间平均得分的相等性检验,经霍特林T平方检验可知,该量表的项目间平均得分的相等性好,即项目具有内在的相关性。

2.效度分析

(1)效度的概念。

效度是工具(测验或量表)所能正确、有效地测量到特质的程度。效度并非全有或全无,只是程度上有高低不同的差别;效度具有目标导向,每种测验或量表均有其特殊的目的或功能;效度无法实际测量,只能从现有信息作逻辑推断或从实证资料作统计检验。

(2)效度的类型。

效度分为三种类型,包括内容效度、效标关联效度和结构效度。

内容效度指测验/量表题项对所要测量的内容范围的代表性程度,即能否达到测量的目的。比较适合测量的内容已知,且总体已知。

效标即效度标准,效标关联效度又叫实证性效度。测验与效标的相关性越高,则效标关联效度就越高。

结构效度指测验能够测量出理论的本质或概念的程度,是指实验与理论之间的一致性,即实验是否真正测量到假设(构造)的理论。结构效度以理论的逻辑分析为基础,同时根据实际所得的资料来验证理论的正确性。

(3)因子分析。

效度分析最理想的方法是利用因子分析。因子分析就是将错综复杂的观察变量归结为少数几个因子的多元统计分析方法。其目的就是揭示变量之间的内在关联性,简称降维。因子分析的基本步骤包括以下几步。

步骤1:筛选观测变量(题项)。

步骤2:计算变量间的相关矩阵或协方差矩阵(不能太大也不能太小)。

步骤3:样本数据的适当性考查。

步骤4:确定因子数(理论依据)。

步骤5:参数估计。

步骤6:因子旋转。

步骤7:因子得分。

步骤8:确定因素与命名。

(4)案例分析。

仍然以上述学校知识管理量表为例(数据:学校知识管理),试对该量表进行内容效度分析。具体统计分析过程如下。

步骤1:在菜单栏中按顺序点击"分析→降维→因子"命令。

步骤2:指定变量。

从源变量列表框中选择需要进行效度分析的项,将其选入对应的项列表框中,如图4-103所示。

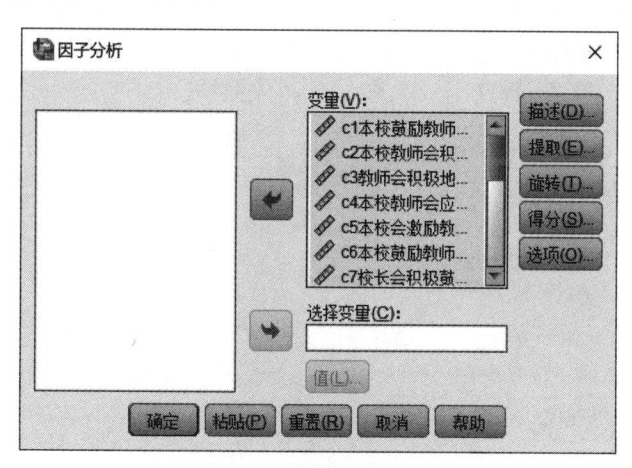

图4-103

步骤3:确定选项。

首先,单击"描述"复选框,弹出"因子分析:描述"对话框。该复选框用来输出基本统计量和选择适合进行因子分析的判别方法。本例中的选择如图4-104所示。

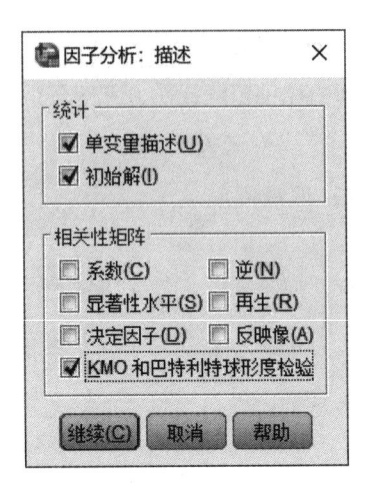

图 4-104

其次,单击"提取"复选框,该复选框用来选择因子提取方法。本例中的选择如图 4-105 所示。

图 4-105

再次,单击"旋转"复选框,选中该复选框的目的是使提取的公因子更具解释力。本例中的选择如图 4-106 所示。

图4-106

从次，单击"得分"复选框，选中该复选框的目的是在数据文件中保存提取的所有因子的因子得分，以便以后使用。一般要等完全确定提取因子的数量后，才进行该选项的选择。本例中的选择如图4-107所示。

最后，单击"选项"复选框，选中该复选框的目的是使因子系数的输出结果更好看，易于归类各因子。本例的选择如图4-108所示。

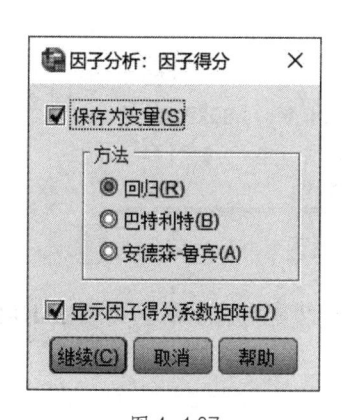

图4-107 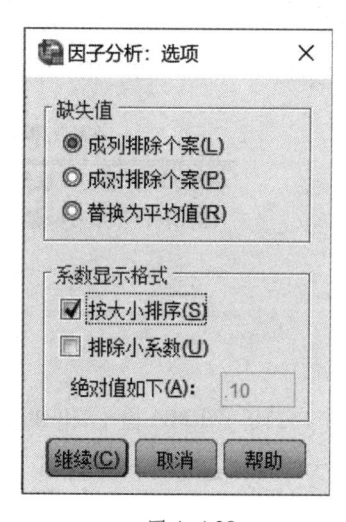　　　　　图4-108

步骤4：结果分析。

单击"确定"按钮，就可以在SPSS Statistics查看器窗口中得到效度分析的结果，如图4-109至4-117所示。

描述统计

	平均值	标准偏差	分析个案数
c1本校鼓励教师创新教学或工作创新.	4.07	.654	200
c2本校教师会积极寻求班级经营上的创新.	3.86	.719	200
c3教师会积极地在其负责的行政工作上创新展现	3.91	.717	200
c4本校教师会应用研习心得于教育质量的提升	3.75	.648	200
c5本校会激励教师以创新理念提升学生学习成效	3.55	.721	200
c6本校鼓励教师以创新有效方法激励学生学习动机.	4.17	.658	200
c7校长会积极鼓励同仁,分享研习吸取的新知能.	3.30	1.017	200
c8本校教师会将班级经营的有效策略与其他教师分享	3.48	.940	200
c9本校教师会在相关会议中提供意见供其他教师分享.	3.26	.951	200
c10本校行政事务处理流程有完整记录,以供同仁分享参考.	3.10	1.128	200

图4-109

图4-109列出了原始项的描述统计结果,包括平均值、标准差和分析的记录数。

KMO 和巴特利特检验

KMO 取样适切性量数		.855
巴特利特球形度检验	近似卡方	3079.151
	自由度	171
	显著性	.000

图4-110

图4-110是KMO检验和Bartlett球度检验结果。其中KMO值为0.855,大于0.6,适合做因子分析。

公因子方差

	初始	提取
c1本校鼓励教师创新教学或工作创新.	1.000	.606
c2本校教师会积极寻求班级经营上的创新.	1.000	.678
c3教师会积极地在其负责的行政工作上创新展现	1.000	.805
c4本校教师会应用研习心得于教育质量的提升	1.000	.560
c5本校会激励教师以创新理念提升学生学习成效	1.000	.565
c6本校鼓励教师以创新有效方法激励学生学习动机.	1.000	.311
c7校长会积极鼓励同仁,分享研习吸取的新知能.	1.000	.618
c8本校教师会将班级经营的有效策略与其他教师分享.	1.000	.735
c9本校教师会在相关会议中提供意见供其他教师分享.	1.000	.808
c10本校行政事务处理流程有完整记录,以供同仁分享参考.	1.000	.692

图 4-111

图4-111表示所提取的因子对原有变量的代表性,一般应大于0.6,C6表现较差。

总方差解释

成分	初始特征值			提取载荷平方和			旋转载荷平方和		
	总计	方差百分比	累积 %	总计	方差百分比	累积 %	总计	方差百分比	累积 %
1	7.208	37.936	37.936	7.208	37.936	37.936	4.590	24.159	24.159
2	2.834	14.914	52.850	2.834	14.914	52.850	3.992	21.012	45.171
3	2.041	10.744	63.594	2.041	10.744	63.594	3.443	18.123	63.294
4	1.075	5.659	69.253	1.075	5.659	69.253	1.132	5.960	69.253
5	.887	4.670	73.923						
6	.824	4.335	78.258						
7	.707	3.721	81.978						
8	.548	2.887	84.865						
9	.486	2.556	87.421						
10	.464	2.441	89.862						
11	.431	2.266	92.128						
12	.339	1.785	93.913						
13	.321	1.692	95.605						
14	.302	1.587	97.192						
15	.200	1.054	98.246						
16	.172	.908	99.154						
17	.092	.483	99.637						
18	.053	.281	99.918						
19	.016	.082	100.000						

提取方法:主成分分析法。

图 4-112

碎石图

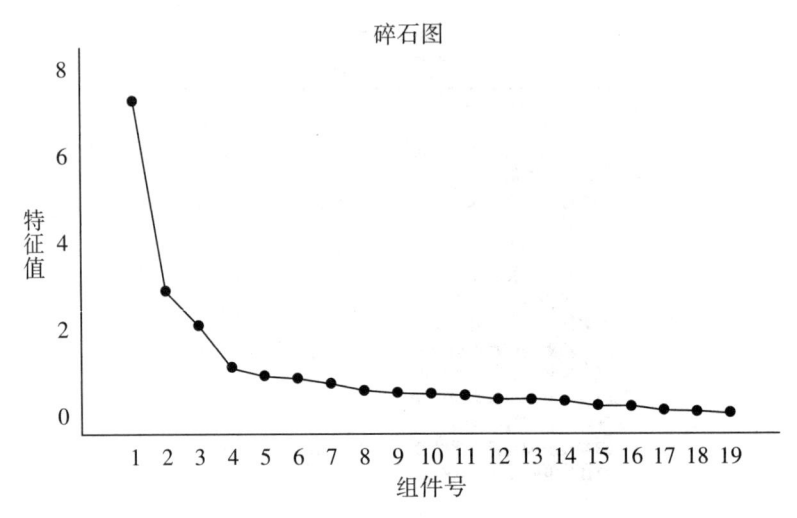

图 4-113

旋转后的成分矩阵ᵃ

	成分			
	1	2	3	4
c13本校同仁会于同仁会议中分享其处理学生问题的策略	.886	.173	.075	.001
c9本校教师会在相关会议中提供意见供其他教师分享	.877	.182	.077	.013
c8本校教师会将班级经营的有效策略与其他教师分享	.814	.181	.178	.092
c10本校行政事务处理流程有完整记录,以供同仁分享参考.	.803	.216	-.016	.024
c11本校教师常于教学研讨会上分享其教学经验	.728	.153	.212	.174
c7校长会积极鼓励同仁,分享研习吸取的新知能.	.696	.311	.127	-.147
c15学校会鼓励教师通过教学观摩,以获取专业知能	.189	.945	.116	-.037
c17学校鼓励教师通过教师社群活动,以获取专业知能	.170	.930	.077	.049
c19学校会影印相关教育新知给教师,以增进教师知能.	.177	.912	.024	.046

题项				
c16学校积极鼓励教师参与研习活动以获取专业知能	.391	.645	.202	-.086
c14学校鼓励同仁参访标竿学校以获取教学及行政知能	.469	.643	.107	-.101
c18学校鼓励教师通过数字化数据来获取新知识	.425	.505	.261	-.295
c3教师会积极地在其负责的行政工作上创新展现	.056	.101	.887	.076
c2本校教师会积极寻求班级经营上的创新	.063	.093	.810	.094
c4本校教师会应用研习心得于教育质量的提升	.071	.009	.743	-.053
c5本校会激励教师以创新理念提升学生学习成效	.139	.058	.711	-.194
c1本校鼓励教师创新教学或工作创新	.088	.063	.663	.394
c6本校鼓励教师以创新有效方法激励学生学习动机	.137	.157	.509	-.092
c12本校同仁会于朝会上分享其研习的心得体会与知能	.091	-.062	-.003	.862

提取方法：主成分分析法。
旋转方法：凯撒正态化最大方差法。
a. 旋转在5次迭代后已收敛。

图4-114

图4-114为旋转后的成分矩阵，结果发现19道题目在结构上分成4类，C12自成1类，应该删除；删除C12以后，重复前述的操作，再次获得总解释方差图4-115和旋转后成分矩阵图4-116。结果可见旋转后成分矩阵正好落在3个成分之上。

总方差解释

成分	初始特征值			提取载荷平方和			旋转载荷平方和		
	总计	方差百分比	累积%	总计	方差百分比	累积%	总计	方差百分比	累积%
1	7.208	40.043	40.043	7.208	40.043	40.043	4.488	24.932	24.932
2	2.830	15.722	55.766	2.830	15.722	55.766	4.104	22.802	47.734
3	2.001	11.119	66.885	2.001	11.119	66.885	3.447	19.151	66.885
4	.931	5.173	72.058						
5	.833	4.627	76.684						
6	.708	3.931	80.616						
7	.597	3.318	83.934						
8	.493	2.740	86.674						
9	.464	2.580	89.254						
10	.432	2.399	91.653						
11	.340	1.888	93.541						
12	.322	1.787	95.328						
13	.302	1.676	97.005						
14	.205	1.138	98.143						
15	.173	.960	99.103						
16	.092	.510	99.613						
17	.054	.300	99.913						
18	.016	.087	100.000						

提取方法：主成分分析法。

图4-115

题项	因子1	因子2	因子3
c13本校同仁会于同仁会议中分享其处理学生问题的策略	.885	.186	.077
c9本校教师会在相关会议中提供意见供其他教师分享.	.877	.194	.081
c8本校教师会将班级经营的有效策略与其他教师分享.	.814	.187	.185
c10本校行政事务处理流程有完整记录,以供同仁分享参考.	.803	.224	-.012
c11本校教师常于教学研讨会上分享其教学经验	.729	.151	.224
c7校长会积极鼓励同仁,分享研习吸取的新知能.	.678	.347	.117
c15学校会鼓励教师通过教学观摩,以获取专业知能	.173	.947	.113
c17学校鼓励教师通过教师社群活动,以获取专业知能	.158	.921	.079
c19学校会影印相关教育新知给教师,以增进教师知能.	.165	.904	.026
c16学校积极鼓励教师参与研习活动以获取专业知能	.371	.665	.195
c14学校鼓励同仁参访标竿学校以获取教学及行政知能	.453	.661	.100
c18学校鼓励教师通过数字化数据来获取新知识	.397	.553	.240
c3教师会积极地在其负责的行政工作上创新展现	.058	.095	.891
c2本校教师会积极寻求班级经营上的创新.	.066	.085	.815
c4本校教师会应用研习心得于教育质量的提升	.059	.030	.737
c5本校会激励教师以创新理念提升学生学习成效	.118	.098	.695
c1本校鼓励教师创新教学或工作创新.	.106	.018	.688
c6本校鼓励教师以创新有	.127	.176	.502

图4-116

原题项中C1至C6归为一个因子,综合题项意义,可命名为"知识创新"。原题项中C7至C11,再加C13,这6个题项可归为一个因子,命名为"知识分享"。原题项中C14至C19归为一个因子,可命名为"知识获取"。

第五章

SPSS的研究案例：高等职业教育中外合作办学的发展现状与特征分析

●○本章以"高等职业教育中外合作办学的发展现状与特征分析"作为SPSS的研究案例，利用"中华人民共和国教育部中外合作办学监管工作信息平台"公布的高等专科教育中外合作办学机构及项目数据，统计分析了高等职业教育中外合作办学的规模、学制、办学主体的分布特征以及专业开办特征，使用SPSS进行数据分析，得出相关结论，并做出相应建议。

第一节 问题的提出

随着"中国制造2025"的提出和工业4.0的到来,高等职业教育作为高等教育的重要组成部分和培养高素质技术技能人才以及大国工匠的摇篮,受到社会各界广泛关注。2019年,国务院发布了《国家职业教育改革实施方案》,提出要大幅提升新时代职业教育现代化水平,为促进经济社会发展和提高国家竞争力提供优质人才资源支撑。同年实施的"双高计划"表明国家对高等职业教育的大力支持。《教育部等八部门关于加快和扩大新时代教育对外开放的意见》对新时代教育对外开放进行重点部署,提出了加大中外合作办学改革力度,培养具有全球竞争力的国际化人才,推动教育对外开放高质量内涵式发展。中外合作办学是新时期教育对外开放的重要形式。我国政府对中外合作办学颇为重视,相继出台了多项相关政策法规,不断完善中外合作办学的监督管理架构,加强风险防控措施,确保中外合作办学行稳致远。高等职业教育中外合作办学是推进高等职业教育院校整体办学水平和内涵发展的有力措施,也是满足学生职业教育多样化需求的手段。因此,需要对高等职业教育中外合作办学的理论、政策、现状等进行深入的调查研究,助益高等职业教育国际化发展,特别是在地国际化发展。

关于高等职业教育中外合作办学的研究主要集中在三个方面。一是宏观层面关于高等职业教育中外合作办学的现状、问题与对策研究。如有学者对高等职业教育中外合作办学存在的问题进行梳理,提出高等职业教育中外合作办学改革需要引进优质资源、招收优质生源和设置实用专业等。二是中观层面关于高等职业教育中外合作办学的质量保障研究。如有学者总结提出高等职业教育中外合作办学中目标系统、资源系统、组织系统、评价系统、风险因素等方面的质量保障策略；或者提出建立整合型合作办学模式，构建教学前、教学中和教学后的中外合作办学质量监控体系。三是微观层面关于高等职业教育中外合作办学的人才培养、教学管理及评价研究。如有学者以南京工业职业技术学院为例，深入剖析高职院校中外合作办学项目的人才培养方案；有学者认为高职院校中外合作办学需要优选培养对象，在教学设备、师资队伍、课程设置上下功夫，突出行业企业参与评价。上述研究若能辅以充足可靠的数据支撑与实证依据，对我国高等职业教育中外合作办学将更具启发意义。本文以"中华人民共和国教育部中外合作办学监管工作信息平台"公布的高等专科教育的中外合作办学机构及项目为数据源，运用 Excel 2016 对数据进行综合整理，并用 SPSS 26.0 和 NVivo 12.0 进行统计分析，以期宏观把握我国高等职业教育中外合作办学的基本情况，挖掘高等职业教育中外合作办学规模、主体、专业设置的基本特点，厘清存在的基本问题，为推进高等职业教育中外合作办学高质量发展提供参考。

第二节　高等职业教育中外合作办学的规模与学制

"中华人民共和国教育部中外合作办学监管工作信息平台"（以下简称信息平台）公布的高等专科教育的中外合作办学机构及项目等信息，是经地方依法批准设立和举办并报教育部备案的官方信息。截至2020年6月4日，信息平台公布的中外合作办学项目和机构覆盖31个省、自治区和直辖市，共计961条数据。其中，停办2个机构和51个项目，剩余908个机构和项目用于本文统计分析。高等职业教育中外合作办学项目是中外合作办学的主要形式，数量为870个，占比95.8%；机构数仅为38个，占比4.2%。每条数据包含了机构/项目名称、机构/项目住所、中外合作办学的中方学校和外方学校、办学层次和类别等15个字段。其中，起始年份、招生规模、学制、中外方国家及学校、开设的专业或课程是本文研究的重点。

一、中外合作办学的新增数量

根据信息平台公布的起始年份字段，可统计每年高等职业教育中外合作办学的新增机构和项目数量。新增数量的变化在一定程度上反映了中国政府对中外合作办学的政策趋向，也在一定程度上反映了高等职业教育中外合作办学的不同发展阶段。而高等职业教育政策关系高职院校的生存发展，也是高等职业教育研究的重要依据。结合中外合作办学的新增数量变化与国家相关政策的走向，可将高等职业教育中外合作办学划分为四个阶段（见图5-1）。

1994—2020高等职业教育新增中外合作办学数量

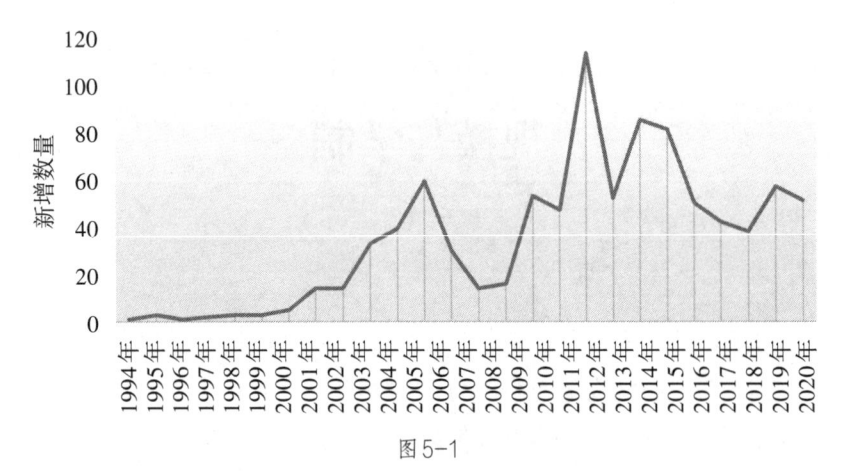

图 5-1

第一阶段为"起步探索阶段",持续时间为1994年至2001年。高等职业教育中外合作办学源于1993年出台的《中国教育改革和发展纲要》,该文件提出要进一步扩大教育对外开放,大胆吸收和借鉴世界各国的成功经验。1994年,江苏师范大学与澳大利亚迪肯大学合作举办的市场营销专业高等专科教育项目是高等职业教育中外合作办学的首个案例。在本阶段,高等职业教育中外合作办学的新增数累计仅有18个,显示出起步探索阶段特有的审慎特征。

第二阶段为"发展壮大阶段",持续时间为2002年至2006年。2001年中国加入WTO,对培养高素质国际化人才提出了更高要求。2003年教育部出台的《中华人民共和国中外合作办学条例》提出鼓励职业教育开展中外合作办学,对高等职业教育中外合作办学的推动作用明显。在本阶段,中外合作办学新增数从14个增至59个,显示出明显发展壮大的特征。

第三阶段为"规范办学阶段",持续时间为2007年至2009年。前期中外合作办学的规模扩张致使问题逐渐显露,如外方资质和办学能力差、专业设置不合理、低水平重复办学严重、办学模式和教学安排混乱等。为解决此类问题,2007年教育部下发《关于进一步规范中外合作办学秩序的通知》,要求对中外合作办学的不规范行为进行清理整顿,进一步加强中外合作办学的管理工作,明确2008年底以前原则上暂缓受理中外合作办学机构和项目的备案编号申请。

第四阶段为"优质发展阶段",持续时间为2010年至今。2010年出台的《国家中长期教育改革和发展规划纲要(2010—2020年)》提出,引进优质教育资源并办好多个示范性中外合作办学机构和项目。2013年后,教育部相继发布《关于进一步加强高等学校中外合作办学质量保障工作的意见》《关于开展高等职业教育中外合作办学试点评估工作的通知》和《高等职业教育中外合作办学评估方案》,聚焦高等职业教育中外合作办学质量保障,推动内涵建设。在本阶段,新增数量呈波浪形分布态势,2012年达到峰值113个,2013年下降至52个,2014年又增长至85个,2020年下降至51个。

二、中外合作办学的招生规模

中外合作办学的招生规模在一定程度上反映了中外合作办学的社会认可度和中方学校的国际化程度。本文统计了中外合作项目每期招生人数和中外合作机构招生规模。

中外合作办学项目除去数据为缺失值的2个项目外,每期招生人数均值为76人。每期招生人数最大值为500人,包含广州民航职业技术学院与加拿大卡纳多文理学院合作举办的飞机机电设备维修专业高等专科教育项目、广州民航职业技术学院与加拿大航空学院合作举办空中乘务专业高等专科教育项目2个项目。每期招生人数最小值为20人,包括金陵科技学院与新西兰奥克兰理工大学合作举办的机械电子工程专业高等专科教育项目、常州纺织服装职业技术学院与新加坡莱佛士高等教育学院合作举办工商管理专业高等专科教育项目等10个项目。有208个项目每期招生均为100人,142个项目每期招生均为60人,139个项目每期招生均为50人,80个项目每期招生均为40人,69个项目每期招生均为80人。

中外合作办学机构除去数据缺失的3所机构外,招生规模均值为

834人。35个机构招生规模最大值为3500人,系苏州科技大学和加拿大百年应用文理与技术学院合作举办的苏州百年职业学院。最小值为120人,系苏州工艺美术职业技术学院和法国杜百利高等实用艺术学院合作举办的江苏艺术设计教育研究中心。5所机构招生规模均为600人,4所机构招生规模均为300人,3所机构招生规模均为1500人。

整体来看,高等职业教育中外合作办学的规模偏小。其原因之一是中外合作办学的收费普遍较高,普通家庭难以承受。另外,中外合作办学对学生英语水平要求较高,但学生的录取分数常低于普通招生,很难直接适应外方专业课程教学。

三、中外合作办学的学制

中外合作办学项目的学制大多采用传统的3年制,数量为841个,占比96.7%。11个项目采用3.5年制,11个项目采用2年制。另有2个项目采用5年制,分别为江苏联合职业技术学院与美国埃弗里特社区学院合作举办的会计专业专科教育项目、江苏联合职业技术学院与新西兰北方理工学院合作举办的旅游管理专业专科项目。还有2个项目采用1年制,分别是南京工业大学浦江学院与奥地利维也纳模都尔大学合作举办的酒店管理非学历课程培训项目、无锡太湖学院与美国加州浸会大学合作举办特许金融分析师的非学历课程培训项目。中外合作办学机构的学制也以3年居多,有29所。2所机构学制大约1年,其中1所机构为10~15个月,1所机构为1年。另有2所机构为2年,1所机构为5年。

实行3年制教育模式的绝大部分机构与项目,无须学生出国而在国内完成所有课程,可以在控制成本的前提下快捷地实现人才培养。但存在以下问题:一是毕业生的外语语言能力不够高;二是毕业生获得中外双方文凭的比例较低;三是毕业生的国际视野与全球胜任力提升不显著。

第三节 高等职业教育中外合作办学主体的分布特征

中外合作办学的主体是指合作办学的外方学校和中方学校。本文的"外方"指中国大陆以外的国家和地区,"中方"指中国大陆地区。经数据分析发现,中外合作办学的外方机构主要分布在发达国家,周边国家和地区有少量分布。中方学校多集中于东中部地区,西部地区数量较少。

一、外方主体分布

中外合作办学的外方学校共595所,大部分学校合作举办1个或2个项目和机构,少数学校合作数量较多。具体情况为:389所外方学校合作举办1个项目或机构,142所外方学校合作举办2个项目和机构,40所外方学校合作举办3个项目和机构,15所外方学校合作举办4个项目和机构,4所外方学校合作举办5个项目和机构,2所外方学校合作举办6个项目和机构。与美国布劳沃德学院和韩国又松大学各有7个合作项目;与德国德累斯顿工业大学继续教育学院有9个合作项目。

我国高等职业教育中外合作办学的理念是"引进优质教育资源"。中外合作办学涉及外方国家和地区共30个,以发达国家(地区)为主。发达国家中,澳大利亚、加拿大、美国、英国合作办学的机构或项目数最多,分别为209个、142个、125个和116个。澳大利亚高等职业教育经过20多年的努力,形成了自己的优势与特色,从职业教育进口国转变为职业教育出口大国,与我国江苏、浙江、湖北、广东四省合作办学较多,分别为38个、27个、19个、18个。加拿大与江苏省合作办学的数量高达41个,与广东合作的数量为12个。美国与我国江苏、浙江、上海、山东合作数量较多。英国与我国江苏、湖南、广东、北京合作数量较多。其次是韩国、德国、新西兰、日本和新加坡,办学机构和项目数分别为74个、45个、30个、23个和21个。韩国与我国山东、江苏、河北合作数量较多。德国与我国河北、北京合作数量较多。新西兰与我国浙江、江苏合作数量较多。

与发达国家(地区)的合作体现了"引进优质资源"的宗旨,而与周边国家(地区)合作则体现了"发挥地域优势"的理念。需要注意的是,发达国家(地区)的高校也是良莠不齐,中方学校在引进发达国家(地区)教育资源时,应认真考察外方学校本身及其合作专业是否优质,杜绝外方学校为获取商业利益而以次充好。在发挥地域优势的同时重点考虑"一带一路"倡议、中国东盟"10+1"机制、中国中东欧"16+1"机制、"金砖国家"机制等国家战略需求。目前,我国共与"一带一路"沿线的俄罗斯、新加坡、马来西亚、白俄罗斯、乌克兰、波兰、匈牙利、泰国、印度9个国家进行合作。截至2020年1月底,已有138个国家和30个国际组织参与了"一带一路"建设。可见,我国与"一带一路"共建国家合作举办高等职业教育还有很大的空间。我国与"金砖国家"的合作办学数量也较少,其中俄罗斯23个、印度1个。我国与"东盟10国"中的3国进行了数量不等的合作办学,分别是新加坡(21个)、马来西亚(12个)和泰国(1个)。我国与"中东欧16国"中的2国进行了合作办学,分别是波兰(4个)和匈牙利(2个)。"上海合作组织"成员国也仅有俄罗斯、印度参与了中外合作办学。总体上看,我国与国家战略涉及的成员国合作办学数量偏少,很多国家还没有合作,需要努力寻找与这些国家的合作点,举办能让双方共赢的机构或项目。

二、中方主体分布

中方参与中外合作办学的高等院校共430所,其中,江苏72所,山东44所,湖北、浙江各33所,上海31所,广东28所。福建、内蒙古、新疆各有4所,辽宁3所,甘肃、黑龙江各有1所。中方高校大部分为高职院校,也有部分为本科院校,如上海的上海大学、上海师范大学、上海经贸大学等参与了高等职业教育的中外合作办学。

不同省份的合作办学机构或项目数量差异较大(见图5-2)。江苏省排名第一,共有185个合作办学机构和项目,占比20.4%;浙江省排名第二,共有79个,占比8.7%;山东省排名第三,共有73个,占比8.0%。河北、上海的数量分别为63个和60个。宁夏回族自治区、青海省、西藏自治区没有中外合作办学机构或项目。

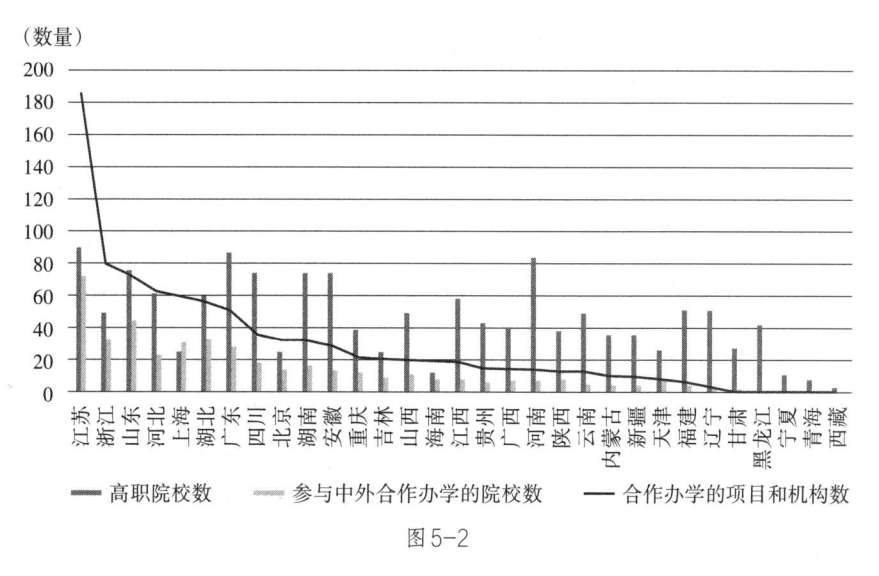

(数量)

图 5-2

经相关性分析发现,不同省份的高职院校数、参与中外合作办学的院校数、合作办学的项目和机构数两两间存在显著相关关系。高职院校数与参与中外合作办学的院校数呈中度正相关(P=0.001<0.05,R=0.579),与中外合作办学的机构和项目数也呈中度正相关(P=0.001<0.05,R=0.548)。参与中外合作办学的院校数与合作办学的项目和机构数呈高度正相关(P=0.000<0.05,R=0.975)。由此可见,高等职业教育越发达的省份中外合作办学的数量越多,如江苏省的高职院校数为90所,参与中外合作办学的院校数72所,合作办学的项目和机构数185个;反之亦然,如青海和西藏的高职院校数分别为8个和3个,参与中外合作办学的院校数均为0。

参与中外合作办学的院校数与合作办学的项目和机构数虽然呈高度正相关,但院校参与中外合作办学的数量仍有差异。高等院校的中外合作办学数量体现了该校的国际化水平。江苏的南京工业职业技术学院有9个合作项目,数量最多,贵州财经大学和南京铁道职业技术学院各有8个合作项目,沧州职业技术学院、承德石油高等专科学校、呼和浩特职业学院、江苏经贸职业技术学院、南昌工程学院、苏州市职业大学、无锡职业技术学院、扬州市职业大学8所高校各有7个合作项目,广东民航职业技术学院有6个合作项目,北京吉利大学有5个合作项目,海口经济学院有5个合作项目。近50%的院校仅有1个合作项目。高水平学校A档10所,参与中外合作办学的有7所;B档20所,参与中外合作办学的有15所;C档26所,参与中外合作办学的有15所。高水平专业群建设单位A档26所,参与中外合作办学的有14所;B档59所,参与中外合作办学的有28所;C档56所,参与中外合作办学的有32所。"双高计划"建设高校共197所,参与中外合作办学的有111所,参与比例仅为56%左右,显示"双高计划"建设院校的国际化发展尚需努力提升。

从区域分布上看,中外合作办学机构和项目数排名前五的省份均位于东部省份,但同样位于东部的天津市、福建省和辽宁省排名靠后,分别仅有8个、7个和4个合作项目。中部省份中,湖北省有56个机构和项目,湖南和安徽各有33个和29个,内蒙古自治区有10个,而黑龙江省仅有1个。西部省份中,四川和重庆表现最好,分别有36个和22个。陕西和云南均为13个,新疆10个,甘肃仅有1个,宁夏、青海、西藏无合作办学机构和项目。经描述性统计发现,东部地区中外合作办学机构和项目的均值为50,最大值和最小值分别为185和4。中部地区均值、最大值、最小值分别为22、56和1。西部地区均值、最大值和最小值分别为11、36和0。可见,东部、中部、西部在中外合作办学项目和机构数上差异明显,东部地区表现最好,中部次之,西部地区表现最差。

第四节 高等职业教育中外合作办学的专业特征

将中外合作办学机构和项目的开设专业以文本形式导入到NVivo 12.0软件,生成词汇云图(见图5-3)。图像显示,"技术"和"管理"的字体最大且处于中心位置,表明与技术和管理相关的专业数量最多,分别为302个和242个。其次是"商务""会计""工程""营销"等词语,相关专业数量也较多。具体来看,与商务相关的专业有112个,与会计相关的专业有98个,与工程相关的专业有78个,与营销相关的专业有58个。处于图像边缘的专业出现次数较少,如园林、法律、体育、动画等。

图 5-3

一、根据就业需求开设热门专业

高等职业教育的专业设置需紧贴社会需要和企业的用人需求,对于高等职业教育学生来说,能否找到好工作相比学校的办学实力、教师水平、设施设备更重要。《2019年中国大学生就业报告》显示,2018届高等职业教育毕业生就业率排前三位的专业是高压输配电线路施工运行与维护(97.1%)、电气化铁道技术(95.9%)和电力系统自动化技术(95.5%)。2019年高等职业教育就业绿牌专业包括电气化铁道技术、社会体育、软件技术、电力系统自动化技术、发电厂及电力系统、道路桥梁工程技术等。其中,电气化铁道技术、软件技术、电力系统自动化技术连续三年绿牌。高等职业教育中外合作办学的专业往往是就业前景较好的"热门"专业。其中高压输配电线路施工运行与维护1个,电气化铁道技术1个,电力系统自动化技术3个,社会体育1个,软件技术22个,发电厂及电力系统3个,道路桥梁工程技术3个。与计算机相关的专业共有70个,其中计算机应用技术27个、计算机网络技术18个、计算机信息管理8个、计算机辅助设计与制造3个,还包括计算机软件技术、计算机多媒体技术等。与铁道相关的专业19个,其中铁道工程技术3个、铁道供电技术3个,还包括铁道信息自动控制、铁道交通运营管理、铁道机车、铁道车辆等专业。与技术相关的专业共有302个,其中机电一体化技术和建筑工程技术皆为31个,汽车检测与维修技术19个,数控技术9个,动漫制作技术5个,汽车运用技术5个。以上专业大多属于"热门"专业,就业前景较好。

二、结合合作双方学校特色开办优势专业

合作双方学校大多选择各自的优势专业,希望强强联合、优势互补。中方高校中,多所"双高计划"建设高校基于自身优势开办中外合作办学专业,如江苏农林职业技术学院与台湾的建国科技大学合作举办农业机械应用技术专业高等专科学历教育项目,无锡职业技术学院与日本京都计算机学院合作举办数字媒体设计与制作专业高等专科学历教育项目,浙江机电职业技术学院与澳大利亚博士山技术与继续教育学院合作举办数控技术专业高等专科教育项目等。

外方高校也往往选择自身优势专业作为中外合作办学专业。如加拿大多伦多影视传媒学院与南京工业职业技术学院合作举办影视动画制作专业高等专科教育项目,新西兰惠灵顿理工学院与广西建设职业技术学院合作举办建筑工程技术和室内设计技术专业高等专科教育项目,

昆士兰TAFE学院西南分校与贵阳幼儿师范高等专科学校合作举办学前教育专业高等专科教育项目,美国伯克莱学院与贵州财经大学合作举办物流管理、会计、金融保险和市场营销专业高等专科学历教育项目。

还有一部分专业属于合作双方高校的共同优势专业。如广州民航职业技术学院与加拿大航空学院合作举办空中乘务专业高等专科教育项目,广州铁路职业技术学院与白俄罗斯国立交通大学合作举办铁道交通运营管理专业专科教育项目,吉林铁道职业技术学院与韩国又松大学合作举办铁道机车和铁道交通运营管理专业高等专科教育项目,广西交通职业技术学院与加拿大不列颠哥伦比亚理工大学合作举办道路桥梁工程技术专业高等专科教育项目。

三、依托新兴职业培育前沿专业

随着互联网与信息技术的飞速发展,工业进入智能化4.0时代,涌现出与新技术相关的新职业和新专业。智能时代人们的生产生活方式发生了极大改变,分工越来越细,与生活密切相关的职业也不断出现。2020年7月,中华人民共和国人力资源和社会保障部联合国家市场监督管理总局和国家统计局发布了区块链工程技术人员、城市管理网格员、互联网营销师、信息安全测试员、区块链应用操作员、在线学习服务师、社群健康助理员、老年人能力评估员、增材制造设备操作员9个新职业。

一些中外高校瞄准新技术发展尝试合作举办新兴前沿专业。如浙江工业职业技术学院与美国菲迪大学合作举办大数据技术与应用专业高等专科教育项目,福建闽江学院与澳大利亚墨尔本理工学院开办福州墨尔本理工职业学院,开设了大数据技术与应用、云计算技术与应用、物联网技术与应用等专业。但一些新技术领域还处于空缺状态,如区块链技术、无人机应用技术等尚无合办专业。

还有一些中外高校瞄准经济社会发展新需求相关的新兴职业举办健康管理、休闲服务与管理、烹饪管理、高尔夫场地管理等合作专业。这些专业虽谈不上多少新技术含量,却往往是我国经济社会发展急需的新兴专业，但是数量相对有限。如广东食品药品职业学院与英国伯明翰城市大学合作举办健康管理专业高等专科教育项目，苏州百年职业学院也开设了健康管理专业。三峡旅游职业技术学院与新西兰国际高尔夫学院合作举办休闲服务与管理专业高等专科教育项目。江苏食品药品职业技术学院与加拿大康奈斯图加高级技术学院合作举办烹饪管理专业专科项目。琼台师范高等专科学校与英国爱姆伍德学院合作举办高尔夫场地管理专业专科教育项目。另外，中外合作办学专业中还出现了"珠宝首饰工艺及鉴定""飞行器维修技术""服装陈列与展示设计""时尚设计与营销""葡萄酒营销与服务"等与现实生活紧密相关的新兴专业。

第五节　结论与建议

本章利用"中华人民共和国教育部中外合作办学监管工作信息平台"公布的高等专科教育中外合作办学机构及项目数据,统计分析了高等职业教育中外合作办学的规模、学制、办学主体的分布特征以及专业开办特征,得出以下结论:一是结合中外合作办学机构和项目数量变化与国家政策发展,将高等职业教育中外合作办学划分为"起步探索阶段""发展壮大阶段""规范办学阶段"和"优质发展阶段"四个阶段。二是中外合作办学外方高校主要分布在发达国家,以及少量周边国家,但对"一带一路"国家、"金砖国家"等关照不够。三是各省高校参与中外合作办学的数量与各省高职院校数量呈显著正相关,高等职业教育越发达的省份高校参与中外合作办学的数量越多;"双高计划"建设高校参与中外合作办学的比例不高;从区域上看,东部、中部、西部地区中外合作办学的项目和机构数差异较大,西部地区表现最差。四是中外合作办学在专业设置上以技术、管理、商务、会计、工程等相关专业居多,以就业前景较好的热门专业为主,结合合作双方的优势专业,但新兴专业开办较少。根据研究结论,提出以下建议。

一是高等职业教育中外合作办学要坚持质量与规模并重的发展原则。数量与规模是中外合作办学的基础,而质量是中外合作办学的灵魂。从中外合作办学的中方省份和学校来看,东部沿海地区在数量上明显处于优势。江苏、浙江是中外合作办学的大省,但大省并不意味着强省,教育部批准终止的53个中外合作办学机构和项目中,江苏有31个,浙江有8个。中外合作办学若要得以持续健康发展,必须引进优质教育资源,重点提升教育教学质量和学科专业实力,从而吸引优质生源,增强社会满意度和服务经济社会发展的能力。

二是聚焦国家战略,优化外方高校布局。在外方高校布局上,在继续深耕发达国家的同时,需要强化对"一带一路"共建国家、"金砖"国家、上合组织国家、东盟国家、中东欧国家等我国外交和对外开放战略中的重点国家的关注,做到有的放矢。第一,聚焦"3D打印""移动机器人""工业机器人""冲压模具""VR设计""无人机"等高科技领域,继续保持与澳大利亚、加拿大、美国、韩国、德国等国的合作优势,引入发达国家优质职业教育资源,借鉴发达国家职业教育先进经验。同时加强监管,注重取其精华去其糟粕,避免不良文化影响和政治渗透,更不能因为商业利益而不考察合作学校的教育实力和口碑。第二,针对"一带一路"建设、中国东盟"10+1"、中国中东欧"16+1""金砖国家""上海合作组织"等我国外交战略重点,加强与相关国家高水平职业院校合作,培养我国对外开放急需的高素质国际化技术技能人才。

三是支持重点区域与重点学校,助推中外合作办学特色发展。引导"双高计划"建设高校、弱势地区高职院校与国外职业院校共建国际合作平台。第一,大力支持海南自由贸易港、京津冀地区、粤港澳大湾区、长三角地区、雄安新区、成渝地区双城经济圈等区域打造教育对外开放新高地。在区域内建立与国际接轨的开放型教育新体制,集聚国际教育优质资源,促进高等职业教育中外合作办学要素在区域内便捷流动。第二,促进"双高计划"建设高校开展中外合作办学。鼓励"双高计划"建设高校借鉴国际先进职业教育理念和实践经验,探索开发具有中国特色的国际职业教育课程体系、培养模式、评价认证体系等,鼓励有条件的国内职业院校与企业携手参与国际产能合作,打造"一带一路"国际技能大赛等品牌赛事,带动我国高等职业教育国际化水平提升。第三,推动西部地区高等职业教育中外合作办学的规模发展与质量提升。《中华人民共和国中外合作办学条例实施办法》提出,国家鼓励在中国西部地区、边远贫困地区进行中外合作办学。着力引进国外优质职业教育资源,助推西部地区、边远贫困地区职业教育发展和国际化水平提升。

四是紧跟社会需求,开办前沿专业。目前中外合作办学的专业设置多集中于"传统"和"热门"专业,容易导致某些专业人才培养过剩,造成资源浪费。在合作专业选择上,需要着力开办国家经济社会发展急需的新兴专业、前沿专业和空白专业。第一,撤销低水平重复办学专业。中外合作办学应重视国家公布的新职业和新专业,对就业前景较差、人才数量过剩的专业应适当撤销,尤其是商科、管理等低水平重复办学的学科专业应缩小合作办学规模。第二,应加强对新一轮科技革命和产业变革的关注,满足工业4.0对高层次技术技能人才的需求。开展高等职业教育"新工科"建设,与国外高校合作培养人工智能、区块链、大数据、智能制造等领域的国际化技术技能人才。第三,充分利用中外高校优势,有针对性地开办专业。鼓励中方高等职业教育院校与行业特色鲜明且具有学科专业优势的外方院校合作办学,特别是在国内新兴领域和急需领域的学科专业开展合作,促进中方高校学科专业建设和人才培养。

第六章 结构方程模型：AMOS 及其核心操作

●○矩结构分析 AMOS（Analysis of Moment Structure）是一种处理 SEM 结构方程模型的软件，又称为协方差结构分析或因果模型分析。该软件由 SPSS 公司开发，通过一些标准多变量分析方法，从而更准确地反映变量间的复杂关系。本章对 AMOS 的内涵、安装步骤及操作界面进行了详细介绍，并以真实的问卷调查数据为基础，展示 AMOS 主要功能的具体操作步骤，包括路径分析、潜变量路径分析、验证性因素分析、中介效应检验。

第一节 结构方程模型与AMOS的内涵

一、结构方程模型

结构方程模型(Structural Equation Model,简称SEM)是基于变量的协方差矩阵分析变量之间关系的一种统计方法,也有学者称其为协方差结构分析、线性结构关系模型、验证性因素分析或潜变量分析等。它整合了因素分析(factor analysis)与路径分析(path analysis)两种统计方法。

结构方程模型是一种验证性的方法,特别强调理论的合理性。其假设的因果模型必须建立在一定的理论上,再用SEM检验某一理论模型或假设模型的适切性。也就是说,结构方程模型采用的是后验逻辑,首先根据先前研究经验构建出网络结构模型,然后通过检验模型的整体拟合度,确定模型中各个路径是否达到显著水平,从而判断模型是否可用,并逐一确定自变量对因变量的影响。

结构方程模型包含了测量模型(measured model)与结构模型(structural model)两个基本模型。测量模型由观察变量(observed variable,也称显变量、测量变量、指标变量、测量指标)和潜变量(latent variable,也称潜变量、无法观察变量)组成。观察变量是量表或问卷等测量工具所得的数据,潜变量是观察变量间所形成的特质或抽象概念,此特质或抽象概念无法直接测量,要由观察变量测得的数据资料来反映。在SEM模型中,通常用长方形表示观察变量,用椭圆形表示潜变量。例如,在一份问卷中,各题项所测得的数据为观察变量,各题项所抽取的共同因素或概念称为潜变量。由于潜变量必须通过外显的测量指标测得,因此会存在测量误差,即每个潜变量不能100%解释观察变量的变异量。基本模型图如图6-1和6-2所示。

图6-1

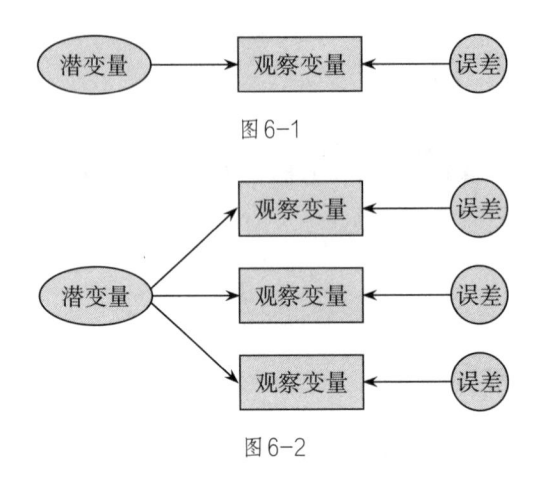

图6-2

一个潜变量模型包含两个部分,一为测量模型,即潜变量与一组观察指标的共变效果,是一种直接效果;二为结构模型,即潜变量间或一组观察变量与潜变量之间的联结关系。结构模型中变量间的影响效果可分为直接或间接影响。在图6-3中,测量方程描述的是潜变量与指标之间的关系,如学习动机、学习信心指标与学习态度的关系。结构方程描述的是潜变量之间的关系,如学习态度、学习效能、学习焦虑间的关系。

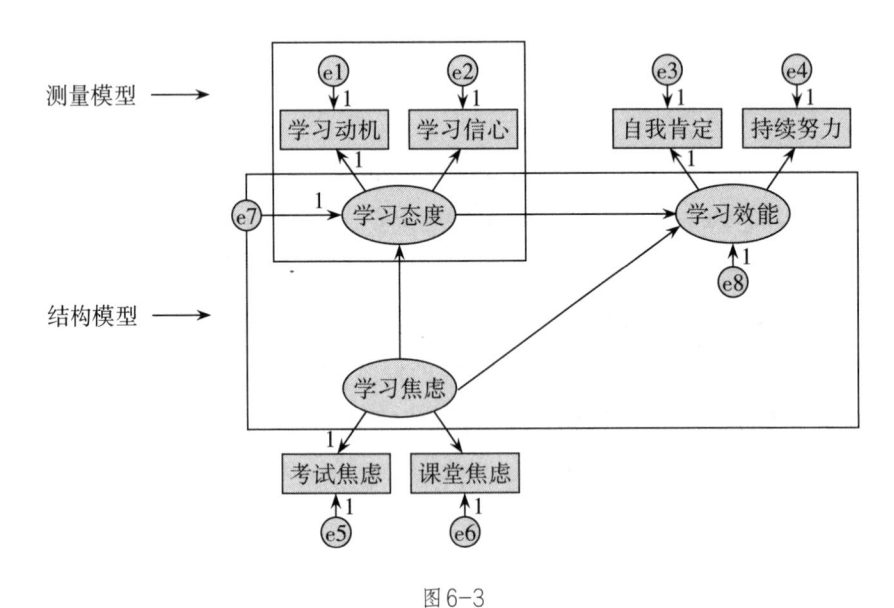

图6-3

除了潜变量和观察变量之外,结构方程模型中还常常涉及以下几个重要概念。

1. 外生变量(exogenous variable)

外生变量又称独立变量,在模型中只起到解释变量作用,常常作为自变量。它不受任何其他变量影响但影响其他的变量,也就是路径图中会指向任何一个其他变量,但不被任何变量以单箭头指涉。

2. 内生变量(endogenous variable)

内生变量常常作为因变量,具有残差,因为内生变量的变异量不一定能够被模型当中的其他变量所解释,即分为可被解释的变异和不可解释的变异。在模型中,其受模型其他变量包括外生变量与内生变量影响,在路径图上至少有一个箭头指向它,它被模型中一些其他的变量所决定。

3. 残差项(error terms)

残差项即不可解释变异,观察变量估计潜变量时出现的误差。在路径图上,每个观察变量以及内生变量都会带有残差,包括结构残差和测量残差。

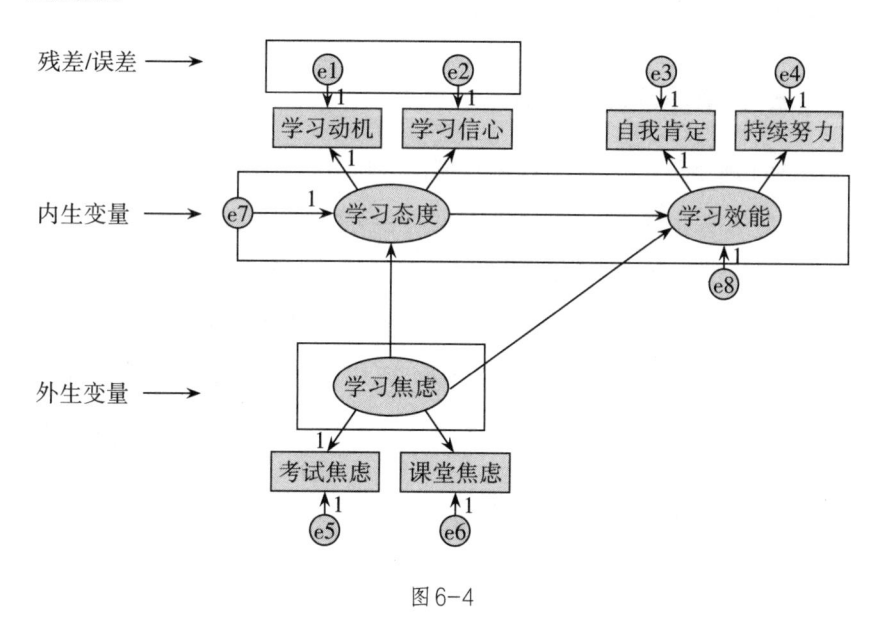

图 6-4

图 6-4 展示了它们各自的特点。学习焦虑没有受任何其他变量影响但影响其他的变量，在图中只指向其他变量，因此为外生变量。学习态度和学习技能都至少被一个箭头所指向，因此为内生变量，且分别具有各自的结构残差 e7 和 e8。从 e1 到 e6 为测量残差，即观察变量估计潜变量时，除了可被解释的变异外，会存在不可解释的变异（测量的误差）。

二、AMOS 概述

矩结构分析 AMOS（Analysis of Moment Structure）是由 SPSS 公司开发的一种处理结构方程模型的软件，又称为协方差结构分析或因果模型分析。SPSS 软件中没有提供专门进行路径分析的模块，而是单独提供了一个 AMOS 软件来进行路径分析。

AMOS 具有 AMOS Graphics 与 AMOS Basic 两大运行模式，前者对于路径图的绘制与输出最为便捷。它通过扩展标准多变量分析方法（包括回归分析、因子分析、相关分析以及方差分析）来支持研究。与标准多变量统计方法相比，其使用直观的图形或程序化用户界面来构建模型，从而更准确地反映复杂关系。

三、AMOS 分析原理

AMOS 采用验证性的结构方程模型分析方式。首先在 AMOS 软件中画出预估的测量模型和结构模型，然后将数据纳入，拟合出模型结果，最后将拟合模型中变量之间的关系与数据反映出来的实际变量关系对比，看看两者差异到底有多大，差异小于最低接受限（显著性水平），那就认为假设模型成立，反之则认为模型不成立。其主要分析流程如下。

（1）建立模型：将需检验的理论假设（因果关系）转换为可检验的模型。

（2）检验模型：用数据对假设的模型进行检验。

（3）修正模型：增减路径以提高模型的适切性。

第二节　AMOS 的安装与界面介绍

此处电脑系统为 Win 10，以 AMOS 24 安装为例，其余版本均可参照。

一、AMOS 的安装

(1)打开解压后的安装包文件夹，找到如图 6-5 所示的安装程序，双击运行。

图 6-5

(2)如图 6-6，等待界面响应，弹出安装界面，点击"Next"进行下一步。

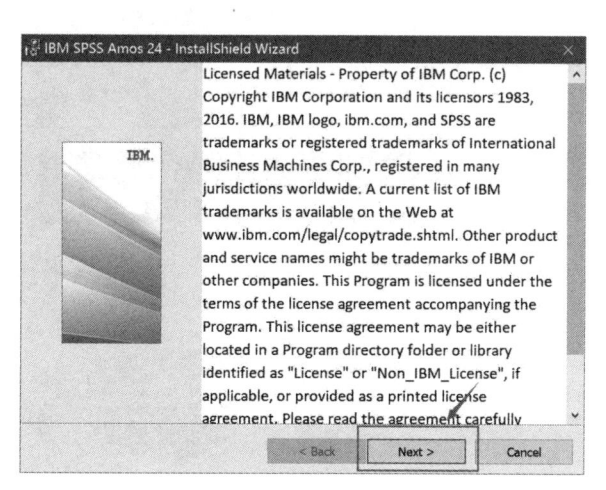

图 6-6

(3)如图6-7所示,先选择"I accept the terms…"接受安装条款,再点击"Next"进行下一步操作。

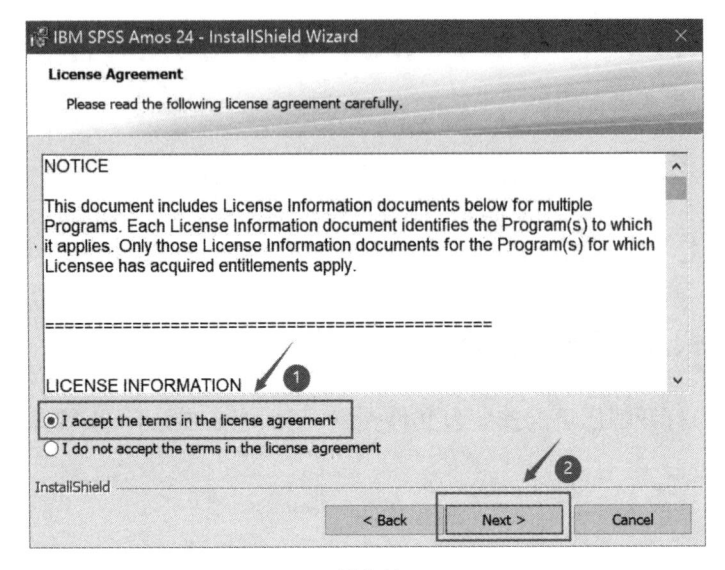

图6-7

(4)如图6-8所示,选择安装位置,C盘为默认位置,也可点击"Change"自定义位置。点击"Next"进行下一步。

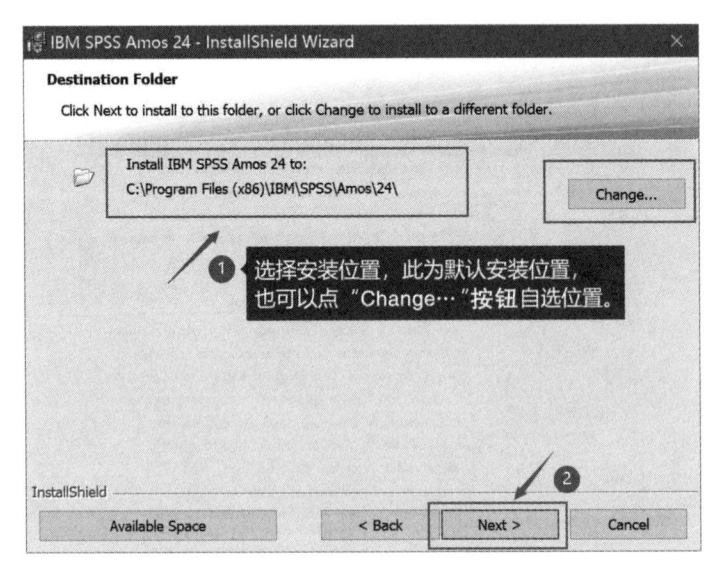

图6-8

（5）如图6-9所示，点击"Install"后，等待安装。

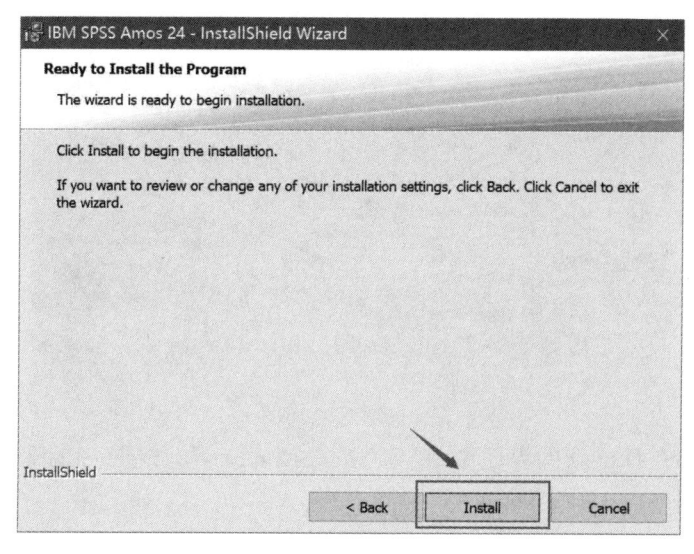

图6-9

（6）提示安装完成，在图6-10中，可自行选择是否直接运行AMOS（一般先不选）。点击"Finish"完成安装。

图6-10

【注意：由于AMOS安装完成后，并不会自行创建桌面快捷方式，因此接下来需要用户自行创建快捷方式。】

（7）点击电脑"开始"栏，按图6-11中的标记步骤，找到"IBM SPSS Statistics"文件夹，找到"Amos Graphics"，右击选"更多→打开文件位置"。

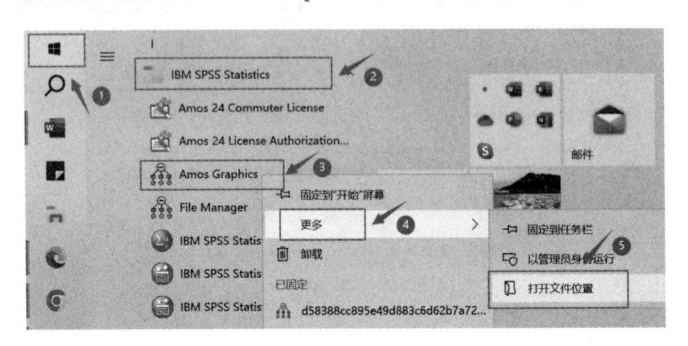

图6-11

（8）在弹出新的界面中，找到"Amos Graphics"，如图6-12所示，单击鼠标右键"发送到—桌面快捷方式"。

图6-12   图6-13

（9）返回桌面，即可看到如图6-13中显示的新建的快捷方式，双击即可打开软件。至此，AMOS全部安装完毕。

二、AMOS的界面介绍

（1）双击快捷方式打开后，出现如图6-14所示的界面。左侧为绘图工具栏，右侧为绘图区。一般要将图形建立在图框中，要避免图形出界，否则无法完整地将图片输出到word中，但是图形出界并不会影响模型分析结果。

图 6-14

（2）绘图工具栏图标介绍。如图 6-15 所示。

图标	功能说明	图标	功能说明	图标	功能说明
	制作观察变量		制作潜在变量		制作指标变量
	单向箭头因果关系		共变量相关		内生变量的误差
	标题内容		列出模型变量		列出资料变量
	选择单一物件		选择所有物件		取消选择所有物件
	复制物件		移动物件		移除选取物件
	变更物件大小		旋转潜在变量指标		映射潜在变量指标
	移动路径参数		屏幕上移动路径图		路径最佳适配
	选择资料档		分析属性设定		执行计算
	复制路径图		检视输出报表结果		储存路径图
	物件的属性		物件间的属性拖拽		维持对称性
	放大选取区域		放大路径图		缩小路径图
	全屏显示路径图		调整图像符合画面		放大镜检视
	贝氏估计		多群组分析		列印路径图
	上一步		下一步		模式搜寻

图 6-15

第三节 AMOS的功能

(一)路径分析

路径分析(Path Analysis)是结构方程模型的一部分,完整的结构方程模型(称为全模型)包含两部分:一个是测量模型,一个是结构模型,二者可以分开单独做。测量模型研究的是因子和指标的关系,即潜变量(因子)和显变量(题目、测量指标)的关系。简单点说我们可以认为因子分析就是测量模型,最典型的测量模型就是验证性因子分析。而结构模型是研究潜变量(或因子)之间的关系,也可以称为因果模型,模型中只有因子而没有测量因子的指标(题项),其实就是路径分析。

路径分析就是多重线性回归模型的扩展。多重线性回归反映的是自变量与因变量之间的直接作用,但是变量间的关系往往错综复杂,有的是单向影响关系,有的是互相影响关系,分析者只用一个回归模型往往很难把所有的关系表达清楚。面对这样错综复杂的变量关系,路径分析能对模型进行抽丝剥茧、逐步解析。

路径分析首先需要根据专业知识及分析者经验,初步假设出模型中各变量的相互关系,这种关系可以被绘制成一张清晰的路径分析图,随后按照路径分析图假定的因变量数量拟合出多个多重线性回归方程,所以路径分析模型是由一组线性方程构成的。路径分析模型描述的变量间相互关系不仅包括直接的,还包括间接的关联。

本次功能演示以 Davis 的技术接受模型(Technology Acceptance Model,简称TAM)为基础理论,如图6-16所示。此模型认为,系统使用是由行为意向(behavioral intention)决定的,而行为意向由想用的态度(attitude toward using)和感知的有用性(perceived usefulness)共同决定,想用的态度由感知的有用性和易用性共同决定,感知的有用性由感知的易用性和外部变量共同决定,感知的易用性是由外部变量决定的。

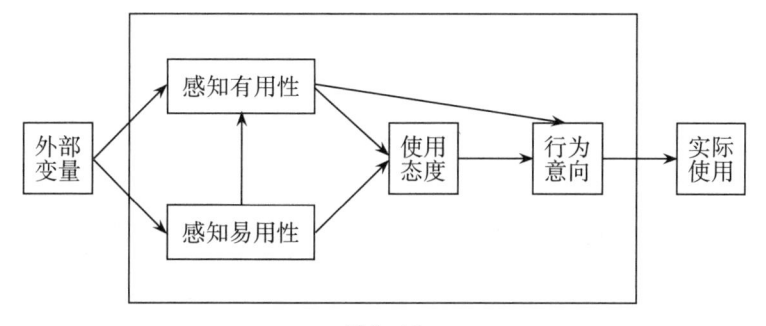

图6-16

本处功能演示中,我们以Davis的技术接受模型为理论基础,探究学生使用科研工具的行为意向。使用的数据为311位大学学生科研工具使用情况的问卷调查数据。问卷中每个维度都包含了一些题项,在路径分析中我们将会采用各维度下题项数据的平均值进行计算。

(1)双击启动AMOS,依次点击"File→New"新建,再按图6-17中的步骤进行画布选择(默认为纵向,A4为横向)。在"View"中找到"Interface Properties",在"Paper Size"中选择Landscape-A4大小,返回可看到绘图页面已变为横向(每次新建此步骤都需要重新设置)。

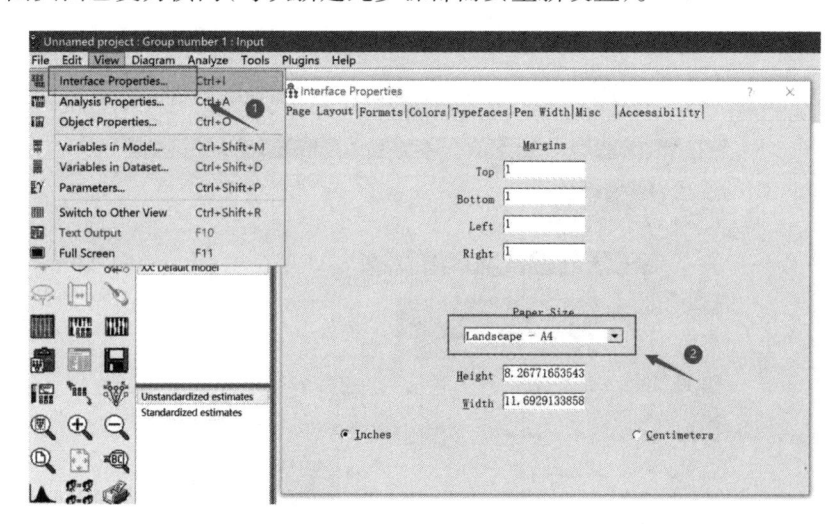

图6-17

(2)绘制基本框架图。根据TAM模型中的假设,可归纳出"有用性、易用性、想用的、行为意图"四个观察变量,根据TAM假设中的变量关系,按步骤画图。如图6-18所示,先画出一个观察变量的方框,通过复制功能得到四个大小一致的方框,再通过移动功能将四个方框拖拉至合适的位置。

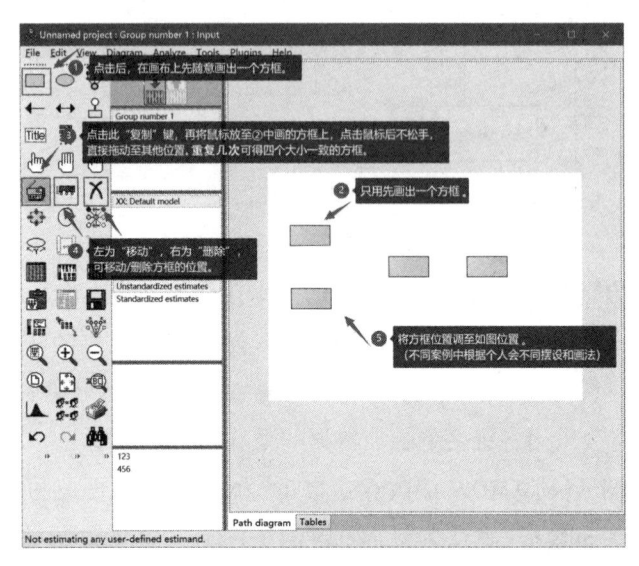

图6-18

(3)按图6-19的步骤添加变量间的关系。在工具栏中选择单箭头,表示因果关系。根据TAM模型中提出的因果关系,为四个方框添加箭头关系。可以利用魔术棒工具,自动调整线条位置,使画面更加美观。

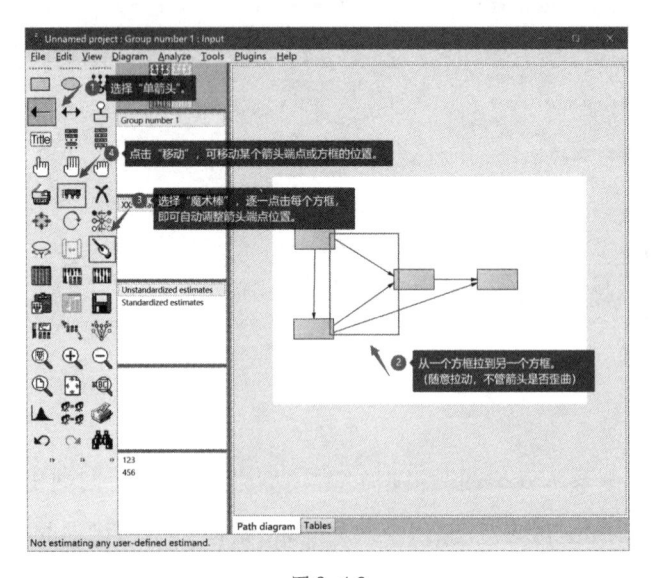

图6-19

(4)给所有被箭头刺到的变量方框添加残差。根据前文中内生变量的概念,所有被箭头刺到的变量方框需要添加残差。如图6-20的步骤,选择残差按钮后,需要连续点击变量方框,调整残差圆圈到合适的位置。

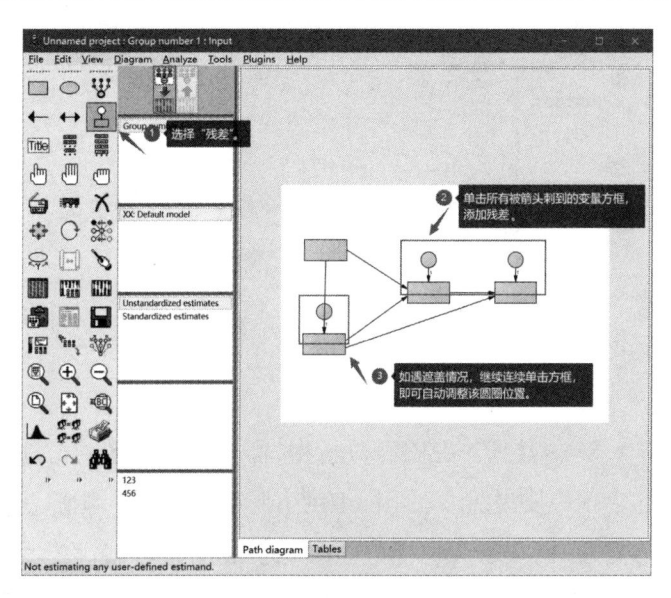

图6-20

调整后得到如图6-21所示的框架,即本次路径分析的基本框架。

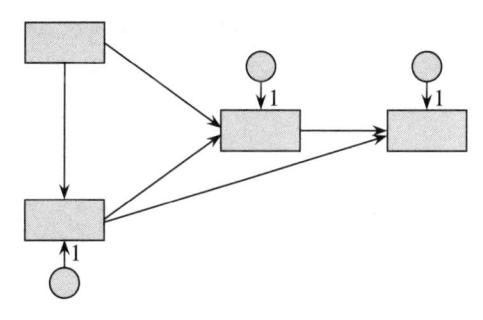

图6-21

(5)为图形命名。如图6-22所示,要先取消左侧功能按钮的选择,再双击要命名的残差圆圈。在弹出的窗口中为其命名,一般命名为e1、e2…(e代表error)。命名顺序自定,并不会影响结果。命名完后直接关闭窗口即可。

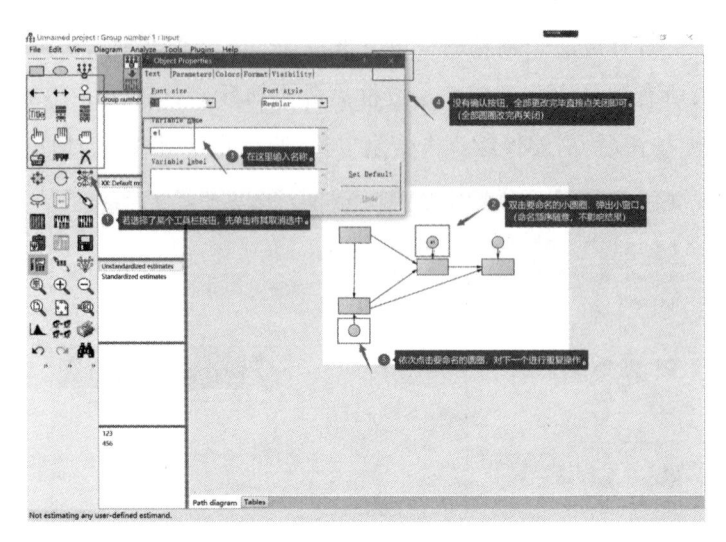

图 6-22

（6）导入 SPSS 数据。在路径分析中，需要用数据平均值进行分析。因此，SPSS 数据中要提前求取不同维度下同类题目的平均值（注意：也可导入 Excel 文件，但在后续选择数据时只会显示数据"名称"，不会显示"标签"项）。如图 6-23 中的 EU、UF、ATT、BI 是已求得的各维度题目的平均数值。

图 6-23

按图6-24中的操作,点击"选择文件"后,可直接选取,也可以预览数据。在文件框内可以看到该SPSS数据的总样本数。图6-25中显示,此次数据有311个样本。

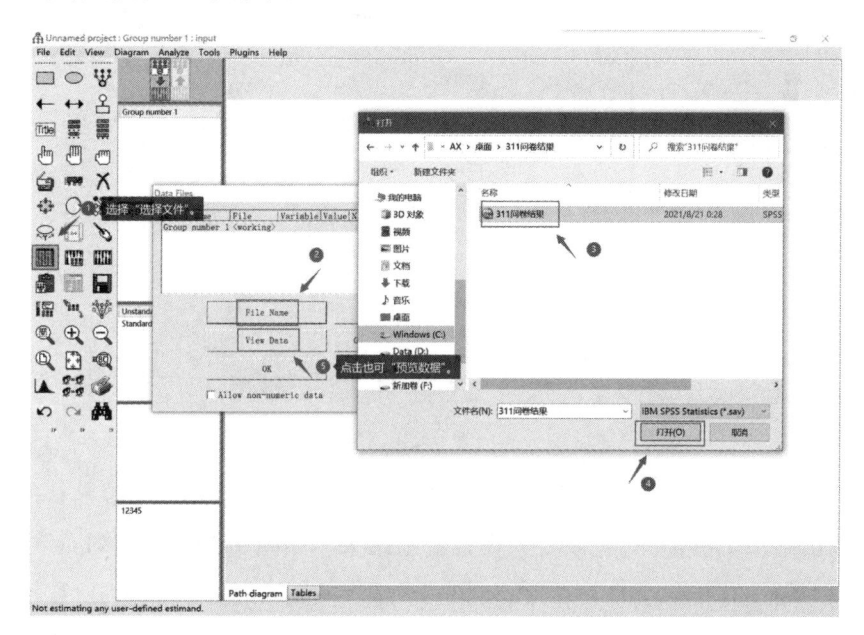

图6-24

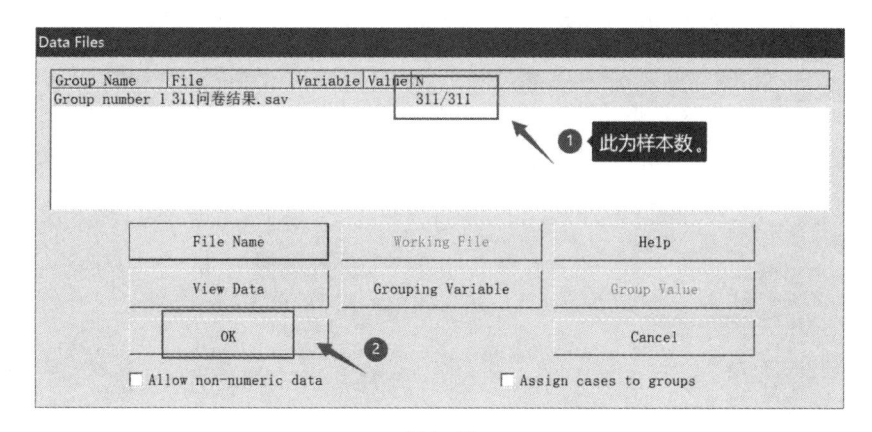

图6-25

(7)将对应数据拖入方框内。导入SPSS数据后可以看到数据自带的标签,找到我们需要的4个数据,按照原本假定的变量关系,将平均值逐一拖入对应的变量方框内。详细操作步骤见图6-26。

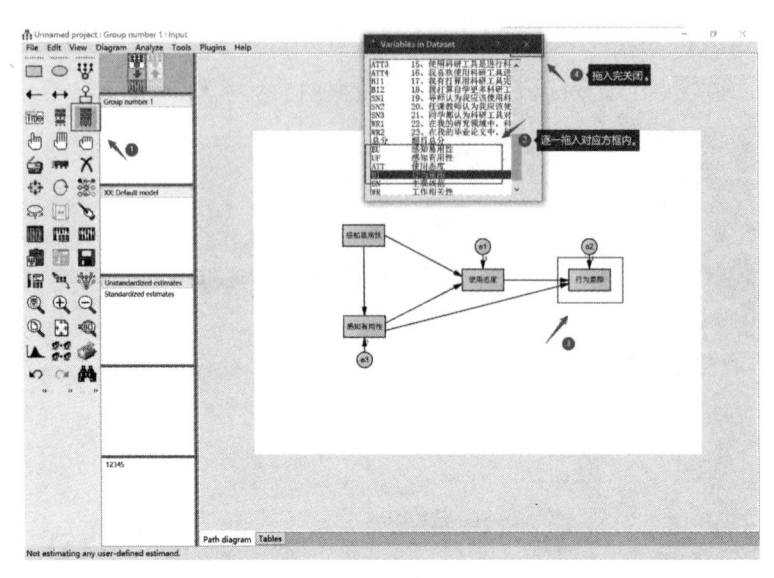

图6-26

（8）勾选"标准化估计"和"多元相关平方"。因为AMOS系统默认的输出结果不够全面，所以要先设置输出结果。如图6-27，打开"View"中的"Analysis Properties"，在"Output"中勾选"Standardized estimates"（标准化估计）和"Squared multiple correlations"（多元相关平方，SMC）（此步骤每次新建都需要重新设置）。

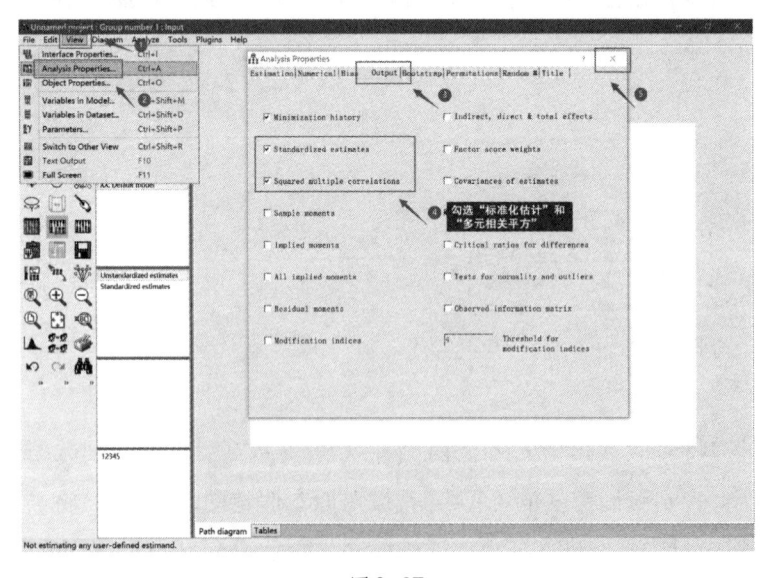

图6-27

（9）进行运算，查看和解释系数值。AMOS的后续版本都需要先进行存档才能进行运算。点击工具栏中"运算"按钮后，点击图6-28中第三步的箭头，再根据需要选择图中第四步位置的标准化或非标准化估计，即可在图中看到本次运算的结果。

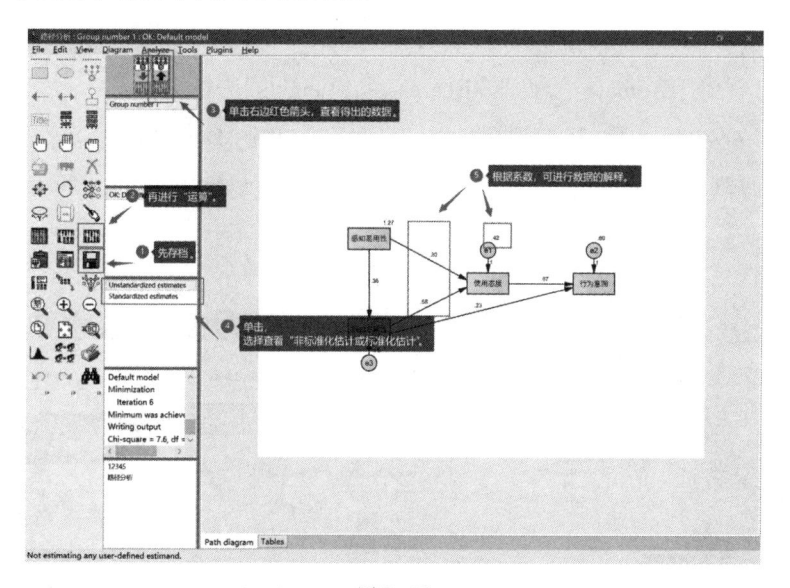

图6-28

（10）非标准化估计数值解释。

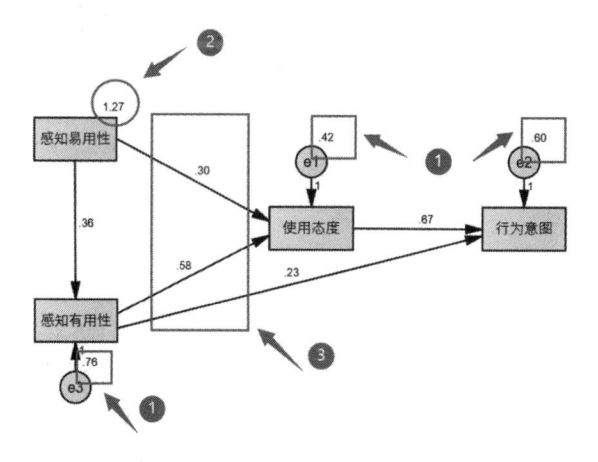

图6-29

如图6-29中，①为残差值，即不可解释变异，一定要为正数，代表估计值有无违反估计。每个内生变量都包括可被解释变异R^2和不可解释变异。②为自身变异数。第③部分，即线条上的系数，都为回归估计值，值可能大于1。非标准化估计主要查看每个系数估计的显著性（在output中查看，见图6-31），显著即代表该线上的假设成立。例如，本图中可以看出，易用性每增加1个单位，有用性增加0.36个单位。

非标准化估计查看P值显著性：按图6-30步骤，打开"Amos Output"，找到"Estimates"，查看"Regression Weights"中的P值。一般来说，CR>1.96，P值显著，即为假设成立。此处代表我们本次的假设全部成立，即五条线的关系都成立，如易用性和有用性都影响使用态度。

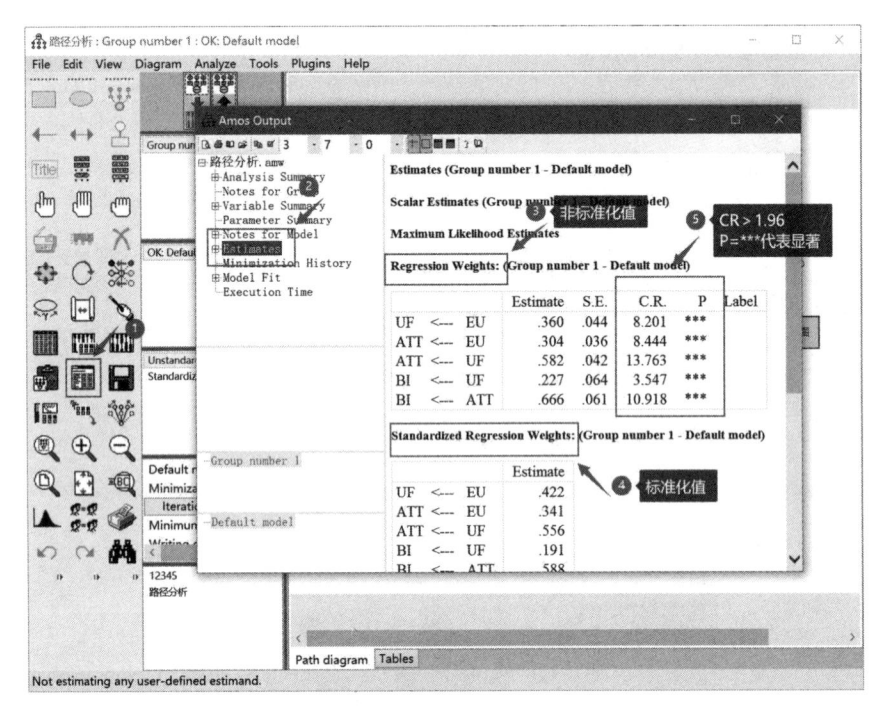

图6-30

（11）标准化估计数值解释。

在图6-31中，第①部分为标准化系数（方框标识）。标准化值越大，代表影响力越大。例：对行为意图的影响，态度（0.59）比有用性（0.19）更重要；使用态度每增加1个标准差，行为意图会增加0.59个标准差。

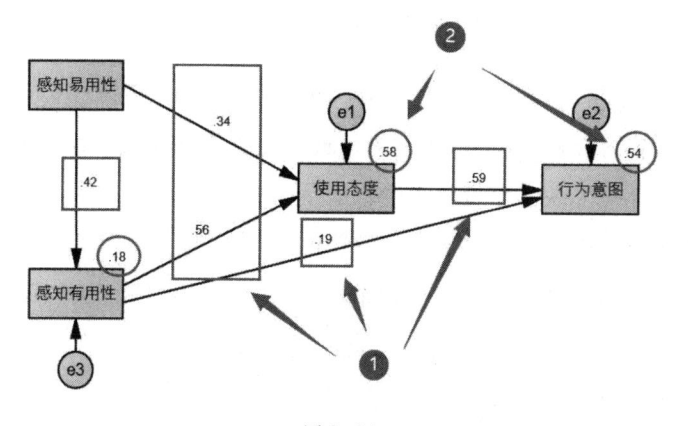

图 6-31

第②部分代表可解释变异 R^2（圆圈标识）。我们一般认为，其范围有 0.19~0.33~0.67，分别代表有小/中/大的解释能力。例：对有用性来说，有 18% 变异是可解释的，来自易用性，且解释能力较小。也可以在"Amos Output"中找到"Standardized Regression Weights"查看，如图 6-32。

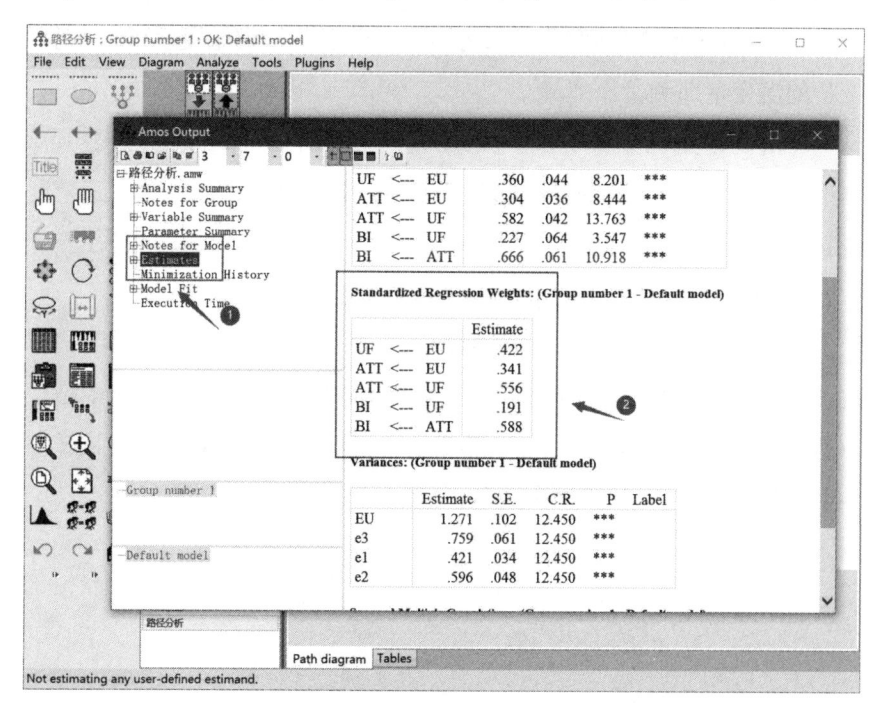

图 6-32

(二)潜变量路径分析(PA-LV分析)

潜变量路径分析(Path Analysis with Latent Variables,简称 PA-LV),即完整的结构方程模型,它包含测量模型和结构模型。传统的路径分析是各自只有一个观察变量的潜变量间的结构模型,只探究路径系数的影响是否达到显著。而潜变量路径分析除了观察变量外,也包含潜变量。它可以同时测量潜变量与其测量指标变量间的关系(测量模型),以及其余观察变量间或观察变量与潜变量间的关系(结构模型)。此种包含潜变量的路径分析就是潜变量路径分析。

在一个测量模型中,两个以上的观察变量来自一个共同的潜变量,每个观察变量均会有一个误差变量(unique variable),观察变量是其潜变量的测量值或指标值,因此潜变量的观察变量又被称为指标变量或测量变量,而测量模型中无法观察的共同变量即因素(factor)或潜在构念(latent construct),即所有指标变量所测量的共同特征(潜变量)。换句话说,结构模型为潜变量间的关系,各潜变量包含多个观察变量,包含观察变量的潜变量即测量模型。

在潜变量路径分析中,每个潜变量至少含有三个观察变量(题项)。本部分同样以技术接受模型(TAM模型)为例,每个潜变量包含了三个测量指标。不同于路径分析采用均值数据的计算方法,在潜变量路径分析中,我们将使用各维度下的原始题项数据进行计算。

(1)画出框架。打开 AMOS 界面后,先调整页面为横向,再画图。首先按照图 6-33 的步骤画出潜变量,拖动至适当位置。由于潜变量路径分析包含了观察变量,因此每个潜变量下增加相应的题项数量,见图 6-34。然后调整位置,使画面更美观,见图 6-35。

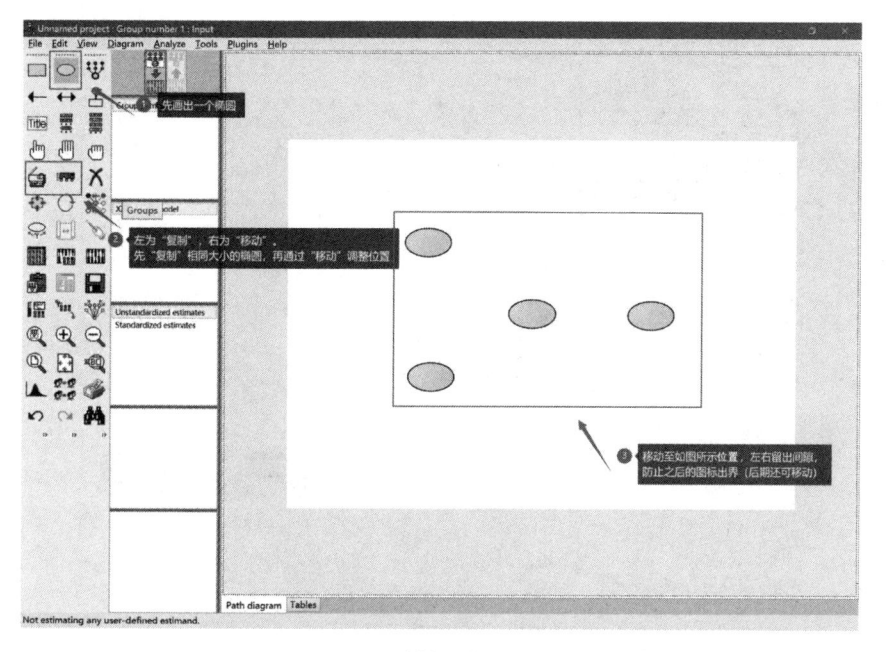

图 6-33

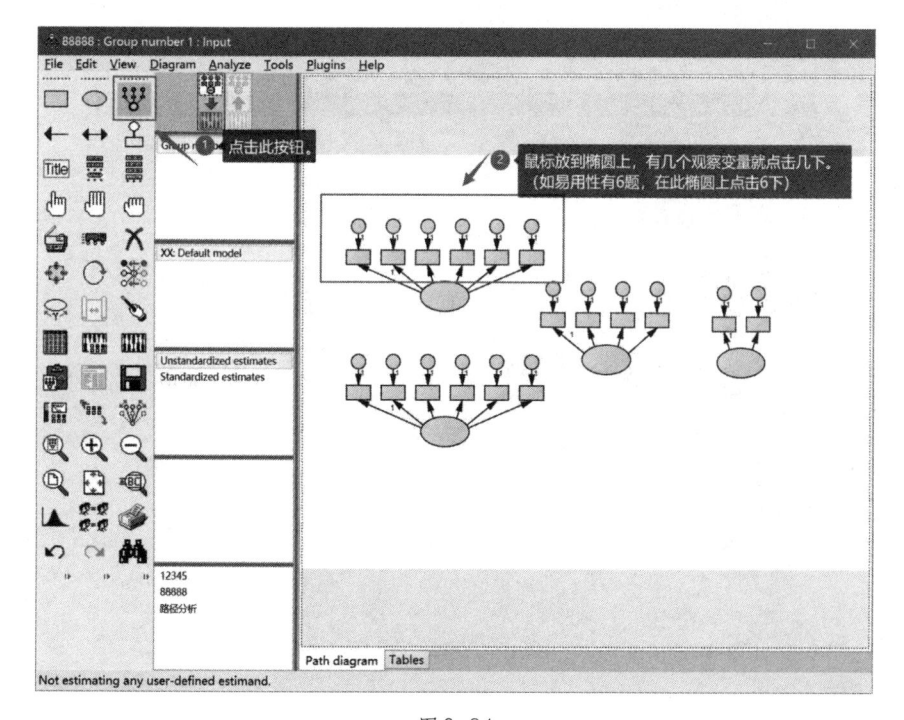

图 6-34

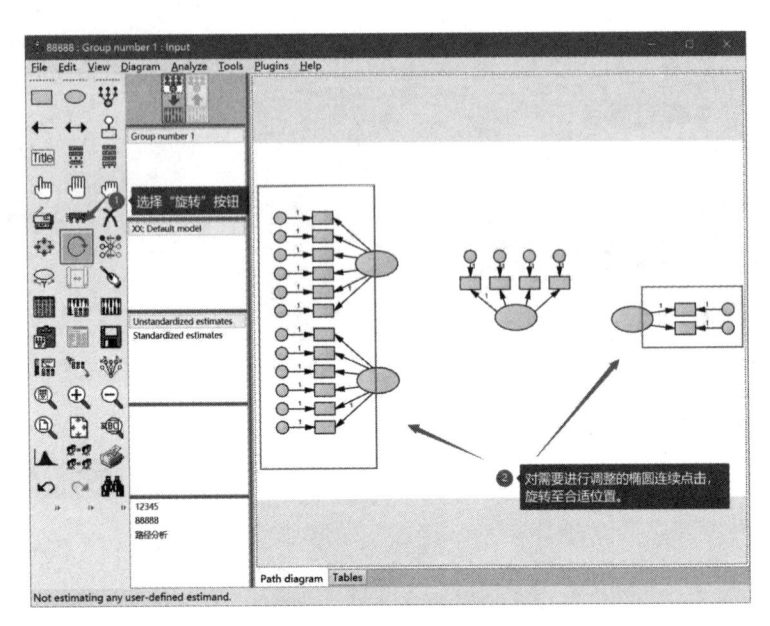

图 6-35

(2)添加关系。按照基本假设,为变量间添加关系,搭配魔术棒、移动等功能对线条进行调整,见图 6-36。

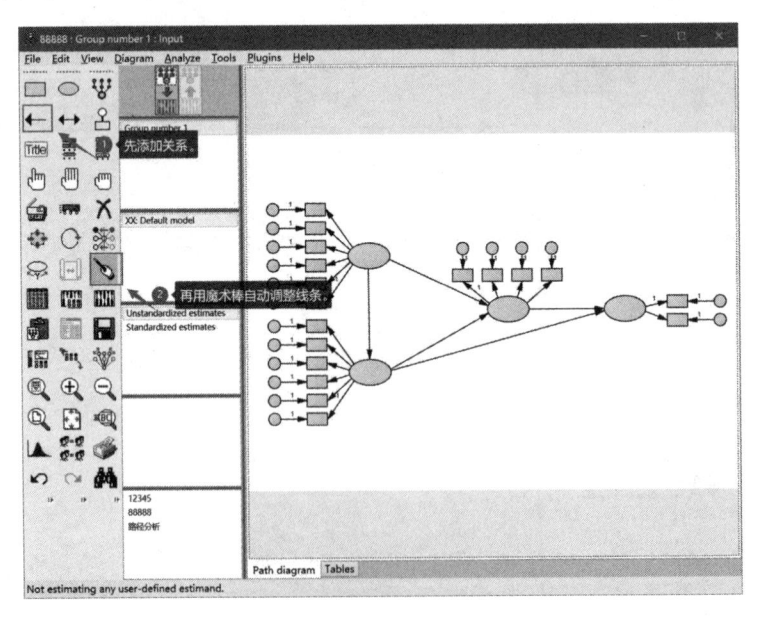

图 6-36

(3)添加残差,为残差命名。被箭头刺到的内生变量需要添加残差;

除了单击残差圆圈命名外,当图中残差较多时,可统一命名,具体操作见图 6-37。

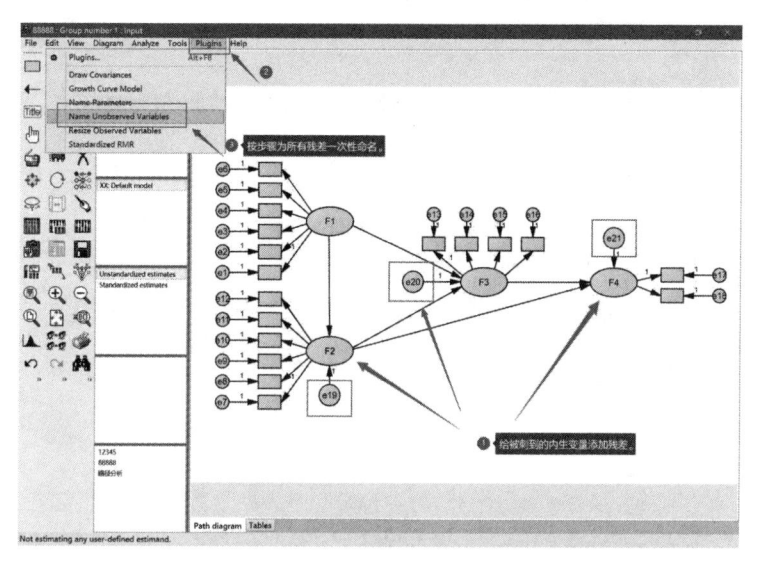

图 6-37

如果自动填充残差名称后,残差名称的顺序不美观,选择"映射"功能,连续点击椭圆形,将名称调至合适的顺序,见图 6-38。

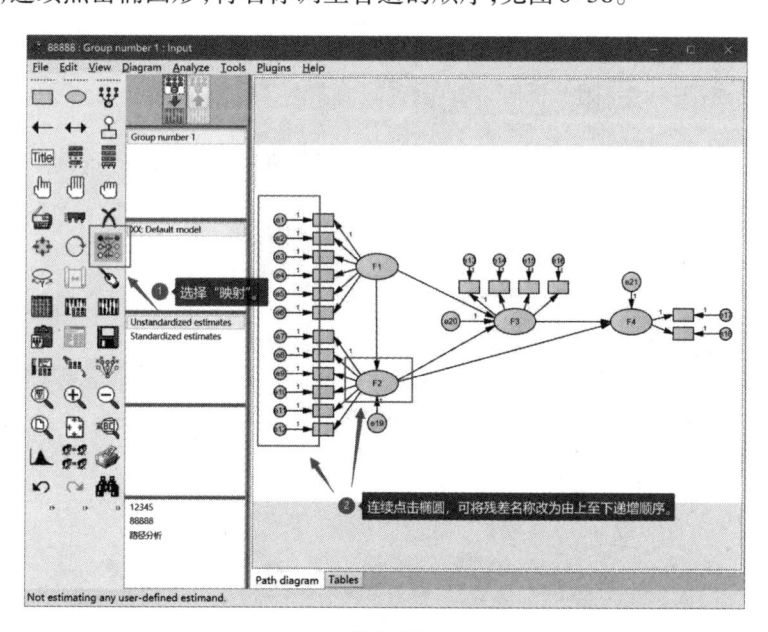

图 6-38

(4)导入SPSS数据,选择输出结果。与之前例子中导入数据一样,记得要先保存。点击"选择文件"后,点击"File Name",找到目标文件,点击"OK"确定,操作见图6-39。

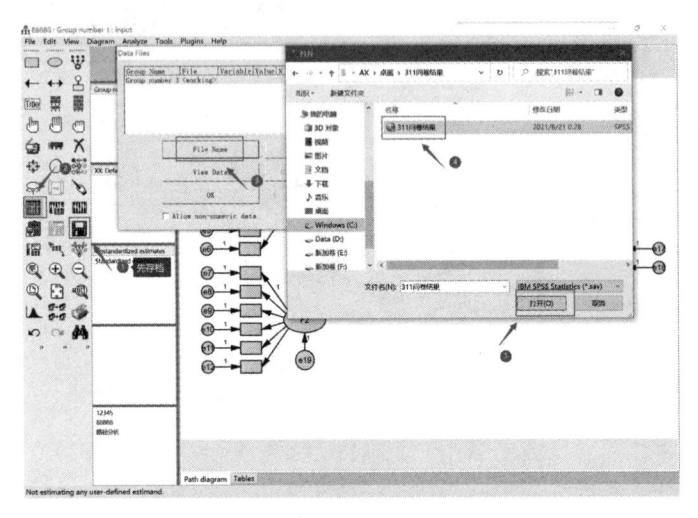

图6-39

按图6-40步骤,首先点击"结果"按钮,打开"Output",勾选标准估计和SMC。其次,拖入具体数据。若SPSS数据中带有对应的问题详情,在将数据拖拉至对应方框时,会出现图6-41中的情况,这是由于AMOS默认显示数据标签,因此需要手动设置隐藏标签详情。

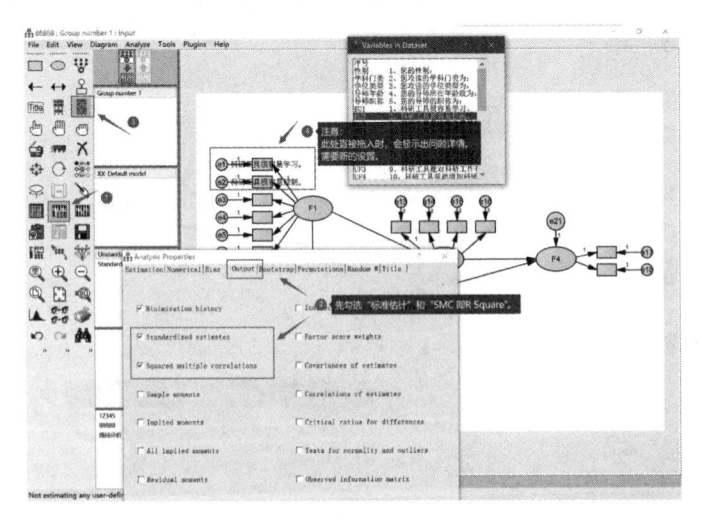

图6-40

如图 6-41 的步骤，点击"View"中的"Interface Properties"，找到"Misc"，取消勾选"Display variable labels"（显示变量标签），即可看到方框内只显示名称，隐藏了标签详情。

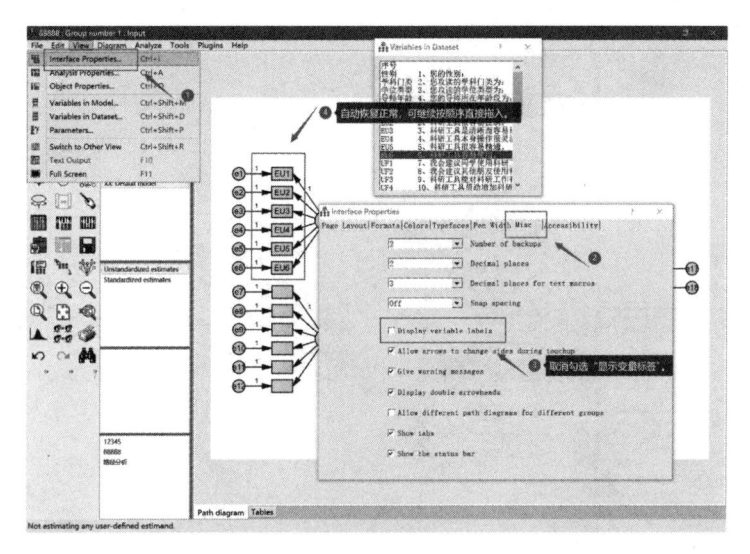

图 6-41

（5）更改潜变量名称。双击椭圆形，在弹出的"Object Properties"窗口中的"Text"下，输入变量名称，逐一更改，见图 6-42。

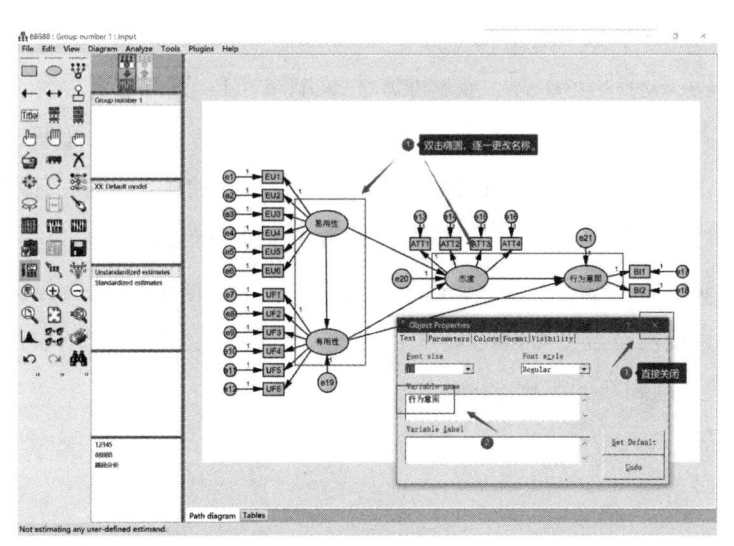

图 6-42

(6)进行运算。如图6-43,选择"运算"按钮,等待运算完毕后,点击第②步中的箭头,即可查看数据。选择查看"Unstandardized estimates"(非标准化估计)或者"Standardized estimates"(标准化估计)。

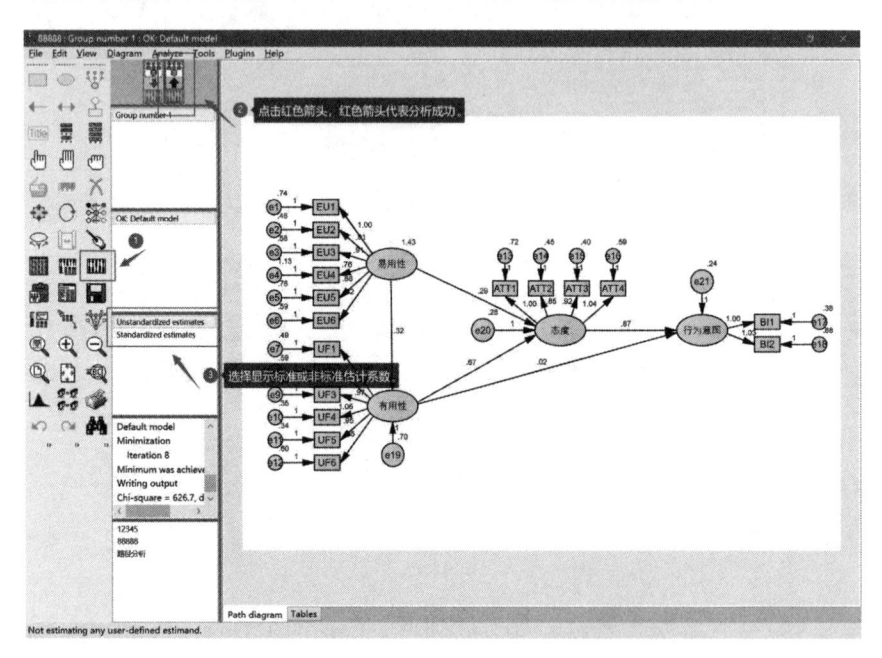

图6-43

(7)调整系数位置。由于会出现数字遮盖情况,需要进行手动美化,此处提供两种调整方式。第一种方法,如图6-44。首先选择一种系数显示,选择"更改位置"按钮后,找到想要改变位置的系数,鼠标靠近变红后,单击拖动此数字至合适的位置。如果要移动的数字很多,只移动一个数字即可,其他使用"复制属性",见第④步骤。在弹出的窗口中,勾选"Parameter position"(位置),先点击已移动好位置的方框,保持鼠标单击状态,直接拖拉至要更改的方框上,松开,代表将上一个方框的系数的位置属性复制到新的方框上。

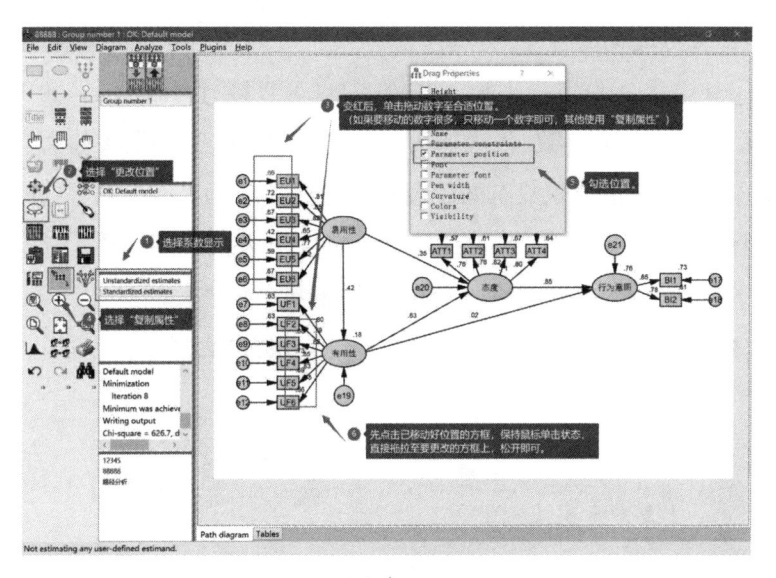

图 6-44

第二种方法，如图6-45。先点击"选择某一物件"按钮，选择想要统一更改的地方，选择后显示为蓝色，如果选错可单击"取消选择所有物件"，或者再次单击将蓝色变为黑色。再次点击"复制属性"，选择已修改好的数字样式为红色，单击不松手，将红色直接拖拉至蓝色位置，即可统一更改位置。

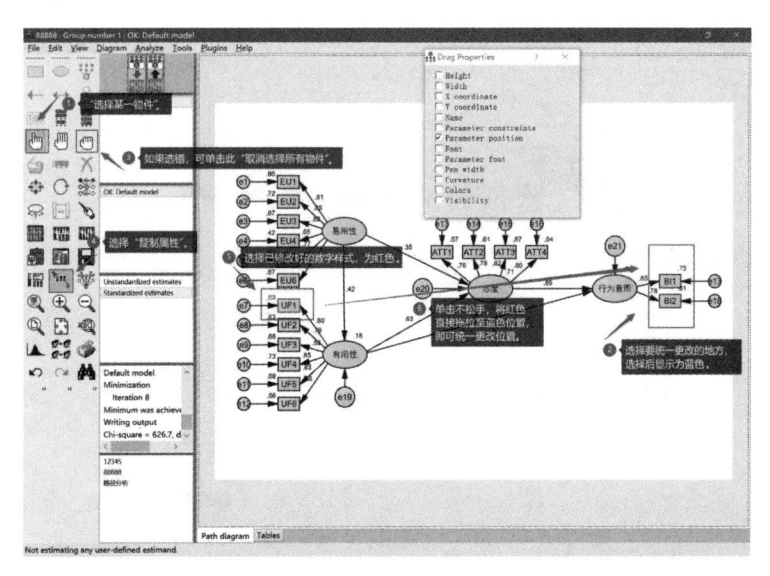

图 6-45

(8)非标准化值解读。

①残差值。一定为正数。若较多,也可直接打开"Output"的"Variances"查看。若为负数,代表违反估计,数据存在问题(缺失值、共线问题、样本太少或潜变量只有两个观察变量等)。见图6-46,选择"非标准化估计"后,直接查看数值。方框标注的都为残差值,都为正数。

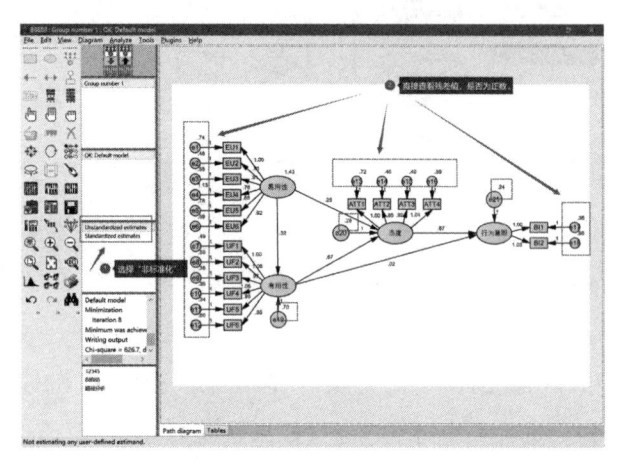

图6-46

当数值较多时,也可按照图6-47所示,选择"结果"按钮,从Output中,进行查看。在Estimates的Variances中,Estimates为残差值,P=***代表显著(***代表概率低于0.001),由此可以看出本例中所有系数都没有违反估计。

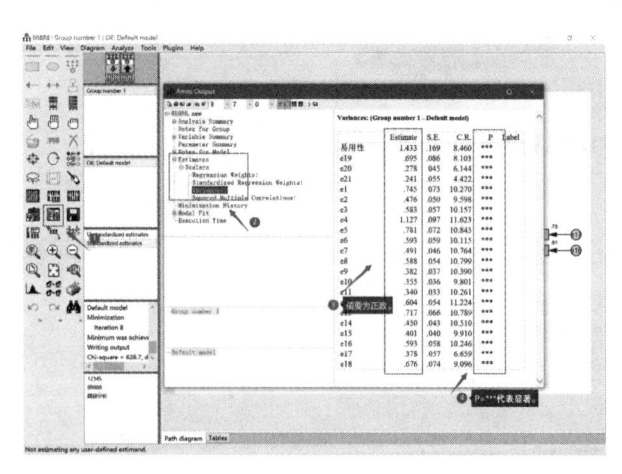

图6-47

②非标准化系数主要看显著性。

打开"Amos Output"中的"Estimates"的 Regression Weight,图 6-48 中第⑤部分显著,代表原假设成立。本例中"有用性"对"行为意图"的影响系数为 0.024,P=0.793,因此此条线的假设不成立。第⑥部分为 Factor Loading,也称为测量权重 measurement weight。P<0.05 代表显著,代表该题目需要保留,P>0.05 代表不显著,代表该题目需要删减。本例中所有题目 P<0.05,均应保留。

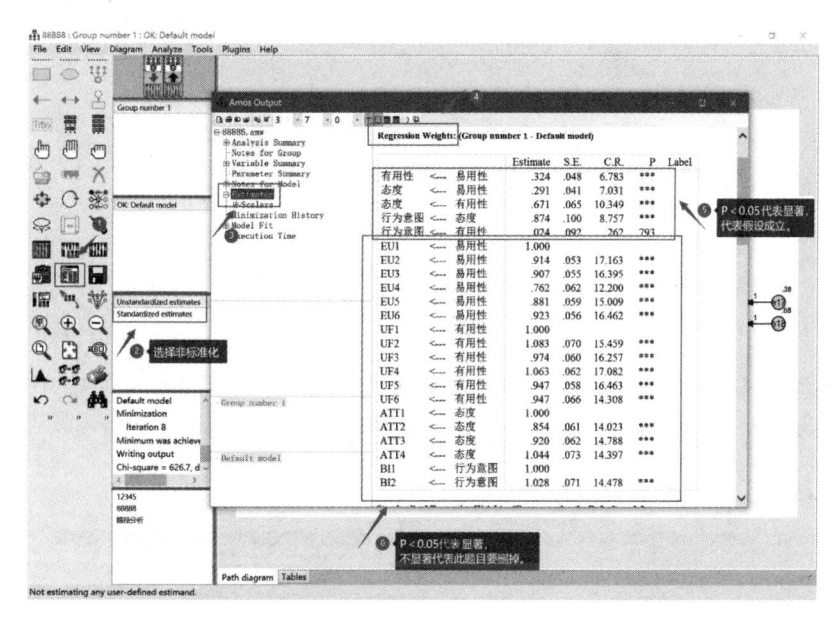

图 6-48

(9)标准化值解读。

在图 6-49 中,①标准化因素负荷量 Factor Loading。一般来说,其数值大于 0.6 可接受,大于 0.7 为理想,最大不能超过 0.95。此数值代表是否需要删除该题目。所有题目的因素负荷量均在接受范围内,代表题目均保留。

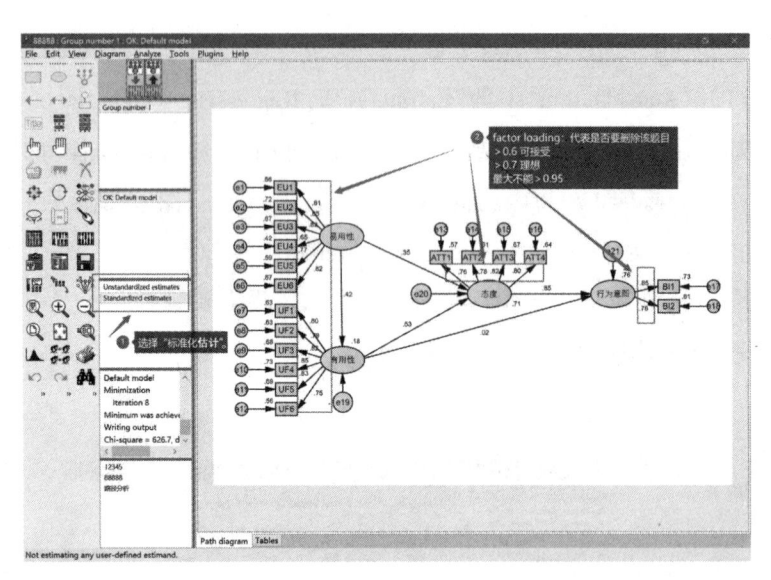

图6-49

②SMC值。这为Factor Loading的平方,代表该潜变量对这个题目的解释能力,也称为题目信度(Item Reliability)。一般建议值为0.36以上可接受,0.5以上是理想数值,不能超过0.95。此数值也提示该题目需不需要删除。在图6-51中,所有题目SMC值均大于0.5,在理想范围内,全部保留。

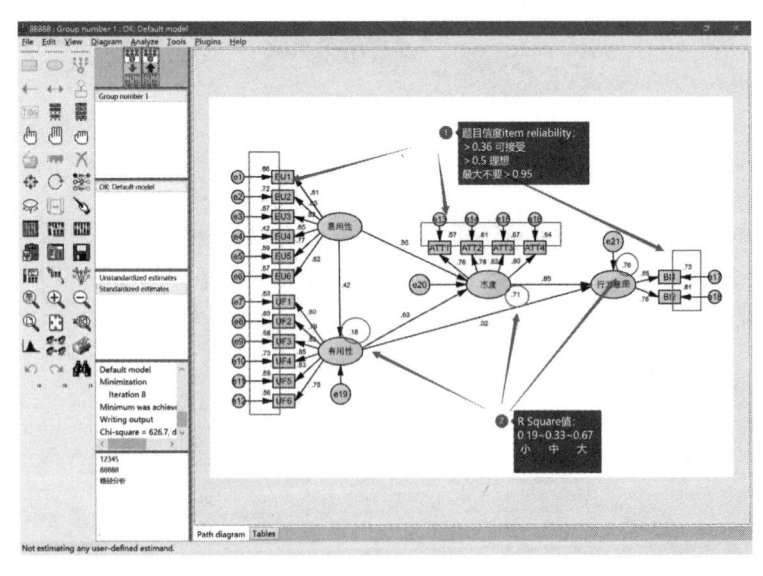

图6-50

注意：要区分测量模型中的SMC（此处等于信度Item Reliability），一般数值要在0.5以上。结构模型中的SMC（R Square），代表自变量对因变量的解释能力，数值分为0.19~0.33~0.67小/中/大三个层次。例如，图6-50中，易用性对有用性的解释能力为18%，换句话说，有用性有18%的解释来自易用性。

也可通过打开"Amos Output"查看数据结果，通过表格的形式查看，如图6-51。首先打开"Standardized Regression Weights"，图中第①部分是结构路径系数，系数越大代表越重要。例如，易用性与态度间的系数为0.355，有用性与态度间的系数为0.630，因此，对于态度来说，有用性比易用性更重要，即相比于易用性，有用性更能影响态度。

图中第二部分是标准化因素负荷量，与前文一样，大于0.6可接受，大于0.7是理想值，但不得超过0.95。

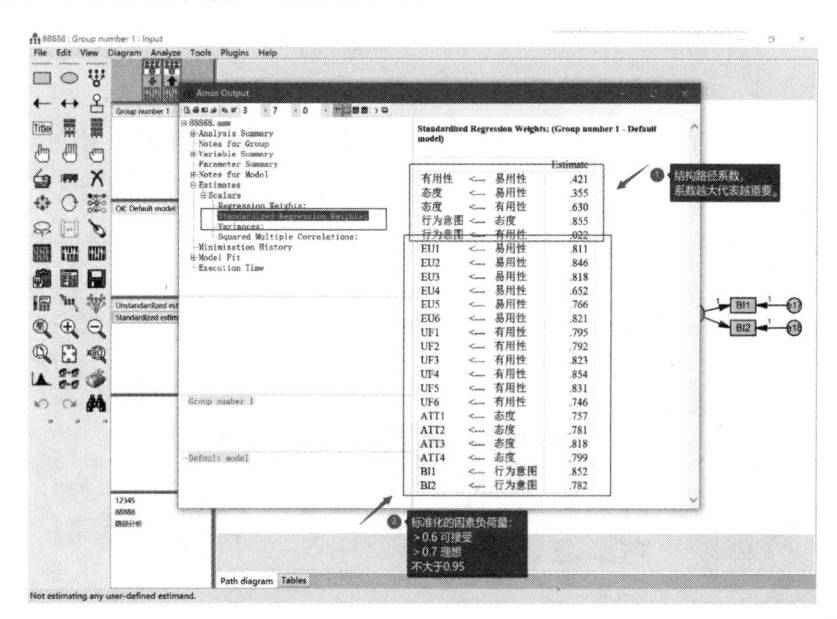

图 6-51

点击"Squared Multiple Correlations"查看，见图6-52。第①部分为结构模型的SMC，建议值为0.19（小）~0.33（中）~0.67（大）。第②部分为测量模型的SMC，代表是否要删掉题目，一般建议数值最低大于0.36，0.5以上为理想。

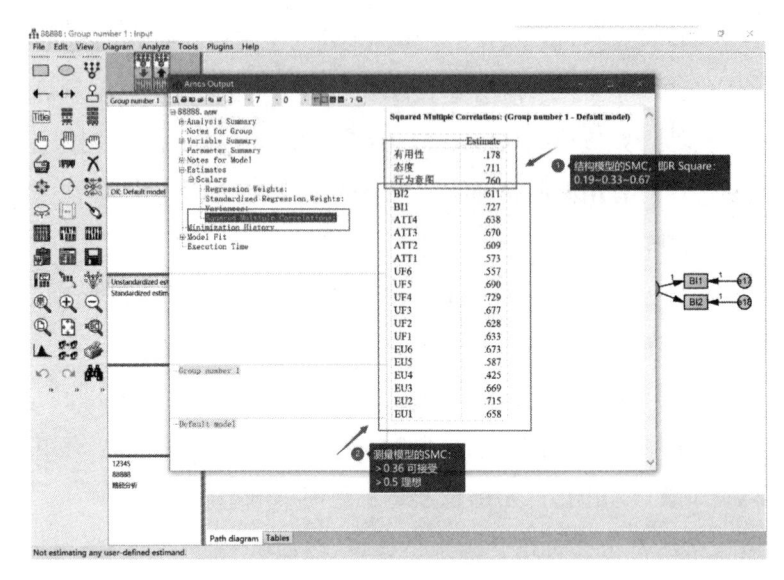

图 6-52

（10）增加 Title。如图 6-53 的操作，选择"Title"按钮，单击任意空白处，在弹出的窗口中调整位置、字体，在第⑤步处输入图示代码（与前文一样），该代码包含卡方值、自由度、卡方自由度比值、P 值、GFI 值、AGFI 值、CFI 值以及 RESEA 值。重新运算后，点击箭头查看结果。

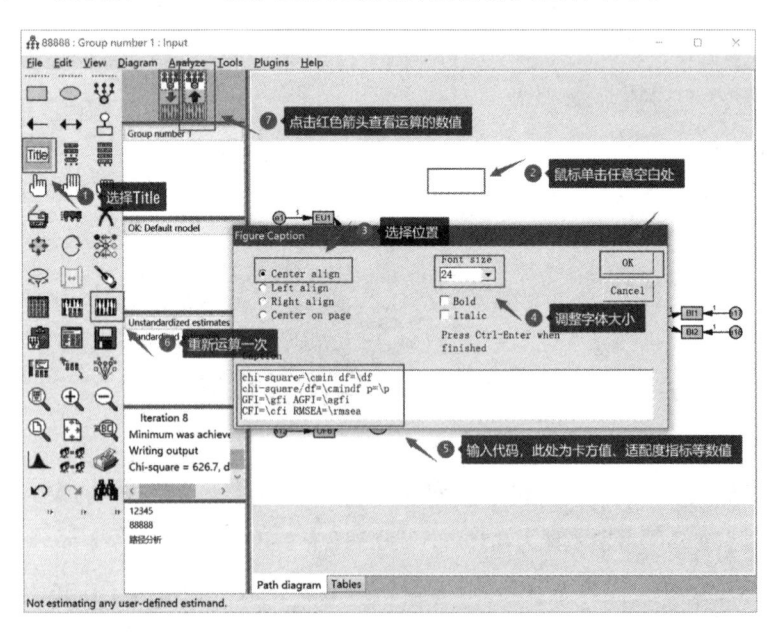

图 6-53

对于Title的位置可按图6-54进行移动。先回到灰色箭头处，选择"移动"，鼠标放置于文字处，变红后单击不松手，拖动至合适位置松手即可。

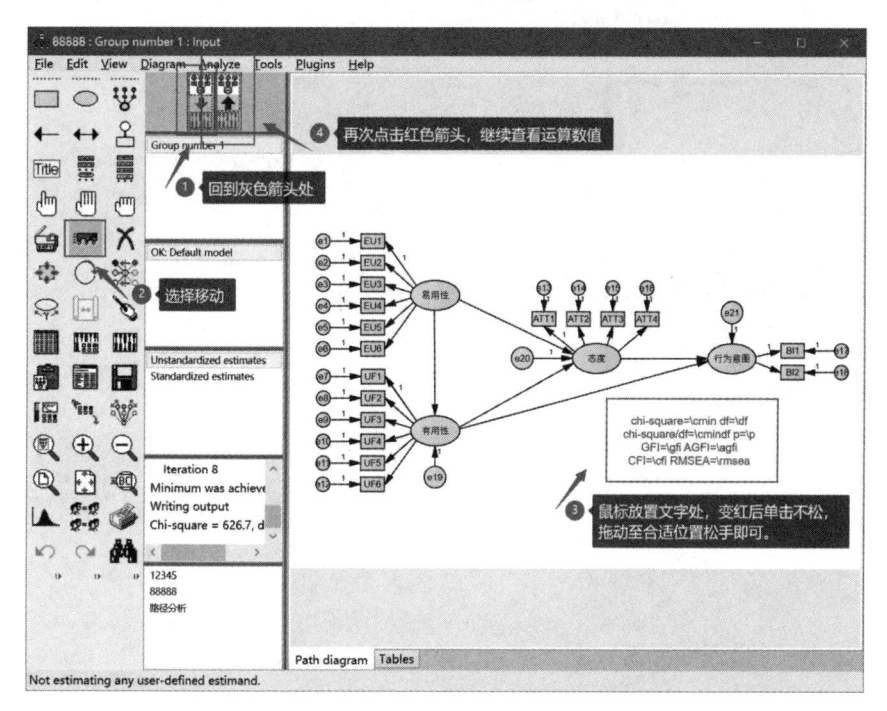

图6-54

Title图数值解读：chi-square代表卡方值，无建议值，一般仅报告一下；df为自由度，一般来说，自由度越大，卡方值越大，估计参数就越小；chi-square/df的值一般3以内代表模型较好（也有人认为5以内可接受）；P为显著性，此处P要大于0.05，即代表当前结构模型与期望模型间的差异不显著（配适度好）；GFI、AGFI、CFI代表相似性指标，大于0.8可接受，大于0.9为理想；RMSEA代表相异性指标，0.08以内可接受，0.05以内为理想。图6-55表示，卡方值/自由度为4.820，GFI、AGFI、CFI、RMSEA都未达标，因此，此处例子中的title数值代表该模型适配度并不是那么完美。

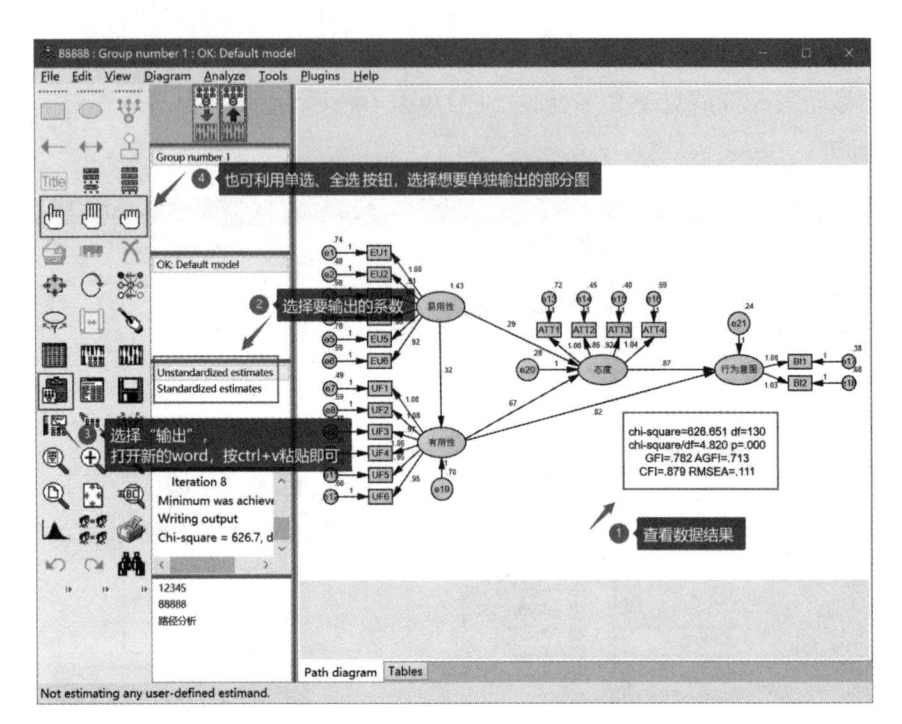

图6-55

(三)验证性因素分析

根据使用目的,因素分析(factor analysis)分为探索性因素分析(Exploratory Factor Analysis,简称EFA)和验证性因素分析(Confirmatory Factor Analysis,简称CFA)。CFA是SEM的一种次模型,是进行SEM分析的一个前置步骤或基础架构。一般先将各个构面分别进行信效度分析,才进入到SEM分析中。验证性因素分析是以特定的理论观点或概念架构作为基础,分析固定因素间有相关或没有相关。它是对测量模型进行验证,检验此建构效度的适切性和真实性(观察变量与潜变量间的关系)。

一般来说,在问卷或量表编制的预试上,都会先进行探索性分析,不断尝试,求得量表最佳的因素结构,建立问卷的建构效度。当确定了量表或问卷整体是由多个不同潜在因素所构成后,再探究量表的因素结构模型是否与实际搜集的数据契合,指标变量是否可以有效作为潜变量的预测变量,这个步骤就是验证性因素分析。

换句话说,探索性因子分析是假设测量变量(量表题项)能够最终形成几个因子(潜变量),希望通过因子分析,看看量表题项能够形成几个因子,以及每个因子对应哪些题项。验证性因子分析则不同,分析者先根据实际的调查研究情况,首先通过 AMOS 将潜变量与对应题项关系固定后,绘制成测量模型,然后通过数据拟合,看看模型的拟合质量如何,如果模型拟合质量好,说明测量模型绘制的潜变量与题项的关系通过数据验证,反之则需要进行题项删除或修改。

接下来进行举例说明。假设现在要设计一份量表型的调查问卷,根据调研文献和前期访谈,想要设计3个潜变量,每个潜变量设计4到8个题项的初始问卷。初始问卷的题项并不一定能与设计的潜变量对应(没有结构效度),因此可以通过探索性因子分析进行题项的筛选,看看根据最初的设计是否归于一个因子的题项(聚集在一起表示这些题项相关,可以被同一个潜变量解释),是否落在同一个因子中,如果没有,就需要对相应的题项进行删除或修改处理。

由此可见,探索性因子分析着重在探索模型结构上,而验证性因子分析着重在验证模型结构上,因此探索性因子分析常用在问卷的设计初期,帮助分析者建立模型框架,而验证性因子常用在成熟问卷的信效度分析中。

验证性因素分析又分为一阶验证性因素分析和二阶验证性因素分析。一阶 CFA 是指构面后面直接接题目,也称为测量模型。其中构面直接影响观察变量,如图 6-56。F6、F7、F8 后直接接了原始题目数据。

图 6-56

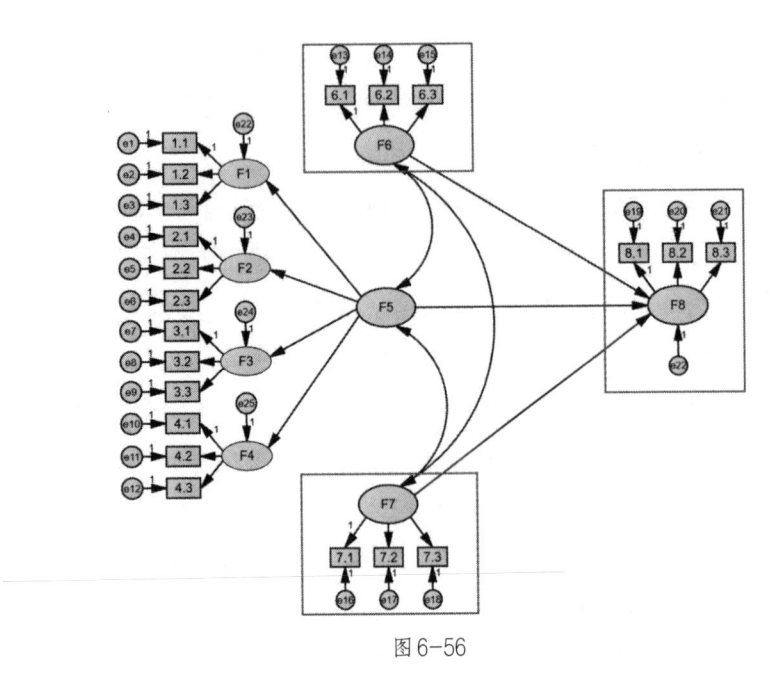

而二阶 CFA 是指构面后面接的仍是构面,再接题目,也称为高阶测量模型。其中构面直接影响潜变量(一阶构面),而潜变量又影响测量变量,如图 6-57 所示。图中 F1、F2、F3、F4 后都接了原始题目数据,为一阶构面,但它们又从属于 F5 构面,因此由 F5 到 F1、F2、F3、F4 构面再到后边的题目,一起称为二阶 CFA。

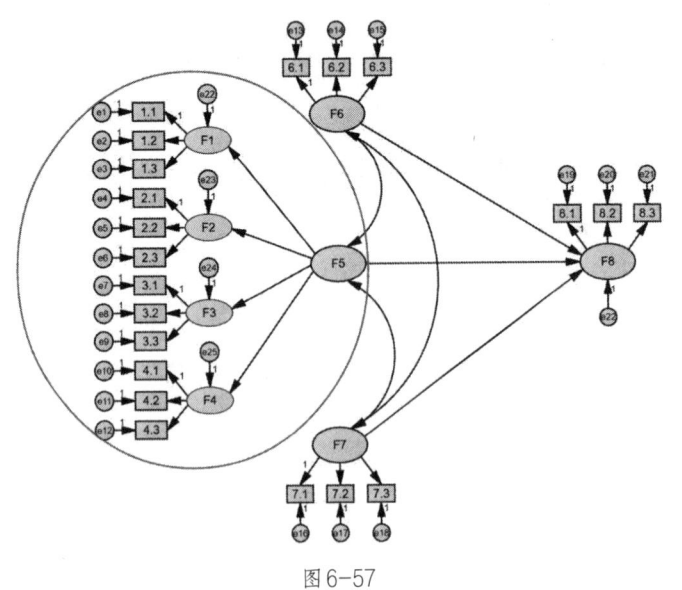

图 6-57

一般情况下，也可以将二阶CFA中各个维度的题目取平均数值后，简化为一阶再进行验证。如图6-58中，先把上图中1.1、1.2、1.3三个题目的数值取平均值，再将F1由椭圆形（潜变量）改为长方形（观察变量），将平均数值拖入四个长方形内，即F5后直接接取完平均值后的F1、F2、F3、F4四个观察变量，完成二阶到一阶的简化。

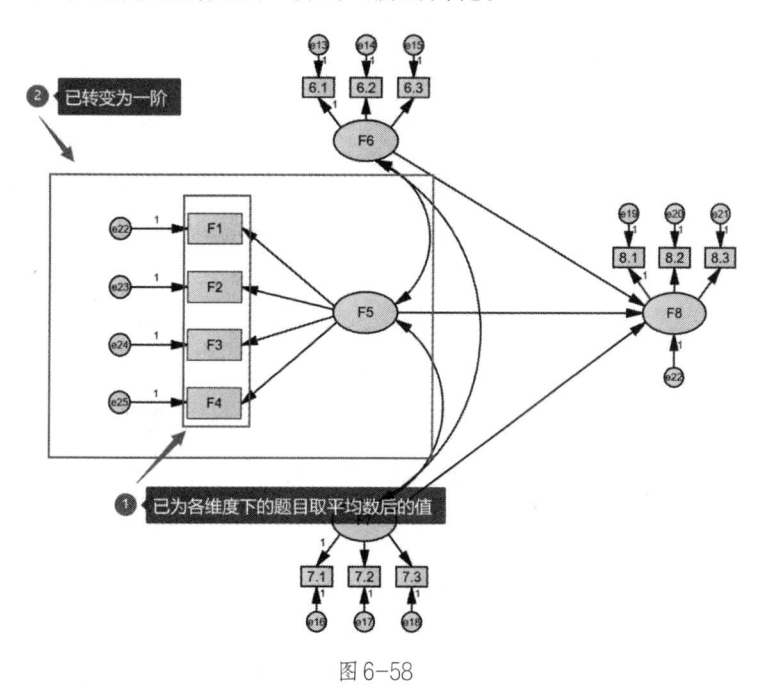

图6-58

本部分将探究教师知识管理能力与班级经营效能的相关关系，研究工具包含了教师知识管理能力与班级经营效能两个问卷。此处我们只将教师的知识管理能力作为研究对象，根据知识管理能力的有关理论和先前的量表，结合当下实际情况，自编了一套知识管理能力问卷，拟通过验证性因素分析（CFA）继续对问卷进行结构效度检验。

我们从知识管理的生命周期角度对教师知识管理的过程进行分析。它主要包含两部分：内环为知识管理的生命周期，外环为知识管理实施基础的3个因素。在此模型的基础上，我们采用内环生命周期的三个主要阶段（即获取、存储、应用）来评定教师的知识管理能力对班级经营效能的影响，在此基础上编制了问卷。问卷结构见图6-59。

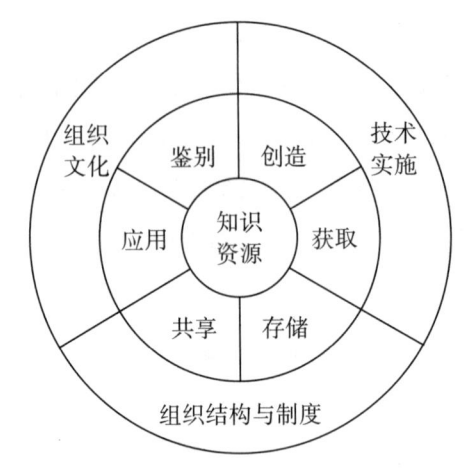

图 6-59　GB/T 23703.1—2009 知识管理模型

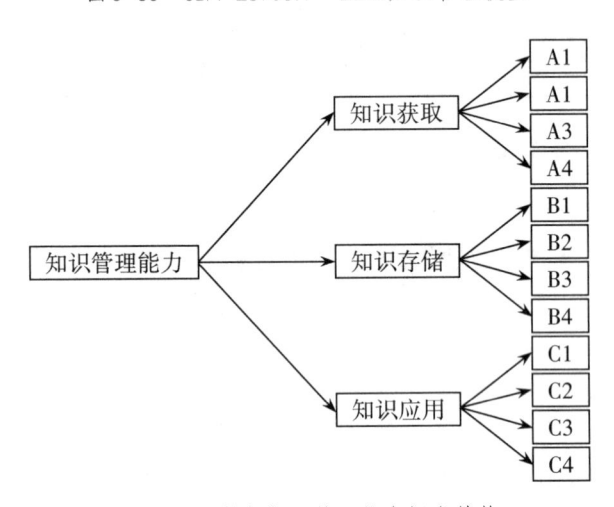

图 6-60　教师知识管理能力问卷结构

根据图 6-60 可以看出，新问卷包含 12 个题目，共三个维度，每个维度下有四个测量指标：知识获取（记为 A）第 1~4 题、知识存储（记为 B）第 5~8 题、知识应用（记为 C）第 9~12 题。我们认为"知识获取、知识存储、知识应用"下各自的四个指标变量的测量值分数越高，分别代表知识获取/存储/应用的能力越强。我们认为知识获取、存储和应用间可能具有相关关系。本次共回收 301 份问卷数据，接下来，我们将通过 CFA 对问卷进行结构效度检验。

（1）绘制模型框架图。根据需要，先将页面调整为横向（操作见前文部分），再按照假设，将框架画出来，操作见图6-61，其中潜变量有三个，它们之间有相关关系，各包含四个观察变量。除了通过复制和移动可以将图形大小保持一致外，也可以通过"属性"按钮，将各图形高、宽保持一致，将所有图形X轴或Y轴对齐。如下图，3个椭圆、12个矩形和12个圆圈在X轴上保持一致，3个潜变量对应的椭圆与对应形的Y轴对齐，所有矩形与圆圈也都在Y轴保持对齐。

具体操作为：选择X或Y对齐后，单击一个已摆好位置的图形后，不松手，直接拖拽至需要调整位置的图形上，再松手即可（注意区分X轴和Y轴对齐）。

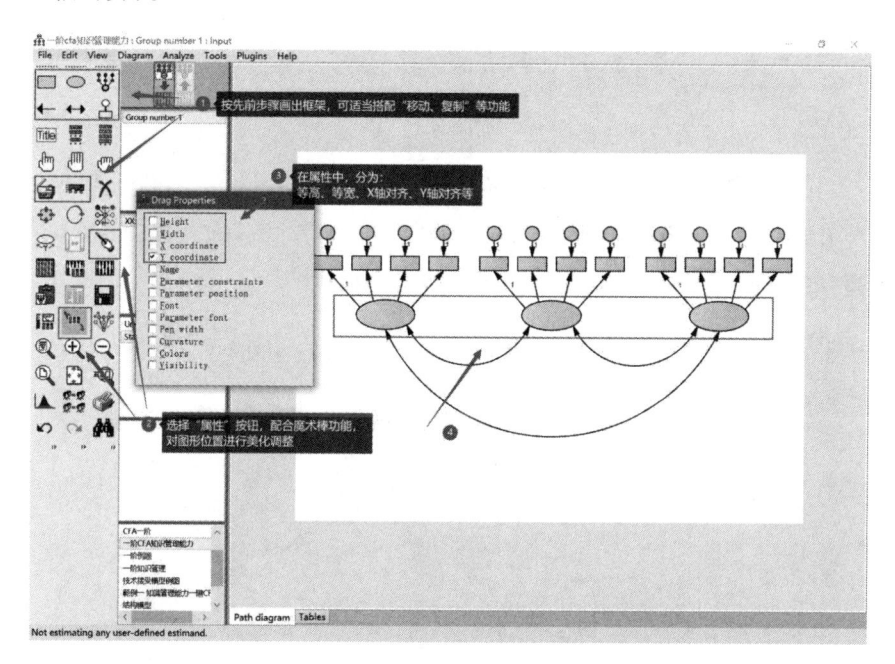

图6-61

（2）残差项命名。我们依旧可以通过两种方式命名残差项。第一种是双击圆圈，手动输入e1、e2……第二种通过"Plugins"选项中的"Name Unobserved Variables"，一次性命名，如图6-62。由于选择的是命名非观察变量，因此潜变量也会被直接命名。

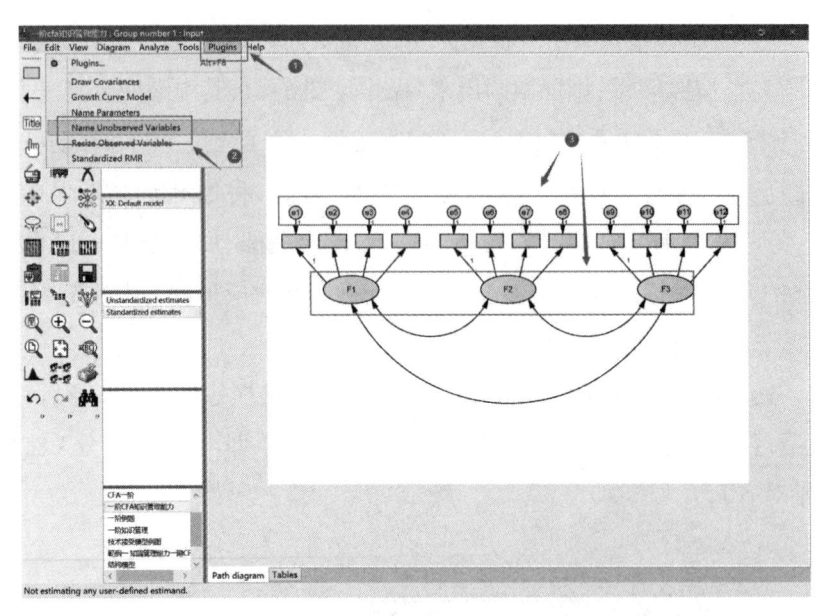

图 6-62

（3）选择数据。我们已将问卷结果数据导入到 SPSS 中，SPSS 文件类型可以在选择数据时直接显示数据的"名称"和"标签"项。如图 6-63 步骤，单击图中的"View Data"按钮可以查看数据库。

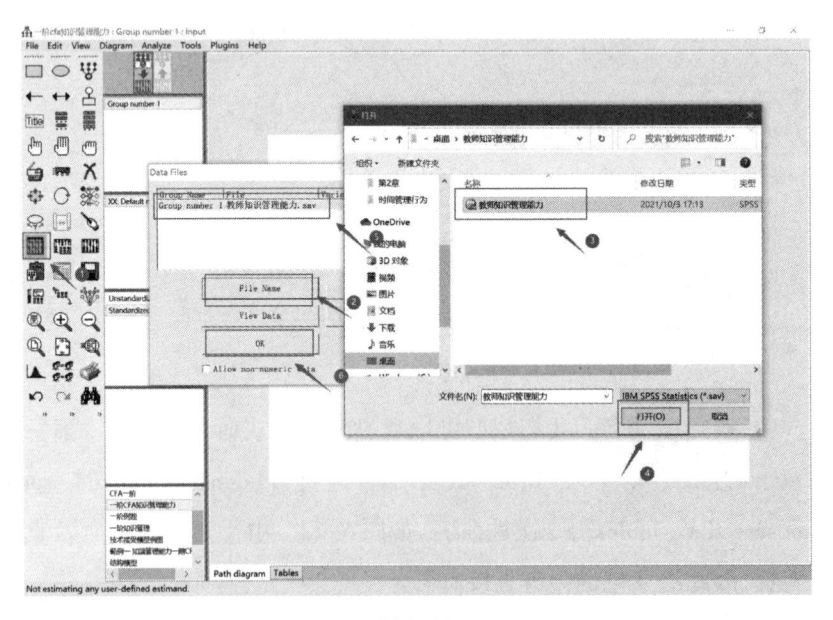

图 6-63

（4）选取变量。如图6-64，点击"变量选择"按钮，将题项拖至对应方框内。

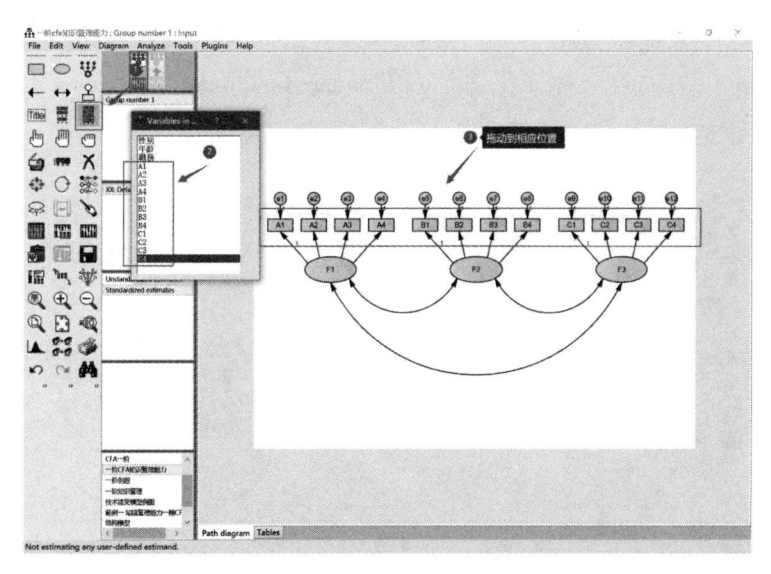

图 6-64

（5）潜变量命名。如图6-65所示，双击椭圆，在弹出窗口的"Object Properties"中输入"Variable name"。这一步也可以放在第二步里，与残差项一同更改命名。

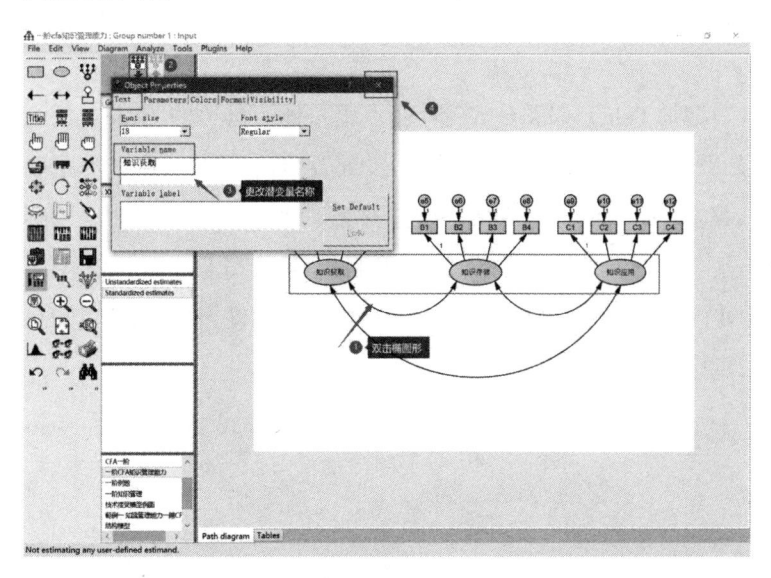

图 6-65

(6)选择输出结果。我们依旧要重新设置AMOS系统默认的输出结果。如图6-66,首先选择左侧菜单栏中的"分析属性"按钮(也可以从上方菜单栏"View"中打开"Analysis Properties"),在"Output"中勾选"Standardized estimates"(标准化估计)和"Squared multiple correlations"(多元相关平方,SMC),及"Modification indices"(修正指标)。

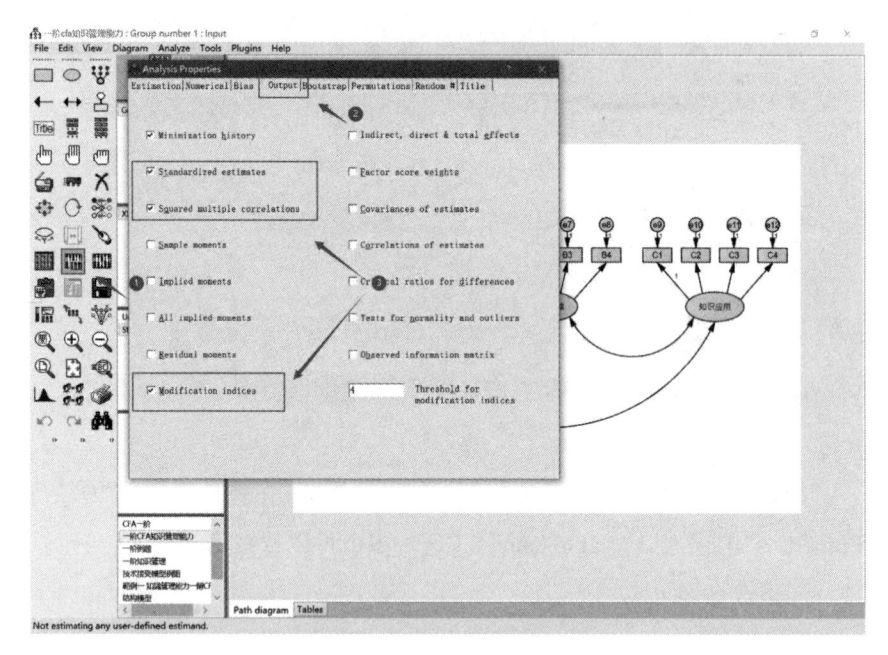

图6-66

(7)增加Title。如图6-67步骤,点击左侧工具栏的"Title",任意点击空白处即可弹跳出图示窗口。第②步处为"Title"位置,依次为跟随鼠标居中、靠左、靠右、纸的中间,一般选择第一个。在第③步处输入图示代码(与前文一样),该代码包含卡方值、自由度、卡方自由度比值、P值、GFI值、AGFI值、CFI值以及RESEA值等。再点击移动,将"Title"移动至适当位置,见图6-68。

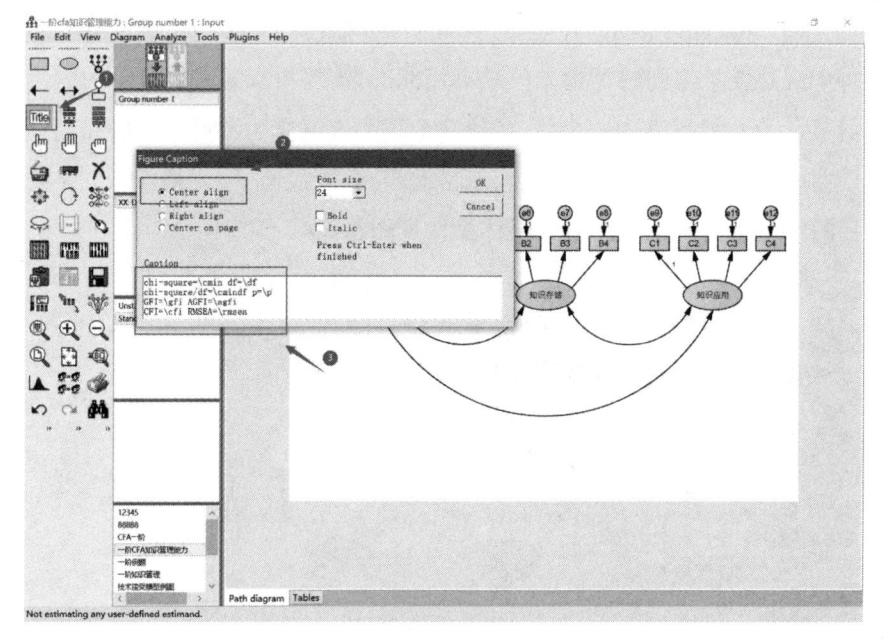

图 6-67

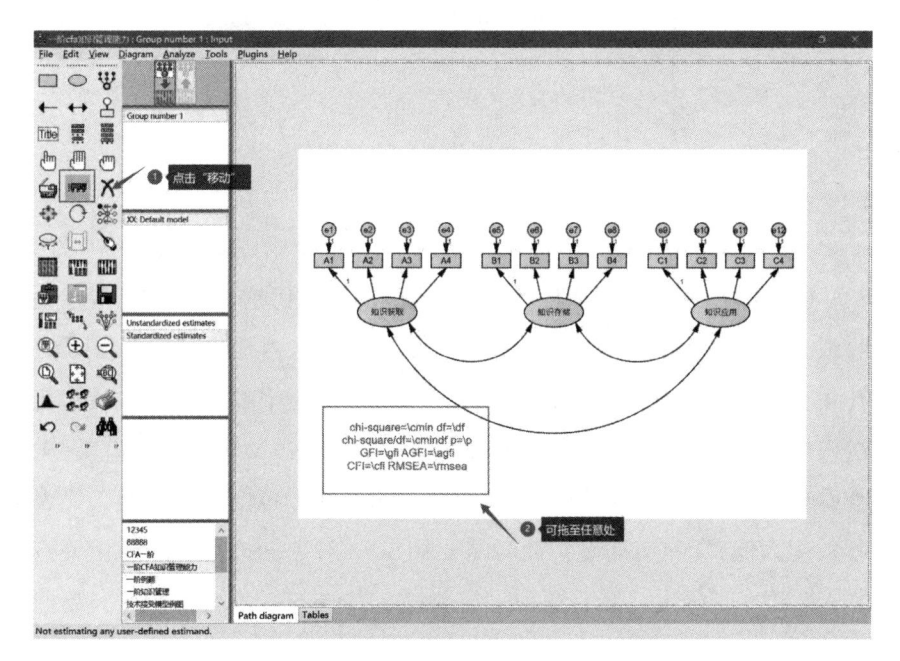

图 6-68

（8）设置路径因素负荷量为1（此步骤按需要操作）。由于潜变量与每个观察变量之间的计量单位是不相同的，需要设置某一路径上的因素负荷量为1，设置其中一个后，其他几个就会以这个为参照。一般在创建模型时系统会自动设置1，若有，忽略此步骤；若没有，需要将任意一条路径的因素负荷量手动设为1，具体操作见图6-69。

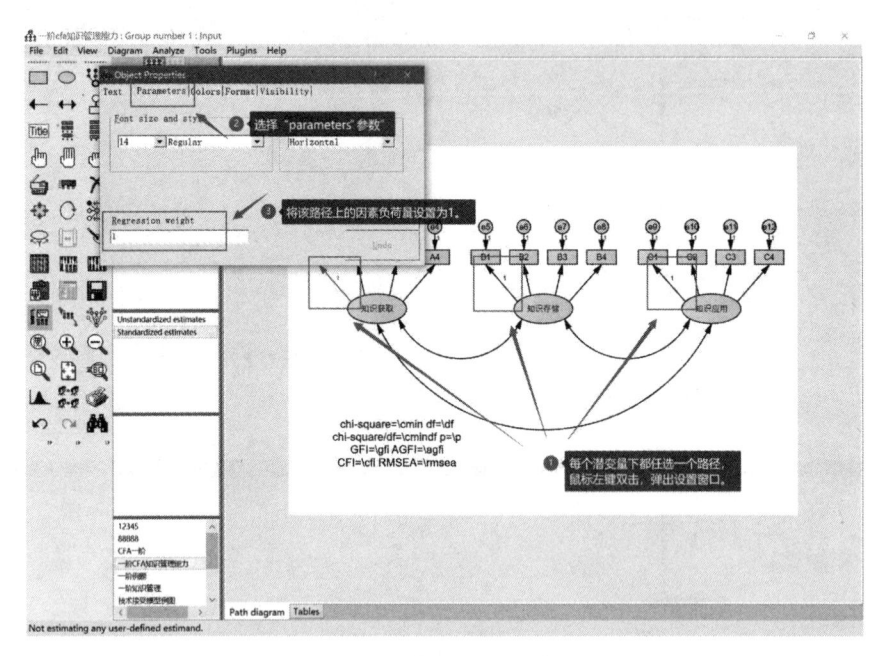

图6-69

（9）进行运算，查看迭代次数。一般来说，迭代越快，代表模型越快收敛，太大或太小都存在问题，一般几次或十几次内迭代完毕。在图6-70中，查看第④步中的Iteration（迭代），若显示的迭代次数在几次或十几次内，代表模型正确；若显示"Iteration 1（迭代1次）"，代表画图错误，需查看是否已设置某一路径值为1；若显示"Iteration 49（迭代49次）"，代表收敛度太低，资料有问题。此时需要用SPSS对数据进行皮尔逊相关检验，将相关过高或过低的题项进行删减。如图6-71所示，在本次数据中，迭代了10次，可以接受，代表模型无误。

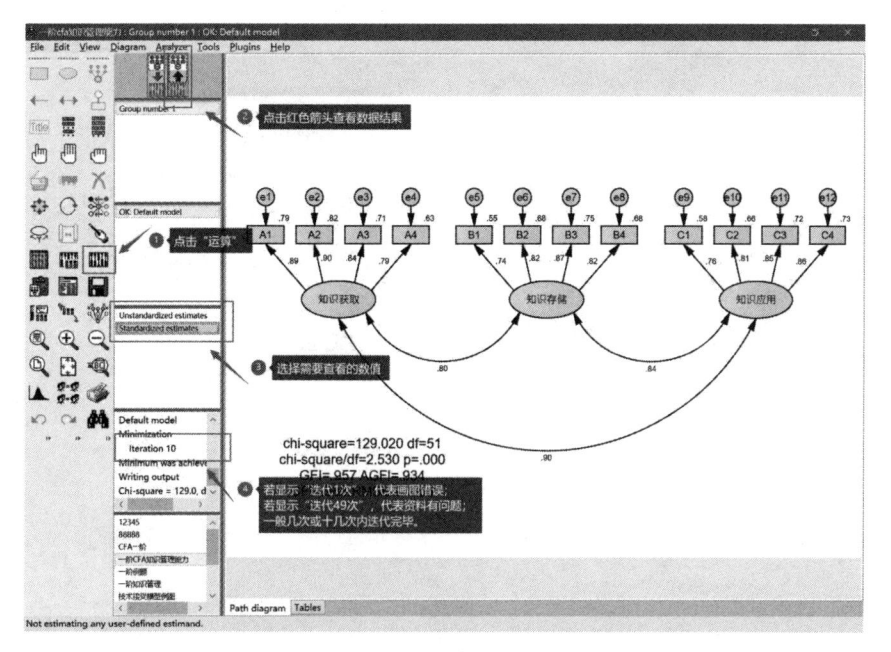

图 6-70

（10）对数据结果进行解释。按图 6-71 所示，点击标准化估计数值，查看因素负荷量（factor loading）和 SMC 值（也称为 R Square、题目信度），评估题项的信度，进行删减。同前文所述，首先查看因素负荷量的值，其代表因素构念的聚敛效度。一般因素负荷量最低要大于 0.6，大于 0.7 较为理想，若自设问卷可降低至 0.5，具体是否需要删除自行评估。如 0.58、0.59 等值，自行决定。其次，查看 SMC 值，其代表每个测量指标是否有效反映其对应的潜变量。SMC 值最低要大于 0.36，大于 0.5 较为理想，最高不超过 0.95。一般来说，要结合两者，进行题目的删减。在图 6-71 中，所有因素负荷量均大于 0.7，SMC 值大于 0.5，证明所有题项均可保留。（注意：首先查看因素负荷量，不满足首先确定删除，再查看 SMC，结合两者进行衡量删减。若某维度下原本仅有三个题目，一般都需保留。）

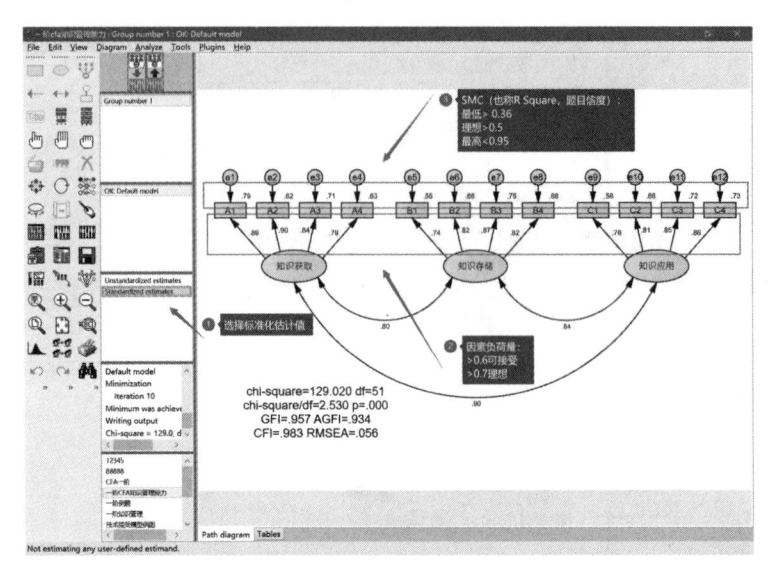

图 6-71

Title 数值解读：卡方值除以自由度在 3 以内最好，5 以内可接受；GFI、AGFI、CFI 代表相似性指标，要在 0.8 以上较好，大于 0.9 为理想；RMSEA 代表相异性指标，0.08 以内可接受，0.05 以内为理想。由图 6-72 中看出，我们的数据较为完美。若 Title 数值存在较大问题，需考虑可能是残差不独立造成的。

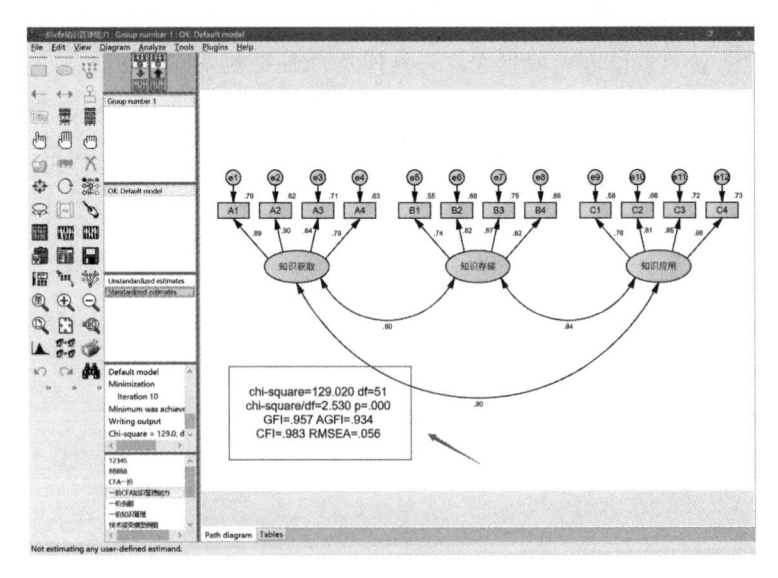

图 6-72

除了在图中直接查看，也可打开"Amos Output"中的"Estimates"查看。Regression Weights 是非标准化的值，代表路径系数是否显著、有无统计学意义。Standardized Regression Weights 是因素负荷量的值，代表测量变量在各潜在因素的相对重要性。因素负荷量越大，代表该指标变量能有效反映其要测得的潜在构念特质。在图 6-73 和图 6-74 中，各路径系数均显著，"知识获取"对 A1 的直接效果值为 0.888，其预测力（解释变异量）为 0.888×0.888≈0.789，也就是 SMC 值。

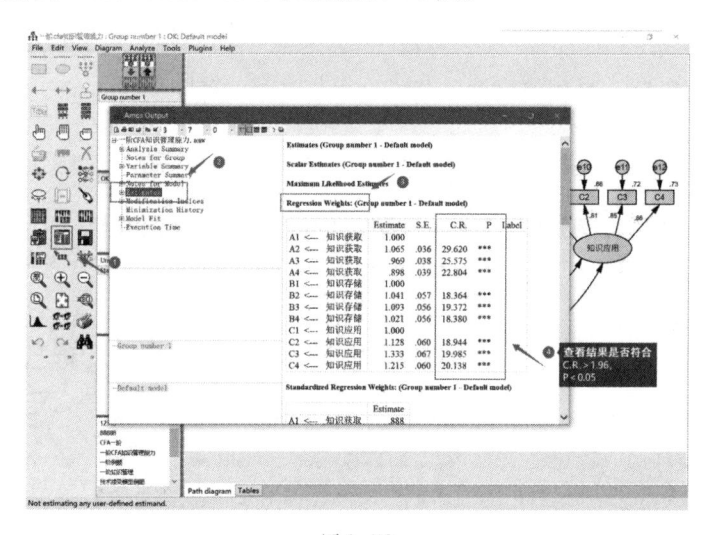

图 6-73

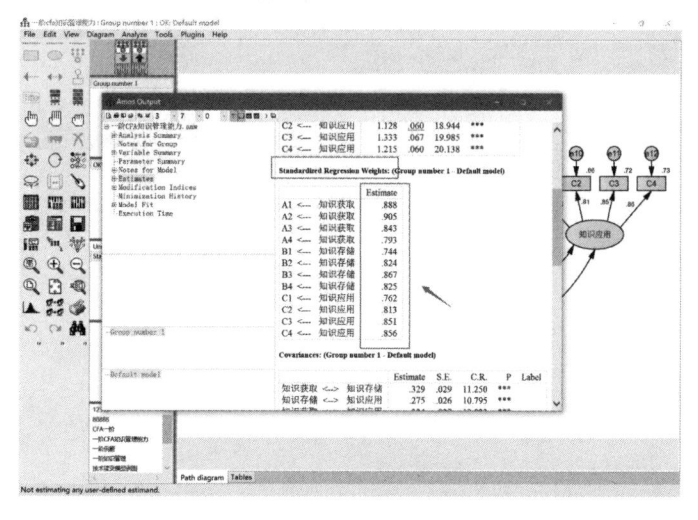

图 6-74

(11)模型质量指标的解读。除了查看Title，也可以打开Model Fit查看。由于卡方值容易受到样本大小的影响，在大样本的情况下卡方值几乎均会达到0.05显著水平，拒绝假设模型（即模型与实际数据间存在显著性差异），因此适配度卡方值只起参考作用。CMIN/DF的值5以内可接受，3以内代表模型较好；GFI、AGFI、CFI代表相似性指标，大于0.8可接受，大于0.9为理想；RMSEA代表相异性指标，0.08以内可接受，0.05以内为理想；PGFI要大于0.5。如图6-75、图6-76所示，本例中各个数值都在范围内，说明模型的拟合质量还不错，模型结构不错，即问卷的结构不错，能较好反映要测的指标。我们也可以选择继续进行深入修正。

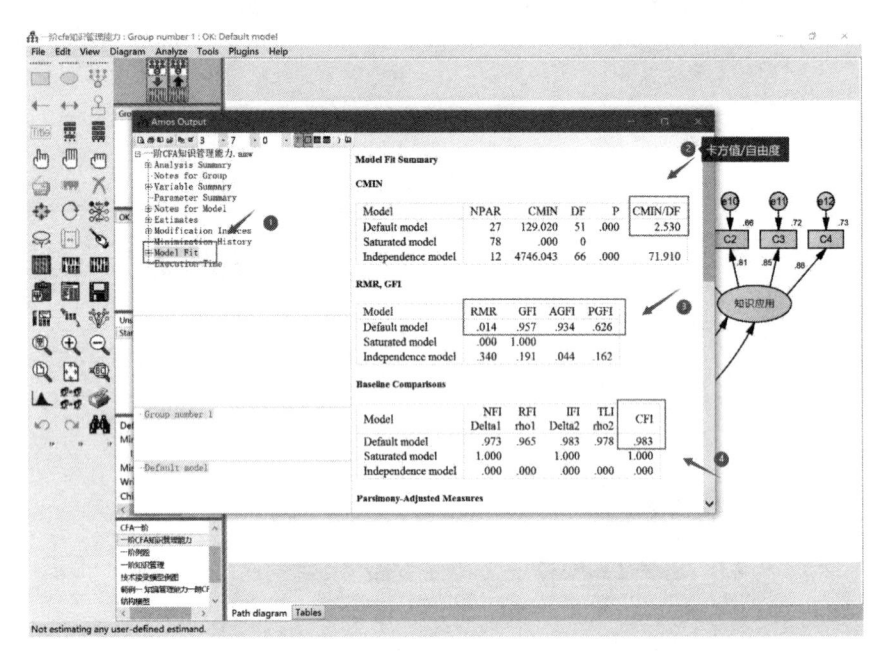

图6-75

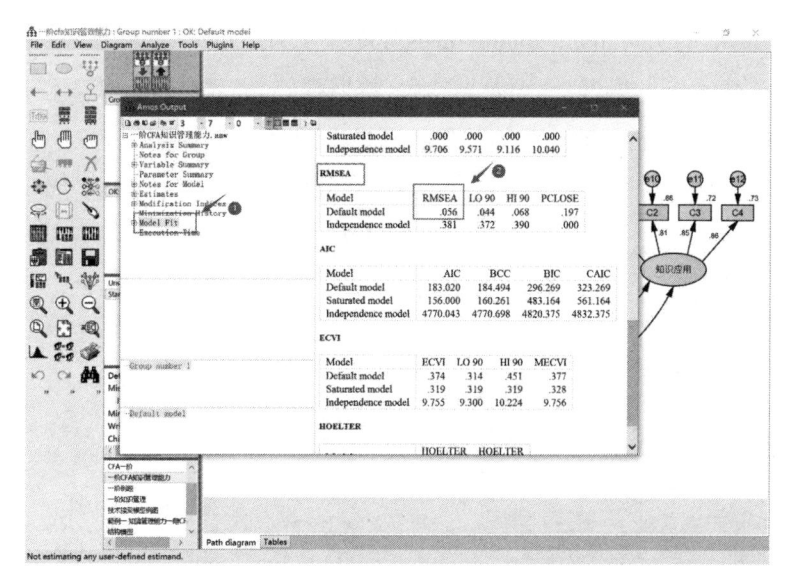

图 6-76

（12）模型修正。一般来说，每个潜变量都包含至少三个测量指标（一般先构想5~6个题目），当模型数值不是特别完美时，可适当进行题目的删减，对模型进行修正。本例中的模型已经在接受范围内了，可直接结束分析，不继续修正，但为了演示操作，将继续修正。一般分为三步。

首先，优先锁定因素负荷量和SMC值较低的题项，从图6-77可以看出，B1和C1可能是优先要删除的题项。

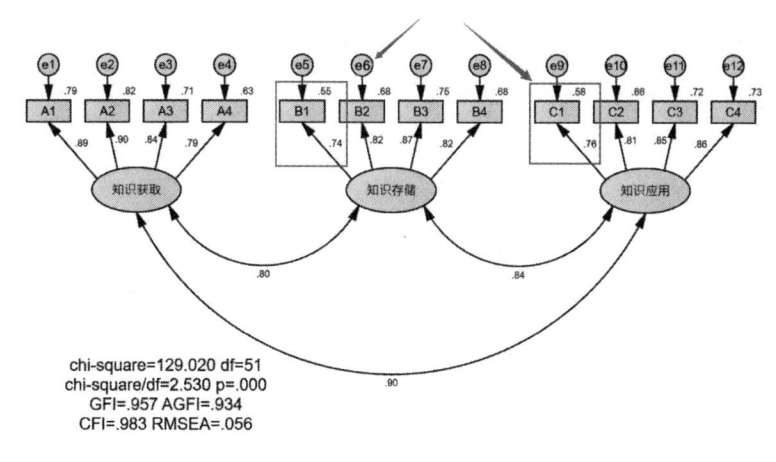

图 6-77

其次，打开"Modification Indices"，查看"Covariances"。在图6-78中，M.I.值代表卡方值，值越大差异越大，数据越差。Par Change代表拉相关后对应线上的系数值。我们首先找到最大的M.I.值，可以看到对应的是e1和e2相关，即e1和e2残差高度相关。本处代表若e1和e2之间拉相关，则卡方值至少会减少20.700的值，对应的相关参数值会增加至少0.031。因此，e1或e2对应的题目A1或A2可能要考虑删除。

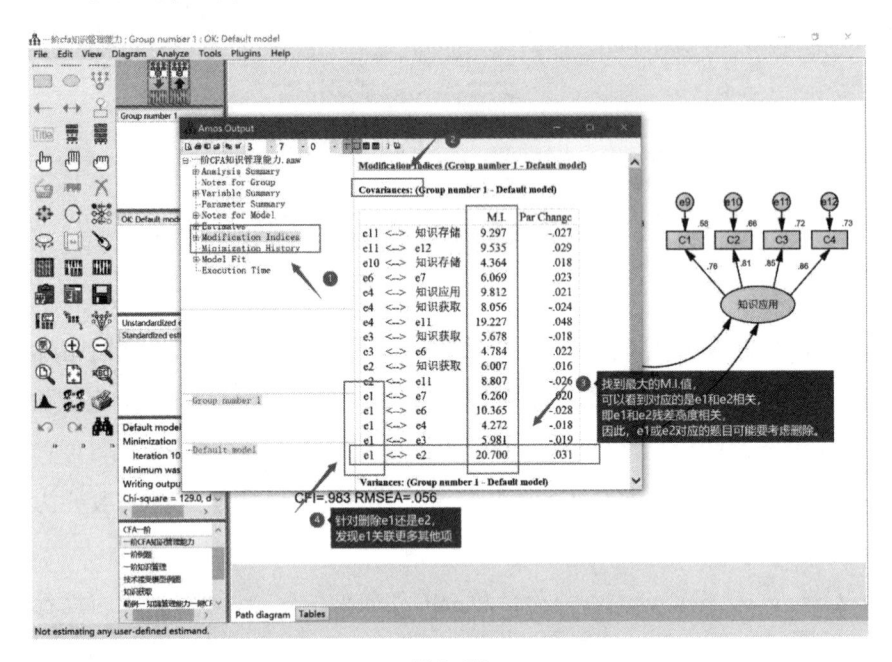

图6-78

如图6-79，是拉相关后的数值，卡方值等数据有了改善，但只在e1和e2间拉相关并不好对此进行解释，且构面中目前仍存在4个题目，因此我们选择删减题目。图6-78中显示，e1关联了更多其他项，因此，我们选择删除e1对应的A1题项，再次进行运算。

最后，重新运算，对数值结果进行解释。删除题项的操作见图6-80所示。删除时要注意，若所删除题项对应的是因素负荷量设置为1的线，要重新设置一条线的因素负荷量为1，若不是，则第②步跳过。重新运算后见图6-81，可以看到数值有了改善。因此，我们最终决定"知识获取"留下3道题，其余各4道题。若数值依旧不满意，可继续重复本部分操作,查看M.I.值,进行多道题目的删减,要注意每个潜变量下最少留有三个测量指标。

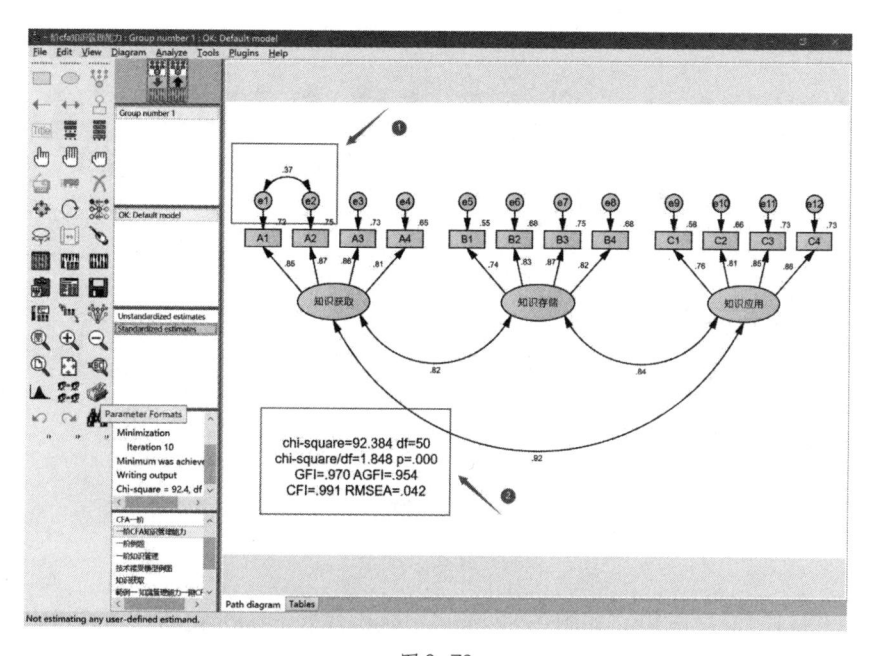

图 6-79

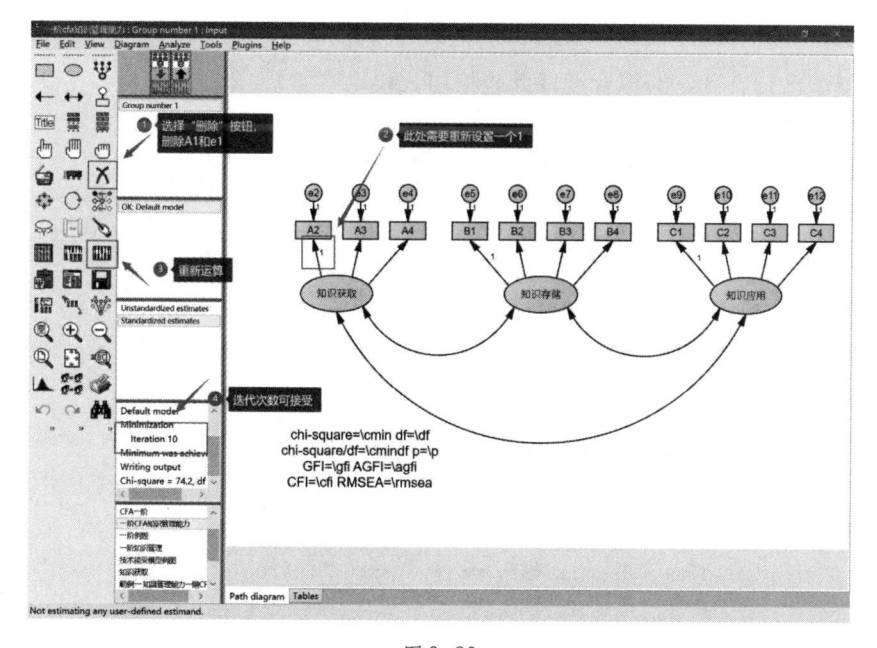

图 6-80

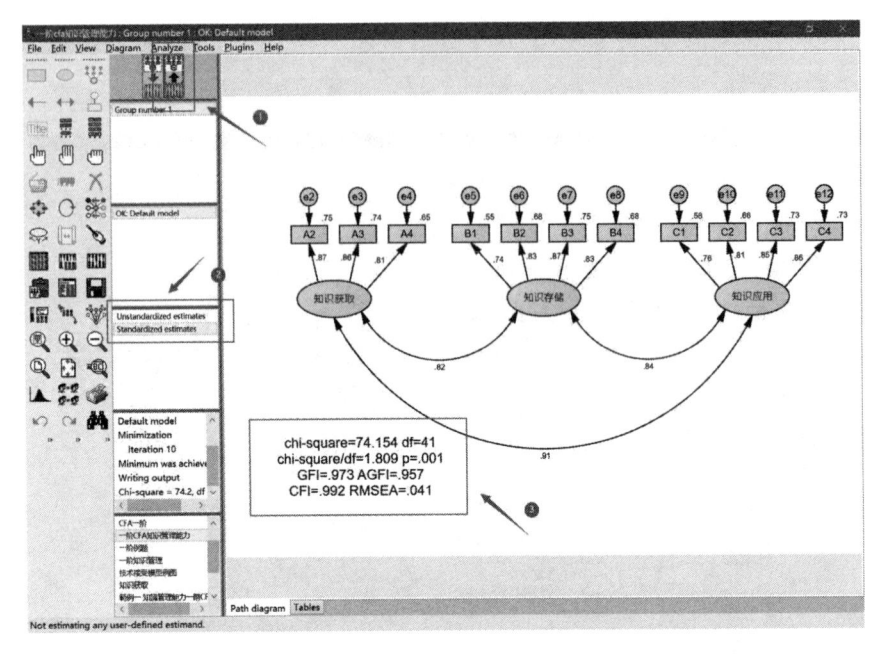

图6-81

(13)汇总表格。如图6-82所示,Unstd.代表非标准化估计值,Std.代表标准化估计值,T-value即为C.R.值,均可在Output中查看到。一般来说,组成信度CR值0.7可接受,建议值为0.6以上,AVE应为0.5以上。此模型已具有良好的拟合度。(此表格格式仅供参考)

		参数显著性估计				因素负荷量	题目信度	组成信度	收敛效度
		Unstd.	S.E.	T-value	P	Std.	SMC	CR	AVE
知识获取	A2	1.000				.869	.755	.883	.716
	A3	.966	.039	24.684	***	.860	.740		
	A4	.896	.040	22.285	***	.809	.654		
知识存储	B1	1.000				.743	.552	.888	.666
	B2	1.047	.057	18.380	***	.827	.684		
	B3	1.093	.057	19.275	***	.865	.748		
	B4	1.024	.056	18.345	***	.825	.681		
知识应用	C1	1.000				.760	.578	.892	.675
	C2	1.131	.060	18.868	***	.813	.661		
	C3	1.339	.067	19.947	***	.853	.728		
	C4	1.219	.061	20.047	***	.856	.733		

图6-82

(四)中介效应检验

中介效应(mediating effect)是建立在二元关系变量之上,引入了第三个变量。一般情况下,我们常常只研究自变量 X 与因变量 Y 之间的关系,即是否有 $X \to Y$ 的关系。中介效应模型中常见的研究问题包括:①自变量与因变量间是否有影响关系?②如果有,这个过程如何产生的?③是否考虑了所有的过程?④如何评估这些中介效果的有效性?⑤哪些中介效果比较有影响力?

如图6-83所示,我们认为父母支持(X)对青少年的学习成绩(Y)有正向影响。在确定了 X 对 Y 有影响的基础上,X 是怎么影响 Y 的,X 与 Y 关系的存在是否需要一定的条件呢?再次深入挖掘,继续产生以下问题:父母支持通过什么途径影响了青少年的学习成绩?父母支持在什么条件下会影响青少年学习成绩?在不同条件下,父母支持和学习成绩的关系是否不同?是否可能存在一个变量同时影响父母支持和学习成绩,从而使得两者之间表现出一定的相关关系?这就使得我们着眼于研究 X 与 Y 之间更多的条件可能性。

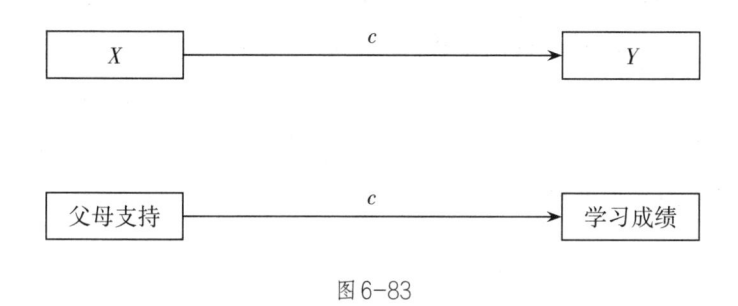

$$X \xrightarrow{c} Y$$

$$\text{父母支持} \xrightarrow{c} \text{学习成绩}$$

图6-83

如图6-84所示,我们认为青少年的学习投入在父母支持和学习成绩之间起到一定的影响作用。较高的父母支持(X)通过提高青少年的学习投入(M),间接导致学习成绩(Y)的提高,此时学习投入就成了这一因果链当中的中介变量。

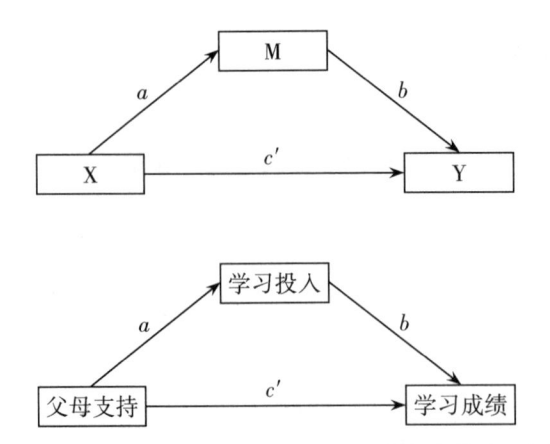

注：a 表示自变量对中介变量的回归系数，b 表示中介变量对因变量的回归系数，c′ 表示控制中介变量后自变量对因变量的回归系数。

图 6-84

中介变量（mediator，即内生变量）是一个重要的统计概念，用来解释自变量"如何"或"为何"对因变量产生影响。如果自变量 X 通过某一变量 M 对因变量 Y 产生一定影响，则称 M 为 X 和 Y 的中介变量。如果变量 M 是自变量 X 和因变量 Y 的中介变量，则会满足：X 直接或间接导致了 M，M 直接或间接导致了 Y。一个模型中可以有一个或多个中介变量，形成序列或平行路径（也可以同时存在）。有一个中介变量称为简单中介模型，有两个中介变量称为二因子中介模型，有多个中介变量称为多重中介模型。图 6-85 中都是二因子中介模型（或多重中介模型），分别为序列和平行路径关系。

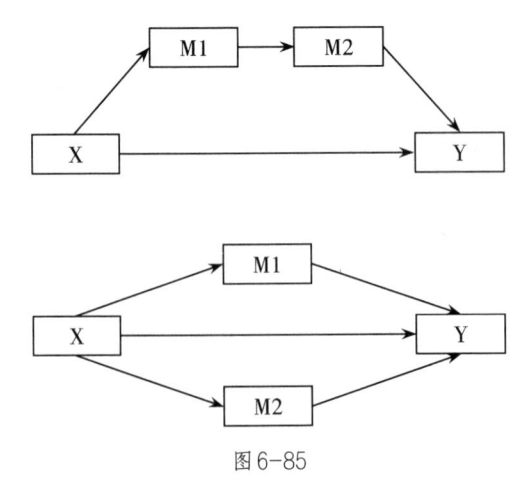

图 6-85

上述图示中展示的都是显变量(观察变量)的中介效应,其中,X、Y、M也可以是潜变量(潜变量),如下图6-86。中介效应涉及两个路径系数的乘积,当使用指标的均值作为显变量时,若合成信度为0.9,则中介效应的估计值是实际中介效应的80%左右(0.9*0.9)。因此,在验证中介效应时,若使用的变量都是观察变量,所估计出来的带有偏差的参数会影响中介效应的计算。而使用潜变量可以消除测量误差对参数估计的影响,在估计中介效应时更加准确。相比之下,我们更建议使用潜变量(应提前做好因素分析)。

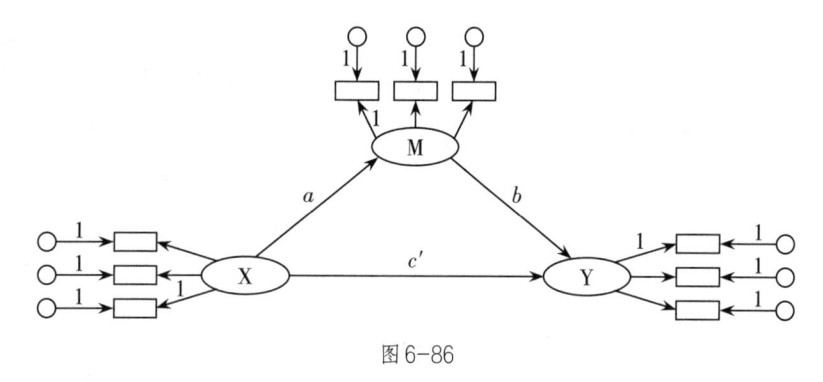

图6-86

中介效应的检验原理如下图6-87:a 表示 X 到 M 的系数,b 表示 M 到 Y 的系数,c 表示 X 到 Y 的总效果,c' 表示 X 到 Y 的直接效果。如果 M 为 X 到 Y 的中介,则需满足下列条件。

①$M=aX, a \neq 0$,且显著;

②$Y=cX, c \neq 0$,且显著(总效果);

③$Y=bM+c'X, b \neq 0$,且显著;

如果 $c' \neq 0$,则 M 为 X 到 Y 的部分中介(partial mediation,也称偏中介效应);如果 $c'=0$,则 M 为 X 到 Y 的完全中介(complete mediation);$a*b$ 表示中介效应,并且总效应等于直接效应与中介效应的和,即 $c=a*b+c'$。

部分中介效应是指,X 影响 Y 时,一部分是直接影响,一部分是通过中介变量 M 去影响。完全中介效应是指,X 影响 Y 时,如果全部是通过中介变量 M 去影响,即 X 要想影响 Y,一定首先通过 M 才能影响到 Y。

图6-87

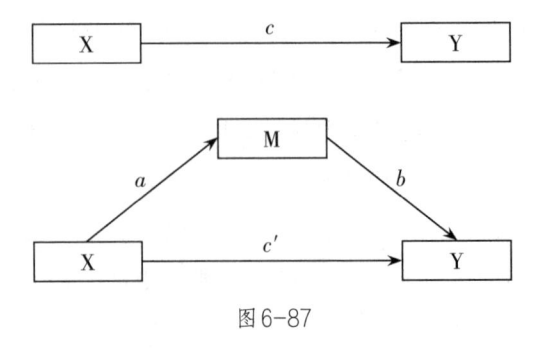

总之,中介效应并非分析方法,而是一种关系的描述。研究中介效应的目的是在已知X和Y关系的基础上,探索产生这个关系的内部作用机制。通过这种机制,自变量可以去影响因变量。在这个过程中可以把原有的关于同一现象的研究联系在一起,把原来用来解释相似现象的理论整合起来,而使得已有的理论更为系统。中介变量的研究不仅可以解释关系背后的作用机制,还能整合已有的研究或理论,具有显著的理论和实践意义。

本部分我们将以显变量中介效应为例,来研究一个企业的服务品质与满意度、忠诚度之间的关系:顾客因为服务品质高,所以对企业有很高的满意度,进而产生对该企业产品的忠诚度,即满意度是服务品质到忠诚度之间的中介,主要框架见下图6-88。

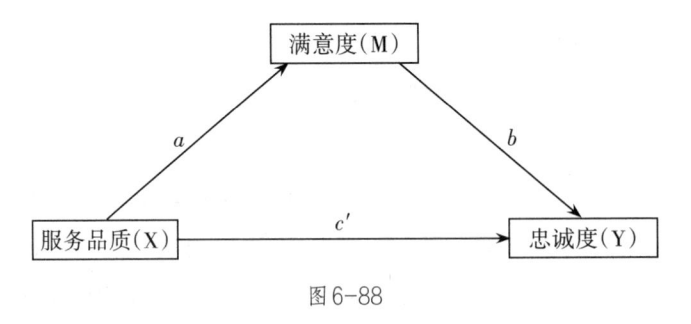

图6-88

根据SPSS文件中的数据显示,服务品质(SQ)包含了有形性、可靠性、回应性、保证性和同理心五个二阶维度,五个二阶维度下一共包含了SQ1~SQ21共二十一个题项;满意度(SAT)下有CS1~CS5,共五个题项;忠诚度(LOY)下有AL1~AL3,共三个题项。

(1)绘制框架图。打开AMOS，点击"File"→"New"新建画布。通过"View"中的"Interface Properties"将纸张设置为A4横向。此处我们首先进行显变量中介效应分析，因此要用长方形画图，而非椭圆形。被箭头刺到的变量要添加残差，再将残差命名，见下图6-89。

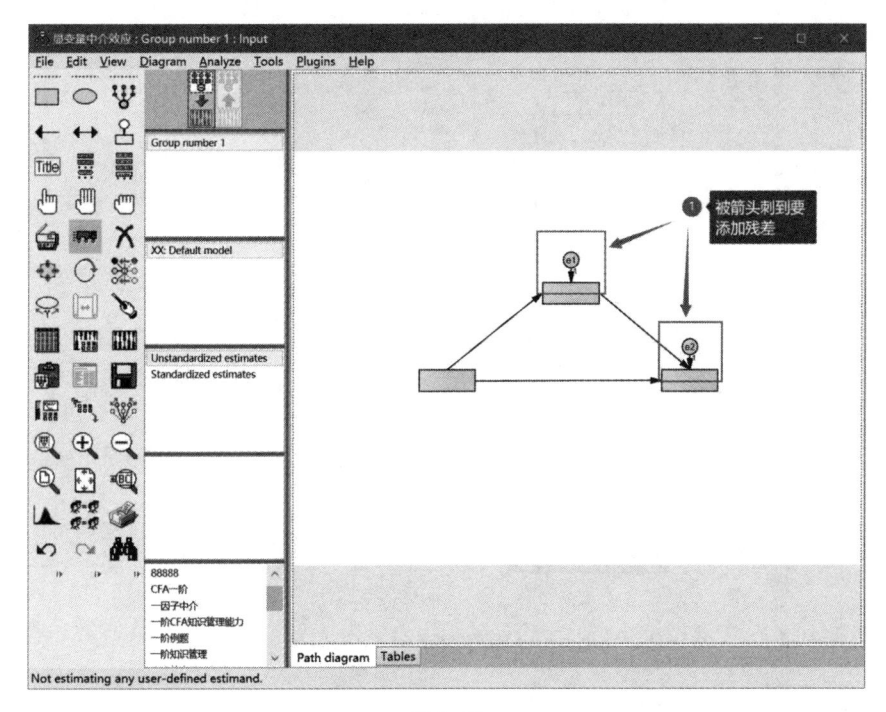

图6-89

(2)选择数据。按图6-90的步骤，点击"选择文件"按钮，导入"中介效应"文件。这里要注意，在进行显变量分析时，我们要利用服务品质(X)、忠诚度(Y)、满意度(M)三个变量的平均值进行分析。图6-91显示，SPSS中我们已求得X、Y、M的均值，直接拖入对应方框内即可。SPSS文件默认会显示数据标签，因此方框内会显示汉字而非字母。

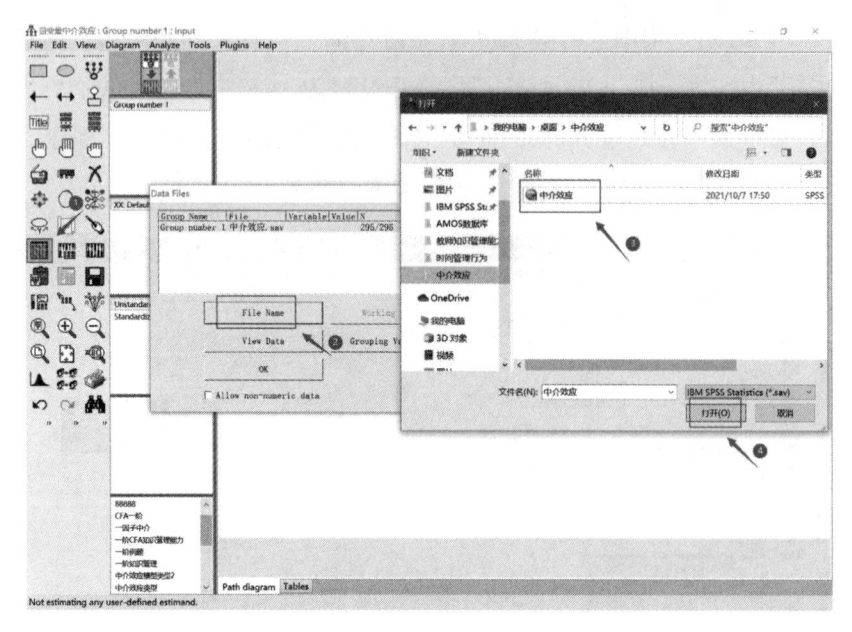

图 6-90

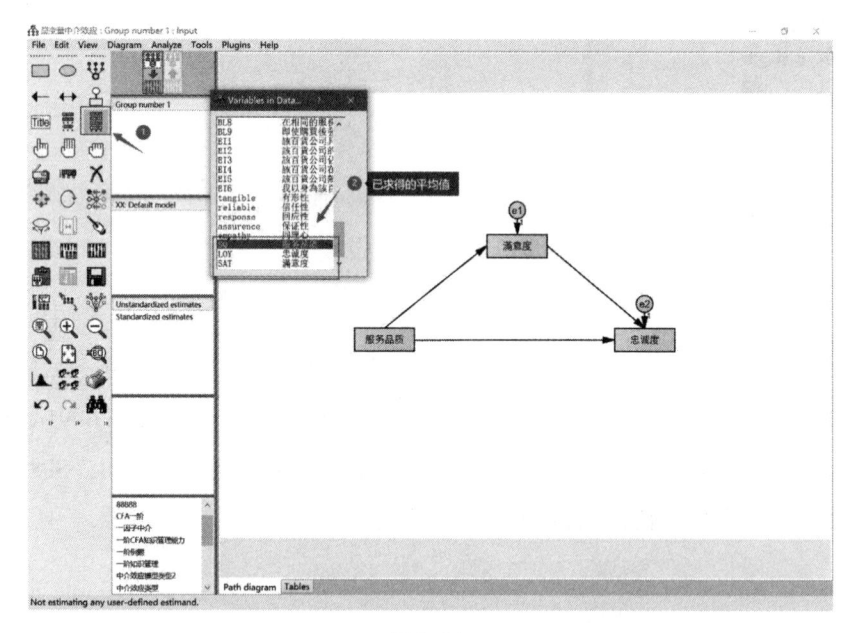

图 6-91

（3）设置输出结果。按图 6-92，图 6-93 操作，首先在"Output"中勾选"标准化估计"和"间接、直接、总效应"两个选项，其次，打开"Bootstrap"，一般样本数要大于100，执行次数一般建议至少执行1 000次，以2 000~5 000次比较理想。其皆采用95%置信区间。

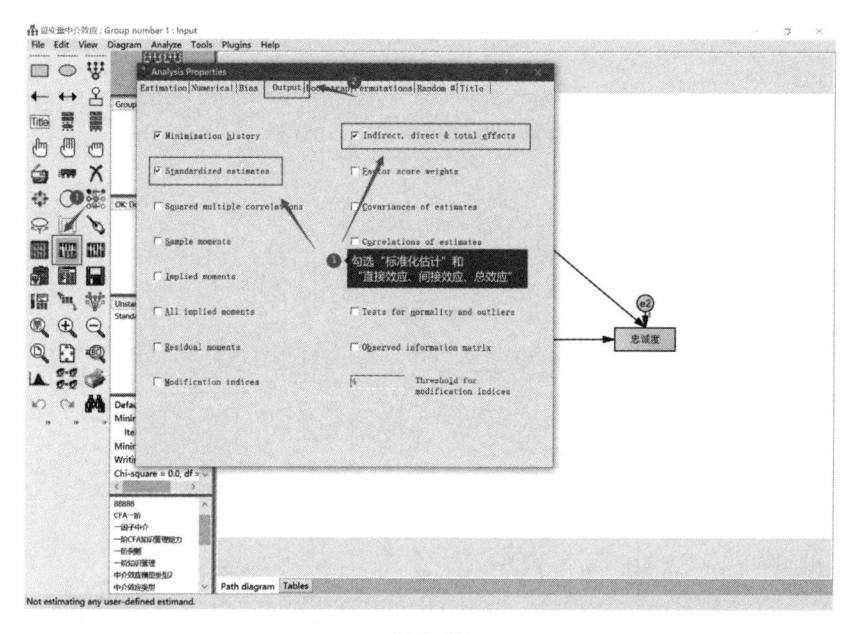

图6-92

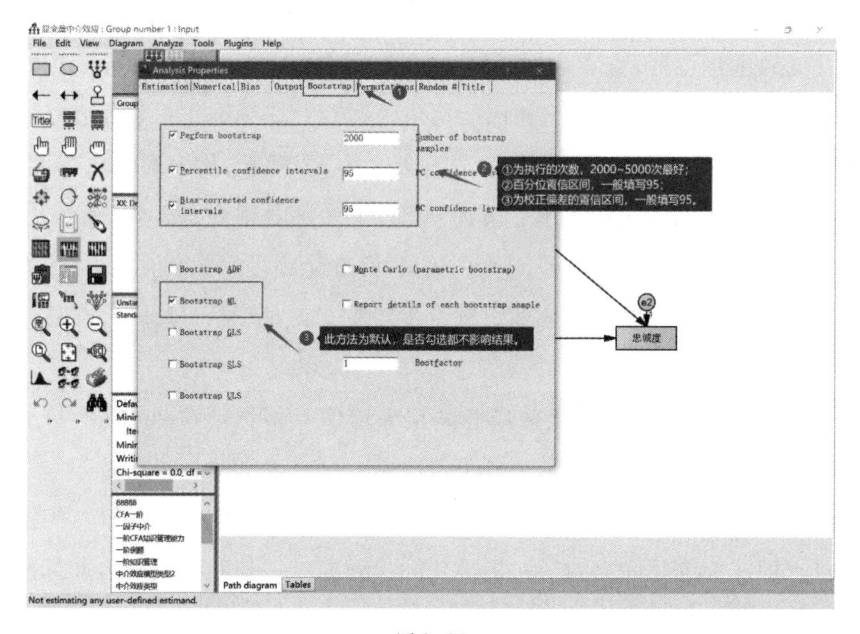

图6-93

(4)设置标签。为了方便区分,我们将三条线命名。如图6-94所示,鼠标双击线条,在弹出的"Object Properties"窗口中,找到"Parameters",在"Regression weight"处输入字母。

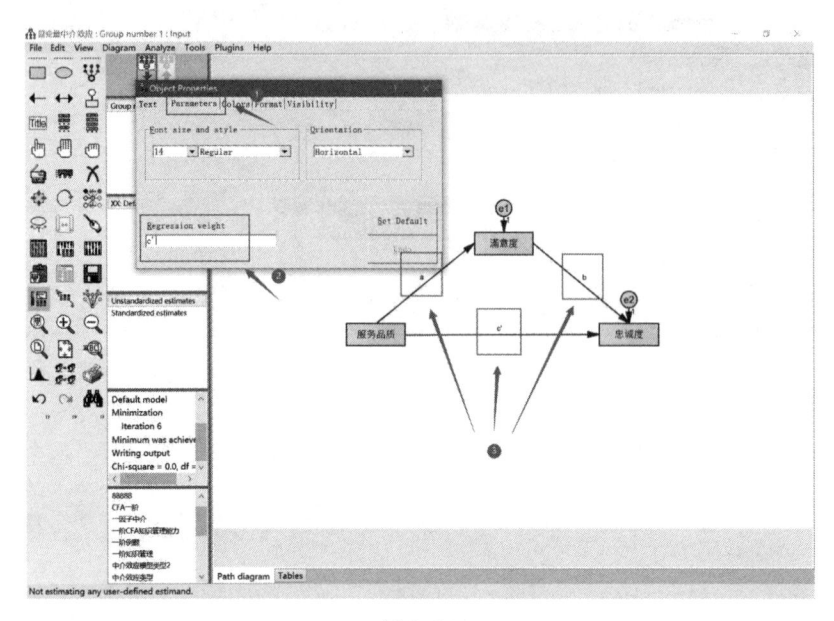

图6-94

(5)进行运算,查看数据结果。打开"运算结果",查看"Output"中的"Estimates",查看非标准化和标准化路径系数。非标准化系数代表路径系数的显著性,标准化系数代表影响力大小,值越大,代表影响力越大。根据定义可知,若 a 显著,b 显著,c' 显著,代表部分中介;若 c' 不显著,代表完全中介。图6-95表示,本例中的非标准化路径系数P值显著,代表三条线都成立,即服务品质通过满意度影响忠诚度,且 c' 显著,存在部分中介效应。

(6)查看总效应、直接效应和间接效应值。根据图6-96步骤,打开"Output"中的"Matrices",从上到下依次是:总效应(即非标准化总效应)、标准化总效应、直接效应(即非标准化直接效应)、标准化直接效应、间接效应(即非标准化间接效应)、标准化间接效应。一般我们只报告非标准化的值。如图6-96显示,在"Direct Effects"中找到X与Y对应的SQ(服务品质)和LOY(忠诚度),可以看出直接效应值 c' 为0.461;在"Indirect

Effects"中可以看出，间接效应值 a*b 为 0.264，即为 Direct Effects（直接效应表）中剩余两个数值，0.787 与 0.335 的乘积。

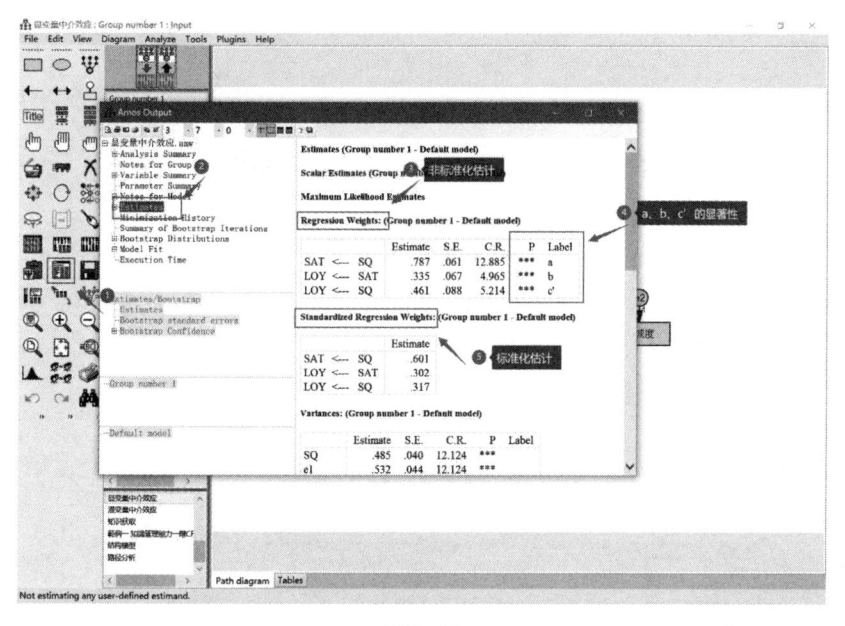

图 6-95

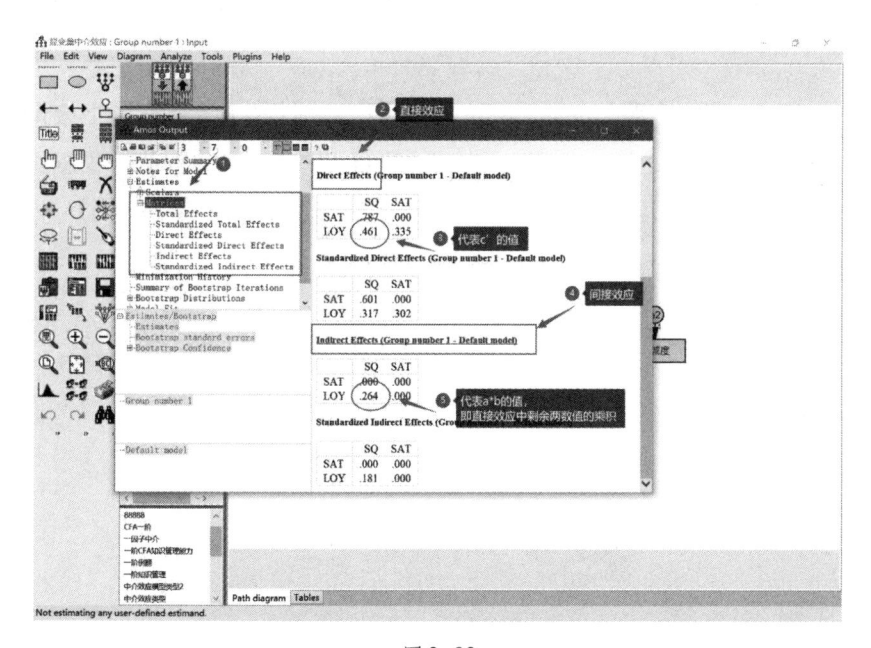

图 6-96

接着，按图6-97步骤，点击"Total Effects"，找到SQ与LOY对应的数值0.724，即为总效应c，它等于a*b+c'的值（0.264+0.461）。这里发现会有0.01的误差，是由于系统四舍五入造成的，可以直接忽略此误差。

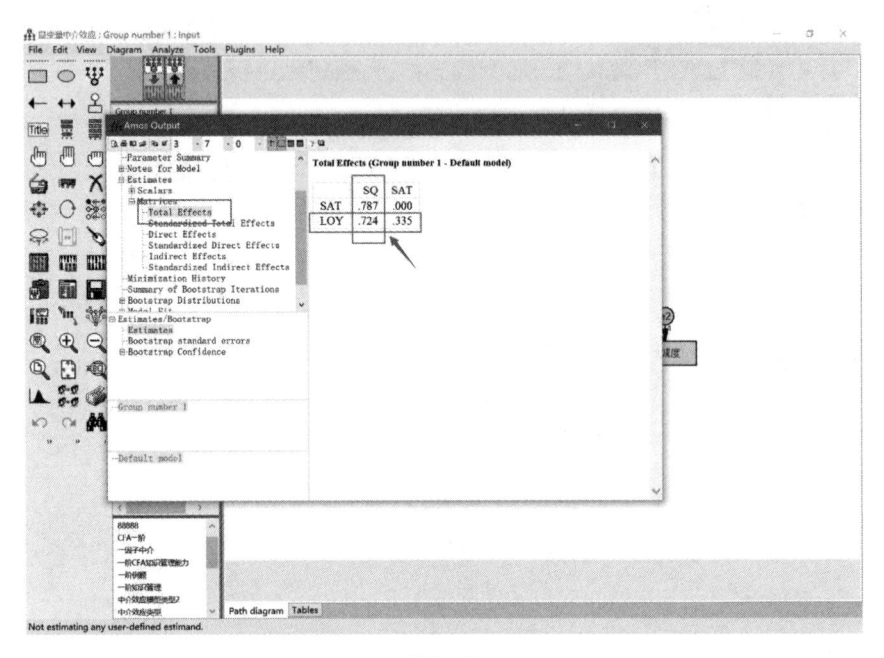

图6-97

（7）查看标准误。先点击"Matrices"下的各个效应，再点击下方的"Bootstrap standard errors"，找到SQ(X)与LOY(Y)对应的数值。根据图6-98、图6-99、图6-100，可以得出总效应标准误为0.105，直接效应标准误为0.136，间接效应标准误为0.077。

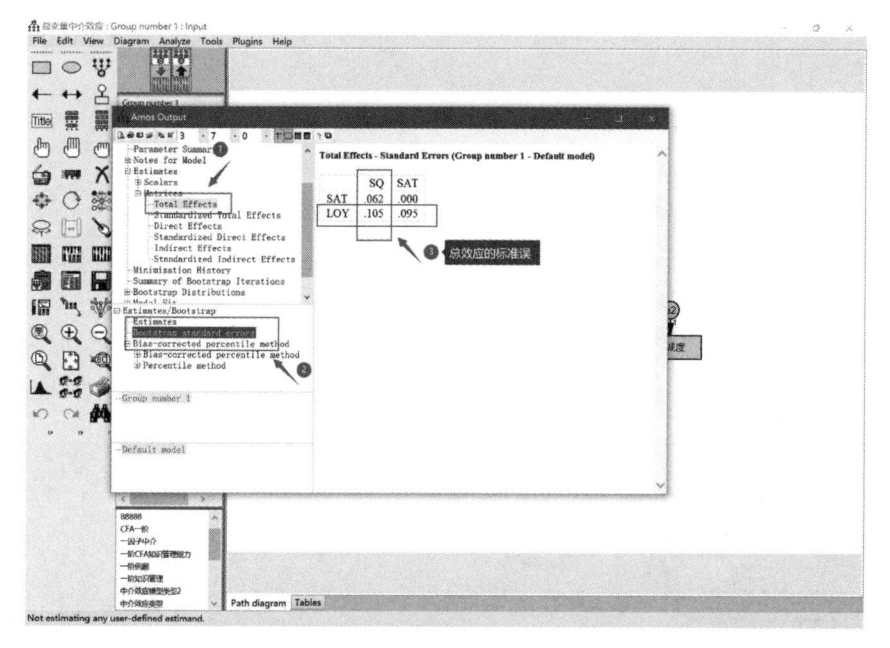

图 6-98

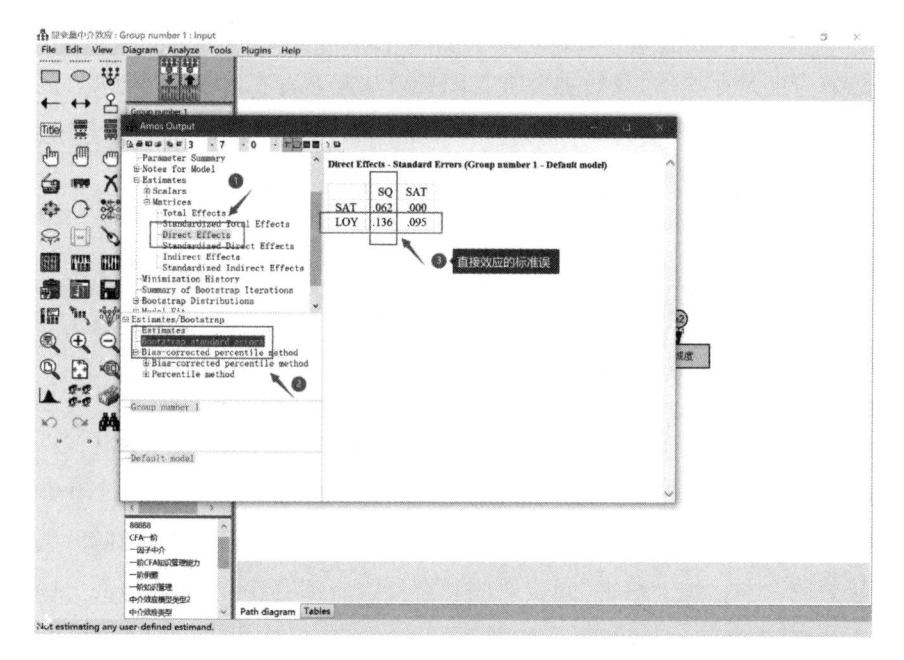

图 6-99

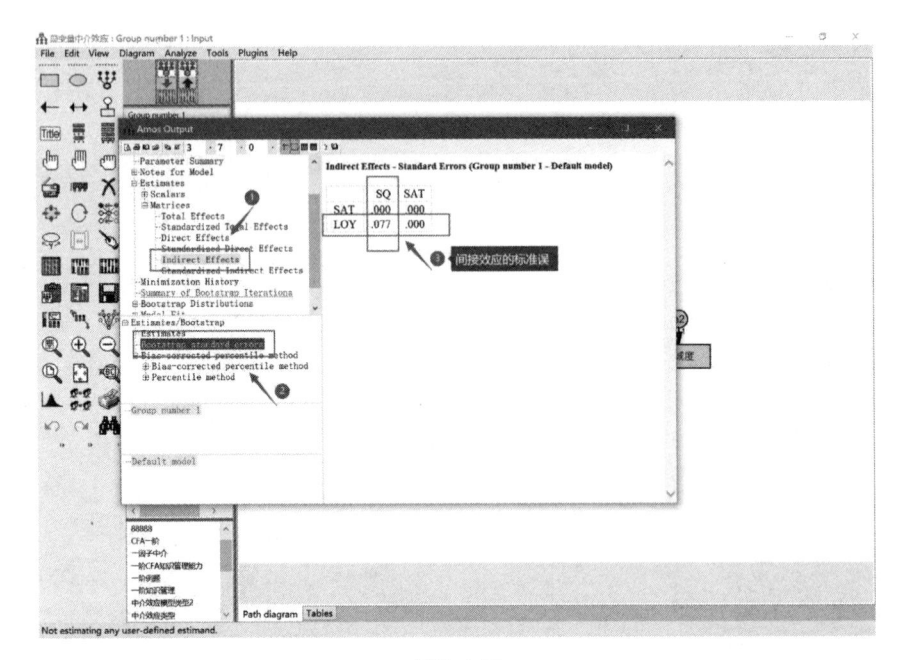

图6-100

（8）查看区间上下限（即区间左右端点值），判断显著性。一般来讲，总效应都是存在的，我们主要查看间接效应是否存在。判断方法是：区间是否包含0。若没有包含0，且P显著，就代表效应存在。并且，当总效应和间接效应都存在时，若直接效应不显著，就是完全中介，显著，就是部分中介。

先点击"Matrices"下的各个效应，再点击下方"Bias-corrected percentile method"中的"Bias-corrected percentile method"，即可查看各个效应的上下限及显著性。图6-101中，可以看出总效应区间0.484~0.908，不包含0，且显著性P=0.002<0.05，证明总效应存在；图6-102中，直接效应区间0.153~0.687，不包含0，且显著性P=0.006<0.05，直接效应存在；图6-103中，间接效应区间0.131~0.431，不包含0，且显著性P=0.001<0.05，间接效应存在。综上可得，间接效应和直接效应都存在，本例中为部分中介效应，与第（5）步骤中的结论一致。（注意：若不一致，以此方法为准）。

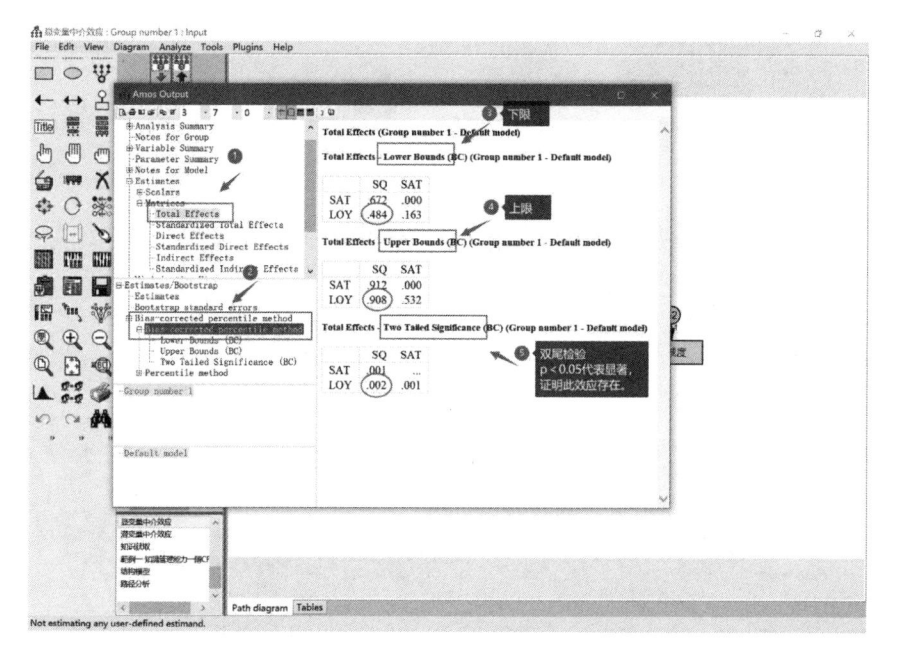

图 6-101

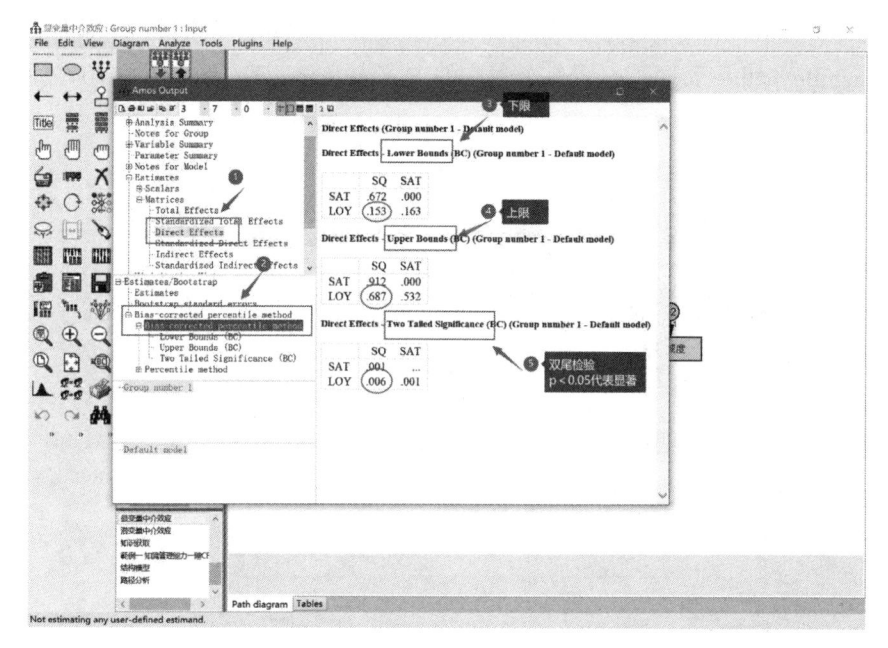

图 6-102

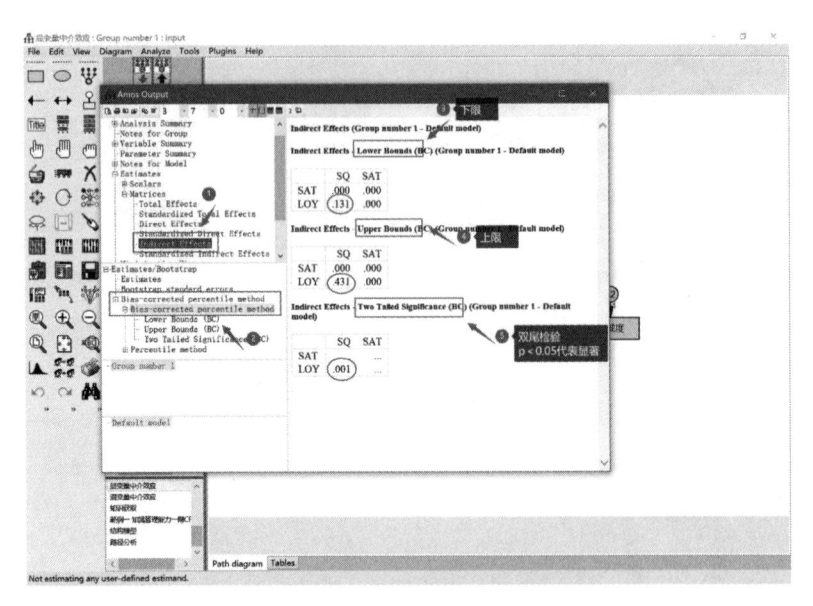

图6-103

"Percentile method"数值的查看方法与上文一致。先点击"Matrices"下的各个效应,再点击下方"Bias-corrected percentile method"中的"Percentile method",即可查看各个效应的上下限及显著性,见下图6-104(总效应)、图6-105(直接效应)、图6-106(间接效应)。

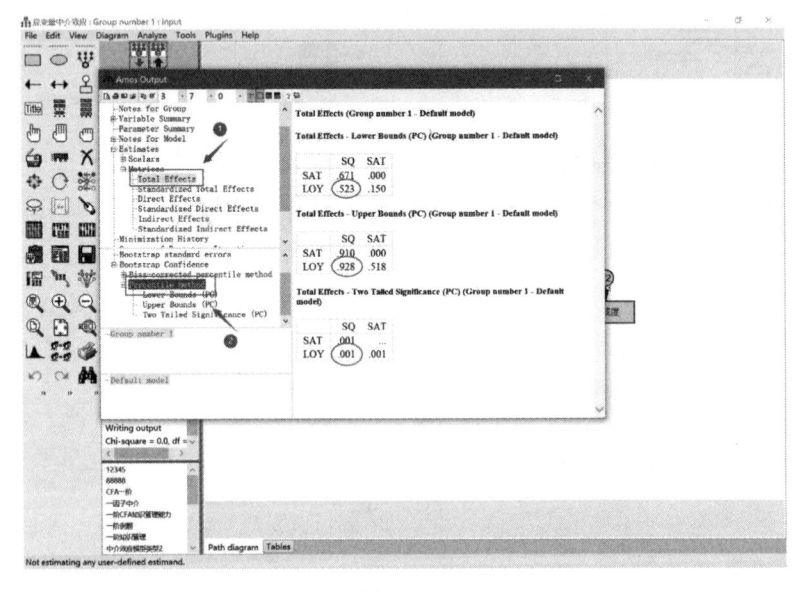

图6-104

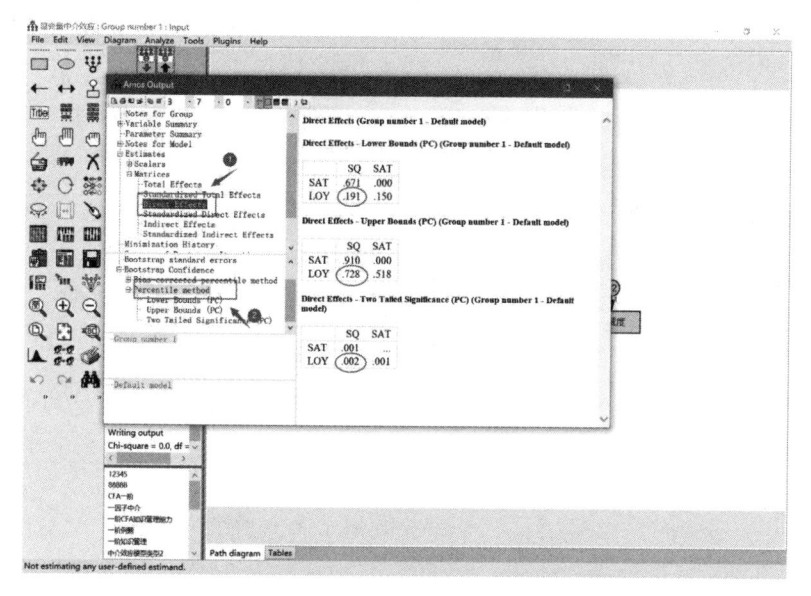

图6-105

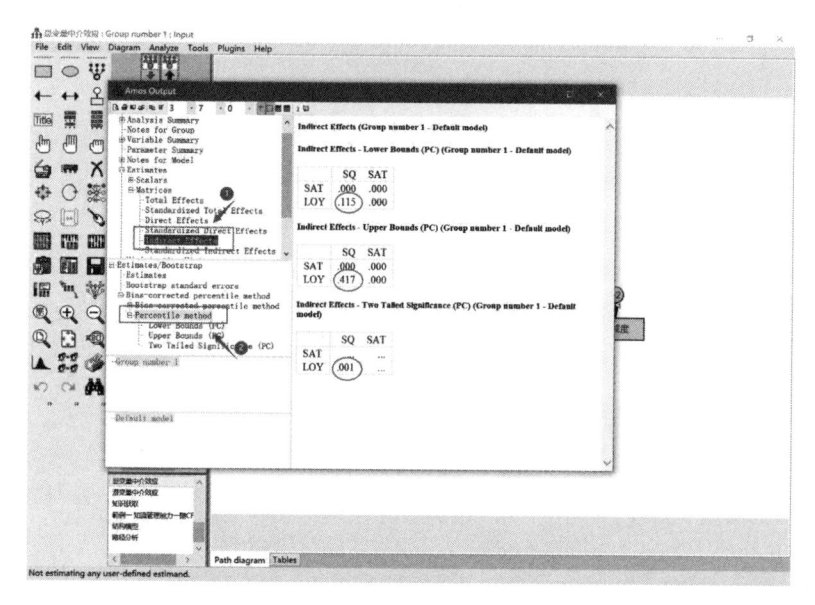

图6-106

(9)汇总表格。如图6-107所示,其中Z值等于点估计值除以对应的SE。若Z>1.96,代表此效应显著。本例中,三个Z值都大于1.96,因此三个效应都存在,即存在部分中介效应。(注意:如果要报告P值,需要根据Z值去寻找对应的双尾P值,而不是上图左右区间表里的P值。)

变量	点估计值	系数相乘积 Product of Coefficients		Bootstrapping			
				Bias-corrected 95% CI		Percentile 95% CI	
		SE	Z	Lower	Upper	Lower	Upper
Total Effects							
SQ→LOY	.724	.105	6.895	.484	.908	.523	.928
Indirect Effects							
SQ→LOY	.264	.077	3.429	.131	.431	.115	.417
Direct Effects							
SQ→LOY	.461	.136	3.390	.153	.687	.191	.728

图 6-107

第七章

AMOS软件的研究案例：中国硕士研究生科研工具的使用意愿及影响因素的实证研究

●○ 以 CiteSpace、SPSS、NVivo 和 AMOS 为代表的科研工具能够有效地处理海量文献、统计数据、各类资料等，精准发现不同学科内部的潜在规律，在科学研究领域的应用已日益广泛。研究生若能有效使用科研工具将有助于科研能力的提升和科研成果的产出。研究以技术接受模型 TAM 为理论分析框架，掌握研究生使用科研工具的基本情况，具体包括研究生使用科研工具的社会影响、工作相关性、感知有用性、感知易用性、使用态度和使用意向等，以期发现问题，并提出解决办法与建议。

第一节 理论模型

技术接受模型（Technology Acceptance Model，简称 TAM），又称科技接受模型，是 Davis 于 1989 年提出的，用于解释用户接受新信息技术行为的影响因素。TAM 是在理性行为理论（Theory of Reasoned Action，简称 TRA）及其继承者计划行为理论（Theory of Planned Behavior，简称 TPB）的基础上发展起来的。TPB 认为，非个人意志完全控制的行为不仅受行为意向的影响，还受执行行为的个人能力、机会和资源等实际控制条件的制约，在控制条件充分的情况下，行为意向直接决定行为。TAM 是 TRA 和 TPB 在具体行为中的应用，研究用户接受信息系统与否的影响因素。TAM 在学者们的共同努力下不断发展和完善，如表 7-1 所示。

表 7-1

研究者	研究目的	样本	因子/变量	结论
Davis，1989	开发和验证感知有用性和感知易用性	4 种应用程序的 152 位用户	感知有用性、感知易用性、自我报告的系统使用情况	感知有用性与感知易用性都与使用情况密切相关；感知有用性比感知易用性的关联强度更高
Davis, et al., 1989	通过测试用户意向和解释意向来预测用户的计算机接受程度	107 个全日制 MBA 学生	使用意向、态度、主观规范、感知有用性、感知易用性	感知有用性对使用意向有极强的影响；感知易用性对使用意向影响稍小但很重要；态度起到部分中介作用

续表

研究者	研究目的	样本	因子/变量	结论
Mathieson, 1991	比较 TAM 与 TPB	163 个初中生和高中生	易用性、有用性、态度、主观规范、行为控制、使用意向	TAM 和 TPB 都能预测使用意向。TAM 更容易应用,但仅提供很基本的信息,TPB 提供更具体的信息,能更好地引导发展
Adams, et al., 1992	重复戴维斯的研究,研究易用性、有用性和系统使用的关系	来自 10 个机构的 118 位调查者	有用性、易用性、使用意向	戴维斯的研究被确证。有用性、易用性和使用意向之间的关系受行为是自愿还是强制的影响
Davis, 1993	系统特征、用户感知和行为影响	112 位专业人士和管理人员	系统设计特征、感知有用性、感知易用性、使用态度、实际系统使用	感知有用性对使用的影响程度超过感知易用性的50%。设计选择影响用户接受度
Taylor, Todd, 1995	TAM、TPB 和分解 TPB 模型	786 位商业学院的学生	兼容性、同伴影响、上级影响、自我效能、资源便利化条件、技术便利化条件、感知有用性、易用性、态度、主观规范、感知行为控制、行为意向、使用行为	TAM、TPB 和分解 TPB 模型都能很好地解释行为。分解的 TPB 模型提供了更全面的行为意向的理解,更加关注影响系统使用的因子,特别是关于系统的设计和实施策略
lgbaria, et al., 1995	开发和测试计算机使用的集成和概念模型	214 位非全日制 MBA 学生	用户培训、计算机经验、组织的支持、终端用户支持、系统质量、感知易用性、感知有用性、感知使用、各种用途	测试模型证实了个人、组织和系统特征影响感知易用性和感知有用性。证实了感知易用性对感知有用性的影响。证实了感知易用性对感知使用和各种用途的影响。
Chau, 1996	一个改进的 TAM 模型的经验性评估	285 位文书和行政人员	短期有用性、长期有用性、易用性、使用的行为意向	短期感知有用性对行为意向的影响最大。感知的长期有用性也能提供正向但稍弱的影响。易用性与行为意向之间没有显著直接的关系

续表

研究者	研究目的	样本	因子/变量	结论
Agarwal, Prasad, 1997	检验创新特征、感知自愿和接受行为间的关系	73位访问互联网的MBA学生	创新特征(包括相关优势和易用性)、感知自愿、当前使用、未来使用、意向	创新特征与采纳行为相关。用户感知对当前使用和未来使用意向起重要作用。易用性对当前使用不起决定作用
Agarwal, Prasad, 1999	检验个体差异与IT接受度的关系	230位IT使用者	个体差异、感知有用性、易用性、态度、行为意向	个体的受教育水平、先前类似经验、培训、技术角色对TAM信念有重要影响
Al-gahtani, King, 1999	测试和开发TAM模型	329位英国毕业年级学生	课程、计算机经历、培训、支持、意向、兼容性、系统评级、相关优势、享受、易用性、态度、满意度、使用	TAM是一个有价值的工作,能通过信念和外部变量预测态度、满意度和使用。系统的相关优势对态度和满意度贡献较大
Hu, et al., 1999	TAM模型应用于解释医师是否接受远程医疗技术	421位来自香港各医院的医师	感知有用性、感知易用性、态度、使用意向	感知有用性对态度和意向起决定作用。而感知易用性不起作用。需要合并其他因子或整合其他IT接受模型来提高TAM的解释力度
Jiang et al., 2000	一个描述使用行为的TAM修正模型	335位来自美国、中国香港和法国的学生	互联网的使用、近期结果、远期结果、经验、便利条件	网络使用与感知的近期有用性和远期有用性、先前经验和便利条件呈正相关。外部因素对互联网的使用有较大影响
Venkatesh, 2000	呈现和测试一个基于锚定和调整的理论模型,解释具体系统感知有用性的决定因素	246位雇佣者历经3个月和3种测试方法	计算机自我效能感、外部控制感知、计算机焦虑、计算机游戏性、感知的愉悦、客观可用性、感知有用性、感知易用性、使用的行为意向	锚定(计算机自我效能感、外部控制感知、计算机焦虑、计算机游戏性)和调整(感知的愉悦、客观可用性)是具体系统感知易用性的决定因素

续表

研究者	研究目的	样本	因子/变量	结论
Venkatesh, Davis, 2000	开发和测试TAM模型,依据社会影响和认知工具来解释感知有用性和使用意向	156位雇佣者历经4项纵向实地研究	自愿、经验、主观规范、意向、工作相关性、输出质量、结果可证明性、感知有用性、感知易用性、使用意向、使用行为	社会影响(主观规范、自愿、意向)和认知工具(工作相关性、输出质量、结果可证明性、感知易用性)显著影响用户接受度
Chau, Hu, 2001	比较TAM、TPB和分解的TPB模型	400位香港公立三级医院的内科医生	行为意向、态度、主观规范、感知行为控制、感知有用性、感知易用性、兼容性	TAM和TPB在解释个体专业人员技术接受时有局限。在专业环境下,之前研究重复测试的工具可能不是同等有效
Horton, et al., 2001	TAM应用于解释内部网络的使用	466名来自两家英国公司的雇员	感知有用性、感知易用性、使用意向、自我报告的使用	感知有用性、感知易用性和使用意愿可预测内部网使用

TAM主要用于预测行为主体对新型信息技术的接受、使用或拒绝的倾向程度。TAM问世后,学者们不断对模型进行验证与调整,逐渐发展为影响较大、解释力较强的行为分析模型之一。传统的TAM在解释复杂用户外部环境时容易出现信效度偏低的问题,因此,TAM在实际运用中可根据具体技术进行基本单位的选择、组合与调整。覃红霞等学者基于技术接受模型TAM研究不同学科在线教学满意度及持续使用意愿。

TAM认为技术使用受行为意向直接影响,根据信息系统接受的特点,建构了以下变量:外部变量、感知有用性、感知易用性、使用态度、行为意向和实际使用。具体模型表示如图7-1所示。

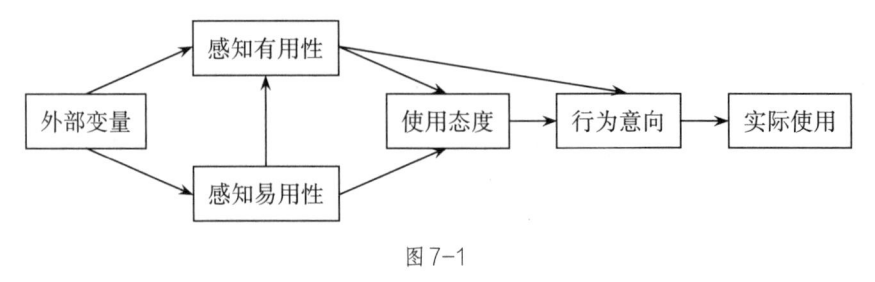

图7-1

模型中,外部变量即自变量,实际使用为因变量,感知有用性、感知易用性、使用态度、行为意向均为中介变量。Davis认为,个体是否使用科研工具由个人行为意向决定,行为意向由感知有用性和使用态度共同决定,使用态度由感知有用性和感知易用性共同决定,感知有用性由外部变量和感知易用性共同决定。一般认为,感知有用性与感知易用性是模型最不可或缺的两个变量,其中,感知有用性指个体认为使用技术后对自身工作业绩提高的帮助程度,也即使用这一技术后会有助于增强用户在工作中的表现;感知易用性指个体认为学习和使用技术的容易程度;使用态度指个体使用技术时主观上积极或消极的感受;行为意向指个体意愿去完成特定行为的可测量程度。使用TAM的研究领域涵盖了通信系统、通用系统、办公系统和专业化商业系统。通信系统包括E-mail、V-mail、FAX、电话系统等;通用系统包含Windows、PC、工作站、计算机资源中心、组件等;办公系统包含Word、电子表格、演示文稿、数据库等;专业化商业系统包含计算机模型、案例工具、医院信息系统、专家系统、DSS、GSS、GDSS等。外部变量通常包含主观规范、自愿、形象、工作相关性、输出质量和结果的可证明性。结合科研工具的特点与实际应用,选择主观规范和工作相关性作为外部变量。主观规范也可称为社会影响,指重要他人认为研究生应该使用新系统的程度。工作相关性即判断研究生的科研任务是否必须使用科研工具。

第二节 研究设计

一、问卷设计

本研究自编了《研究生科研工具使用意向调查问卷》。该问卷包括研究对象基本情况和TAM量表两大部分。研究对象的基本情况用以了解研究对象的性别、攻读的学科门类、学位类型、指导教师年龄段和职称,便于后期作差异分析。

TAM量表以上述基础TAM为依据,结合科研工具的使用场域及专家意见,编制相应问题。TAM中的两个重要变量为对科研工具的感知有用性和感知易用性。

二、调查对象

采用问卷星编制问卷,并通过网络发放,共回收问卷578份。调查对象的基本情况如表7-2所示。调查对象女生占绝对优势,共524名,占比约90.7%,男生仅54名,因调查对象约96.2%来自文科类学生,文科专业女生年龄较大,性别分布不均衡。学位分布上,硕士学术学位250人,硕士专业学位320人,博士8人。研究对象的导师年龄分布上,30~40岁年龄段导师128人,占比约22.1%;41~50岁年龄段导师252人,占比约43.6%;51~60岁年龄段导师198人,占比约34.3%。研究对象的导师职称分布上,副教授216人,占比约37.4%;教授362人,占比约62.6%。

表7-2

		频数	百分比(约)	有效的百分比(约)	累积百分比(约)
性别	男	54	9.3	9.3	9.3
	女	524	90.7	90.7	100.0
	总计	578	100.0	100.0	—

续表

		频数	百分比(约)	有效的百分比(约)	累积百分比(约)
学科	理工农类	18	3.1	3.1	3.1
	文科类	556	96.2	96.2	99.3
	艺术类	2	.3	.3	99.7
	其他	2	.3	.3	100.0
	总计	578	100.0	100.0	—
学位	硕士学术学位	250	43.3	43.3	43.3
	硕士专业学位	320	55.4	55.4	98.6
	博士及以上	8	1.4	1.4	100.0
	总计	578	100.0	100.0	—
导师年龄(岁)	30~40	128	22.1	22.1	22.1
	41~50	252	43.6	43.6	65.7
	51~60	198	34.3	34.3	100.0
	总计	578	100.0	100.0	—
导师职称	副教授	216	37.4	37.4	37.4
	教授	362	62.6	62.6	100.0
	总计	578	100.0	100.0	—

三、研究方法

利用SPSS 24.0软件和AMOS 24.0软件研究了研究生科研工具的使用情况。在对问卷进行区分度、信度和效度的质量检测后，计算问卷各维度的描述性统计值，包括主观规范、工作相关性、感知有用性、感知易用性、使用态度和使用意向的最大值、最小值、平均值、方差和标准差。采用独立样本T检验和单因素方差分析检验各维度在性别、学位、导师年龄和导师职称上的差异。用皮尔逊相关分析研究各维度的相关性是否显著及相关系数。用AMOS建立结构方程模型，提出8项研究假设，将数据导入模型并运行以验证假设。

第三节 问卷质量检测

一、区分度检验

区分度检验是验证TAM各题项是否具有区分度,可用独立样本T检验和相关分析两种检验方法。独立样本T检验是将各题项分值求和,得到总分。将总分前27%和后27%作为高低分组,检验每一题项在高低分组上是否具有显著差异,若差异不显著则可删除该题项。相关分析也是将各题项分值求和,得到总分。检验每一题项与总分是否相关,若不相关则说明该题项不具有区分度,可删除。两种方法均可检验题项的区分度,而本研究采用相关分析法。将每一题项分别与总分作相关分析,发现各题项与总分均相关关系显著($P=0.000<0.01$),相关系数在0.5至0.8之间。因此,各题项与总分均呈中度显著正相关,各题项均有区分度。问卷题项得分与题项总分的相关性分析如表7-3所示。

表7-3

		题项总分
①科研工具很容易学习	皮尔森(Pearson)相关	.618**
	显著性(双尾)	.000
②科研工具很容易控制	皮尔森(Pearson)相关	.663**
	显著性(双尾)	.000
③科研工具是清晰且容易理解的	皮尔森(Pearson)相关	.642**
	显著性(双尾)	.000
④科研工具本身操作很灵活	皮尔森(Pearson)相关	.632**
	显著性(双尾)	.000

续表

		题项总分
⑤科研工具很容易精通	皮尔森(Pearson)相关	.564**
	显著性(双尾)	.000
⑥科研工具容易使用	皮尔森(Pearson)相关	.649**
	显著性(双尾)	.000
⑦我会建议同学使用科研工具	皮尔森(Pearson)相关	.740**
	显著性(双尾)	.000
⑧我会建议其他朋友使用科研工具	皮尔森(Pearson)相关	.765**
	显著性(双尾)	.000
⑨科研工具能对科研工作有帮助	皮尔森(Pearson)相关	.640**
	显著性(双尾)	.000
⑩科研工具帮助增加科研产出	皮尔森(Pearson)相关	.665**
	显著性(双尾)	.000
⑪科研工具能帮助提高科研效率	皮尔森(Pearson)相关	.629**
	显著性(双尾)	.000
⑫总体而言,科研工具对我很有用	皮尔森(Pearson)相关	.733**
	显著性(双尾)	.000
⑬使用科研工具很有趣	皮尔森(Pearson)相关	.737**
	显著性(双尾)	.000
⑭使用科研工具的想法很好	皮尔森(Pearson)相关	.687**
	显著性(双尾)	.000
⑮使用科研工具是进行科学研究很有吸引力的方法	皮尔森(Pearson)相关	.717**
	显著性(双尾)	.000
⑯我喜欢使用科研工具进行科学研究	皮尔森(Pearson)相关	.746**
	显著性(双尾)	.000
⑰我打算用科研工具完成项目或论文	皮尔森(Pearson)相关	.774**
	显著性(双尾)	.000

续表

		题项总分
⑱我打算自学更多科研工具	皮尔森(Pearson)相关	.718**
	显著性(双尾)	.000
⑲导师认为我应该使用科研工具	皮尔森(Pearson)相关	.735**
	显著性(双尾)	.000
⑳任课教师认为我应该使用科研工具	皮尔森(Pearson)相关	.752**
	显著性(双尾)	.000
㉑同学都认为科研工具对科学研究很重要	皮尔森(Pearson)相关	.760**
	显著性(双尾)	.000
㉒在我的研究领域中,科研工具的使用很重要	皮尔森(Pearson)相关	.749**
	显著性(双尾)	.000
㉓在我的毕业论文中,科研工具的使用是必需的	皮尔森(Pearson)相关	.721**
	显著性(双尾)	.000

将每一题项分别与总分作相关分析,发现各题项与总分均相关关系显著($P=0.000<0.01$),相关系数在0.5至0.8之间。因此,各题项与总分均呈中度显著正相关,各题项均有区分度。

二、信度

问卷的信度也即问卷的可靠性,本研究采用折半信度法以及α信度系数来检验问卷的信度。若信度系数高于0.8,则说明问卷信度高;若信度系数介于0.7至0.8之间,则说明问卷信度较好;若信度系数介于0.6至0.7之间,则说明问卷信度可接受;若信度系数小于0.6,则说明问卷信度不佳。通过量表各维度及总量表的信度检验发现,无论是克朗巴哈α信度系数还是折半信度系数,各维度及问卷整体的信度系数均高于0.8,说明问卷具有较好的信度。调查问卷各维度的信度系数如表7-4所示。

表 7-4

	维度一 (EU)	维度二 (UF)	维度三 (ATT)	维度四 (BI)	维度五 (SN)	维度六 (WR)	总信度
Cronbach's α	0.906	0.913	0.864	0.808	0.915	0.890	0.951
折半系数	0.876	0.890	0.903	0.808	0.873	0.890	0.866

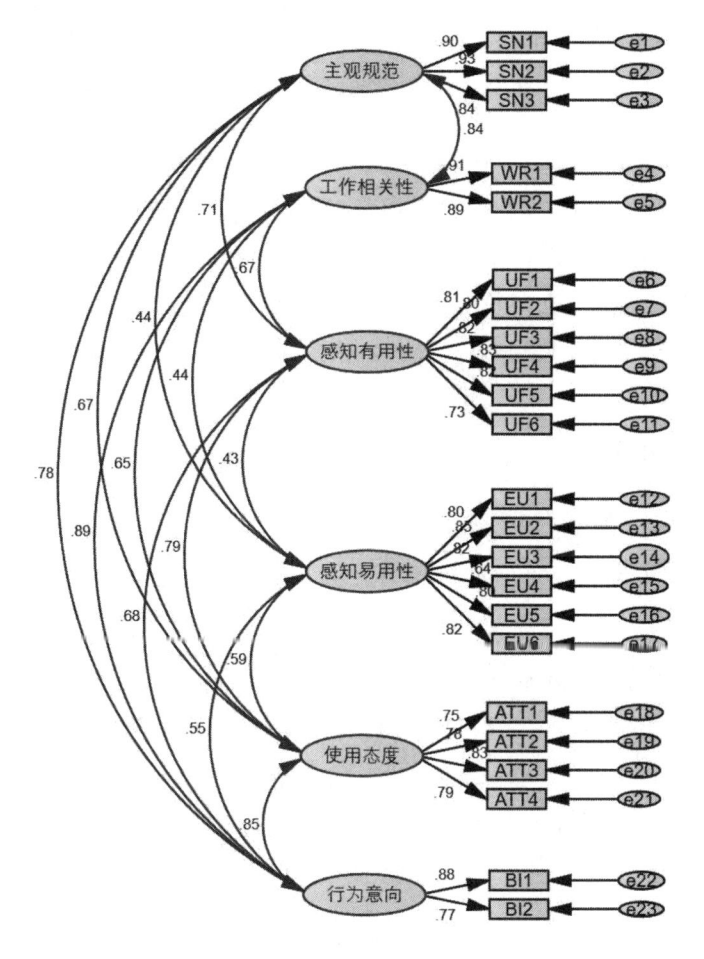

图 7-2

如图 7-2 所示，采用验证性因子分析，分别计算主观规范、工作相关性、感知有用性、感知易用性、使用态度和行为意向的 AVE 值和 CR 值。

表7-5

因子名称	AVE值	CR值
主观规范	0.79	0.92
工作相关性	0.81	0.90
感知有用性	0.64	0.92
感知易用性	0.63	0.91
使用态度	0.61	0.86
行为意向	0.68	0.81

验证性因子分析所得的CR值与AVE值如表7-5所示。从计算结果可知,AVE值在使用态度的0.61到工作相关性0.81之间,均大于临界值0.5。CR值在行为意向的0.81到感知有用性的0.92之间,均大于可接受临界值0.7。这表明测量模型具有较高信度。

三、效度

如表7-6所示,模型效度检验包括收敛效度和区分效度,可用各因子AVE的平方根与该变量与其他变量的相关系数进行比较,若AVE的平方根高于所有相关系数,则表明该测量具有较好的收敛效度和区分效度。具体而言,相关系数对角线上放置AVE的平方根,而其他数值则为两因子的相关系数。若对角线上的数值高于该列其他数值,则效度较好。

表7-6

	主观规范	工作相关性	感知有用性	感知易用性	使用态度	行为意向
主观规范	0.89					
工作相关性	0.84	0.9				
感知有用性	0.71	0.67	0.8			
感知易用性	0.44	0.44	0.43	0.79		

续表

	主观规范	工作相关性	感知有用性	感知易用性	使用态度	行为意向
使用态度	0.67	0.65	0.79	0.59	0.78	
行为意向	0.78	0.89	0.68	0.55	0.85	0.82

在模型中,行为意向与使用态度间相关系数大于使用态度 AVE 的平方根。这可能的原因是使用态度对行为意向的影响强度较大。其余数值均满足收敛效度与区别效度的要求。

第四节 差异检验与相关分析

科研工具技术接受模型各变量的描述性统计如表7-7所示。从问卷结果看，感知易用性、感知有用性、使用态度、行为意图、主观规范、工作相关性的得分平均值在4.36至5.75之间，最小值除感知有用性外，其余均为1，最大值均为7，标准差在0.95至1.18之间。值得注意的是，感知易用性的得分最低，约为4.36，说明研究生认为科研工具的学习、控制、操作使用不太容易。感知有用性的得分最高，约为5.75，说明研究生普遍认为科研工具对科研工作有帮助，能提高科研产出的数量和质量，并会建议他人使用科研工具。感知有用性的标准差也最低，说明数据结果分布更集中，最小值为2.33，而其他变量的最小值为1。标准差最大的为工作相关性，表明不同研究生的科研任务与科研工作的相关性差别较大，有的科研任务完全不用科研工具，而有的科研任务必须使用科研工具。

表7-7

	描述性统计资料				
	最小值	最大值	平均值	标准差	方差
感知易用性	1.00	7.00	4.357 6	1.128 12	1.273
感知有用性	2.33	7.00	5.745 1	.948 41	.899
使用态度	1.00	7.00	5.292 4	1.002 45	1.005
行为意图	1.00	7.00	5.309 7	1.142 43	1.305
主观规范	1.00	7.00	5.517 9	1.140 85	1.302
工作相关性	1.00	7.00	5.524 2	1.170 60	1.370

一、差异检验

（一）关于性别的差异检验

表7-8

群组统计资料					T值	sig
	学生性别	N	平均数	标准偏差		
感知易用性	男	54	4.425 9	1.493 76	0.361	0.719
	女	524	4.350 5	1.085 09		
感知有用性	男	54	5.802 5	1.041 12	0.467	0.641
	女	524	5.739 2	0.939 22		
使用态度	男	54	5.435 2	1.341 63	0.841	0.272
	女	524	5.277 7	0.961 22		
行为意图	男	54	5.333 3	1.420 87	0.131	0.873
	女	524	5.307 3	1.111 42		
主观规范	男	54	5.691 4	1.415 48	0.963	0.339
	女	524	5.500 0	1.108 80		
工作相关性	男	54	5.370 4	1.384 50	−1.014	0.311
	女	524	5.540 1	1.146 66		

不同性别研究生在各变量中得分的差异分析如表7-8所示。从性别分布上看，女生人数远超男生。在感知易用性、感知有用性、使用态度、行为意图和主观规范五个维度上，男生平均得分比女生高，而工作相关性女生得分略高于男生。但从统计学意义上讲，不同性别研究生在感知易用性、感知有用性、使用态度、行为意图、主观规范和工作相关性上均不存在显著差异。

(二)学位差异

表7-9

群组统计资料						
	攻读的学位类型	N	平均数	标准偏差	T值	sig
感知易用性	硕士 学术学位	250	4.4267	1.10865	1.402	0.162
	硕士 专业学位	320	4.2958	1.10364		
感知有用性	硕士 学术学位	250	5.7493	0.93797	0.031	0.975
	硕士 专业学位	320	5.7469	0.93892		
使用态度	硕士 学术学位	250	5.2720	0.94795	-0.533	0.595
	硕士 专业学位	320	5.3156	0.98757		
行为意图	硕士 学术学位	250	5.4400	1.04440	2.423	0.017
	硕士 专业学位	320	5.2156	1.16051		
主观规范	硕士 学术学位	250	5.6240	1.13283	1.878	0.061
	硕士 专业学位	320	5.4479	1.09274		
工作相关性	硕士 学术学位	250	5.5840	1.16808	0.967	0.334
	硕士 专业学位	320	5.4906	1.12463		

不同学位研究生在各变量中得分的差异分析如表7-9所示。学术学位与专业学位在感知易用性上不存在显著差异($T=1.402, P=0.162>0.05$),在感知有用性上不存在显著差异($T=0.031, P=0.975>0.05$),在使用态度上不存在显著差异($T=-0.533, P=0.595>0.05$),在主观规范上不存在显著差异($T=1.878, P=0.061>0.05$),在工作相关性上不存在显著差异($T=0.967, P=0.334>0.05$)。学术学位与专业学位在行为意图上存在显著差异($T=2.423, P=0.017<0.05$),学术学位使用科研工具的行为意图强于专业学位。

(三)导师职称差异

表7-10

群组统计资料					T值	sig
	导师的职称	N	平均数	标准偏差		
感知易用性	副教授	216	4.216 0	1.068 52	−2.385	0.017
	教授	362	4.442 0	1.155 44		
感知有用性	副教授	216	5.748 5	1.000 13	0.066	0.948
	教授	362	5.743 1	0.917 57		
使用态度	副教授	216	5.307 9	1.015 92	0.287	0.775
	教授	362	5.283 1	0.995 63		
行为意图	副教授	216	5.250 0	1.164 39	−0.970	0.332
	教授	362	5.345 3	1.129 24		
主观规范	副教授	216	5.493 8	1.142 54	−0.391	0.696
	教授	362	5.532 2	1.141 18		
工作相关性	副教授	216	5.513 9	1.243 51	−0.164	0.870
	教授	362	5.530 4	1.126 57		

不同导师职称的研究生在各变量中得分的差异分析如表7-10所示。导师职称是教授和副教授的学生在感知易用性上存在显著差异(T=−2.385,P=0.017<0.05),导师职称是教授的学生在感知易用性上得分更高。导师职称是教授和副教授的学生在感知有用性上不存在显著差异(T=0.066,P=0.948>0.05),在使用态度上不存在显著差异(T=0.287,P=0.775>0.05),在行为意图上不存在显著差异(T=−0.970,P=0.332>0.05),在主观规范上不存在显著差异(T=−0.391,P=0.696>0.05),在工作相关性上不存在显著差异(T=−0.164,P=0.870>0.05)。

(四)导师年龄差异

表7-11

	导师的年龄	N	平均数	标准差	F	sig	事后比较
感知易用性	30~40	128	4.34	1.06	0.918	0.400	/
	41~50	252	4.30	1.14			
	51~60	198	4.44	1.15			
	总计	578	4.36	1.13			
感知有用性	30~40	128	5.84	0.93	1.892	0.152	/
	41~50	252	5.66	1.01			
	51~60	198	5.79	0.88			
	总计	578	5.75	0.95			
使用态度	30~40	128	5.39	0.97	0.815	0.443	/
	41~50	252	5.25	0.99			
	51~60	198	5.29	1.04			
	总计	578	5.29	1.00			
行为意图	30~40	128	5.43	1.17	0.929	0.395	/
	41~50	252	5.29	1.19			
	51~60	198	5.26	1.06			
	总计	578	5.31	1.14			
主观规范	30~40	128	5.64	1.06	3.133	0.044	1>2,3>2
	41~50	252	5.38	1.19			
	51~60	198	5.61	1.11			
	总计	578	5.52	1.14			
工作相关性	30~40	128	5.65	1.14	1.592	0.204	/
	41~50	252	5.43	1.24			
	51~60	198	5.56	1.10			
	总计	578	5.52	1.17			

不同导师年龄段研究生在各变量中得分的差异分析见表7-11所示。研究对象的导师年龄分为3个组，分别是30~40、41~50、51~60。不同年龄段导师所指导的学生在感知易用性上不存在显著差异（F=0.918，P=0.400>0.05），在感知有用性上不存在显著差异（F=1.892，P=0.152>0.05），在使用态度上不存在显著差异（F=0.815，P=0.443>0.05），在行为意图上不存在显著差异（F=0.929，P=0.395>0.05），在工作相关性上不存在显著差异（F=1.592，P=0.204>0.05）。不同年龄段导师所指导的学生在主观规范上存在显著差异（F=3.133，P=0.044<0.05），30~40岁导师指导的学生主观规范高于41~50岁导师指导的学生，51~60岁指导的学生主观规范高于41~50岁导师指导的学生，而30~40岁导师指导的学生与41~50岁导师指导的学生在主观规范上没有差异。

二、相关分析

表7-12

多个变量的相关分析							
		感知易用性	感知有用性	使用态度	行为意图	主观规范	工作相关性
感知易用性	皮尔森(Pearson)相关	1					
感知有用性	皮尔森(Pearson)相关	0.427**	1				
使用态度	皮尔森(Pearson)相关	0.567**	0.701**	1			
行为意图	皮尔森(Pearson)相关	0.500**	0.593**	0.715**	1		
主观规范	皮尔森(Pearson)相关	0.424**	0.673**	0.614**	0.695**	1	
工作相关性	皮尔森(Pearson)相关	0.414**	0.616**	0.568**	0.745**	0.779**	1
**表示相关性在0.01水平上显著(双尾)。							

科研工具技术接受模型各变量的相关性分析如表7-12所示。根据相关系数显示，各变量间在0.01水平上均存在显著正相关关系。感知有用性与感知易用性间呈低度正相关，相关系数为0.427。使用态度与感知易用性、感知有用性呈中度正相关，相关系数分别为0.567和0.701。行为意图与感知易用性、感知有用性和使用态度呈中度正相关，相关系数分别为0.500、0.593和0.715。主观规范与感知易用性间呈低度正相关，相关系数为0.424；与感知有用性、使用态度、行为意图呈中度正相关，相关系数分别为0.673、0.614和0.695。工作相关性与感知易用性呈低度正相关，相关系数为0.414；与感知有用性、使用态度、行为意图、主观规范呈中度正相关，相关系数分别为0.616、0.568、0.745和0.779。研究结果显示，感知易用性与其他变量的相关系数相对较低，表明科研工具的使用态度与其他变量间的相关系数较高。

第五节 结构方程模型分析结果

一、研究假设

假设1：主观规范对感知有用性有正向影响。

假设2：主观规范对感知易用性有正向影响。

假设3：工作相关性对感知有用性有正向影响。

假设4：工作相关性对感知易用性有正向影响。

假设5：感知易用性对感知有用性有正向影响。

假设6：感知有用性对使用态度有正向影响。

假设7：感知易用性对使用态度有正向影响。

假设8：使用态度对行为意向有正向影响。

假设9：感知有用性对行为意向有正向影响。

二、假设验证

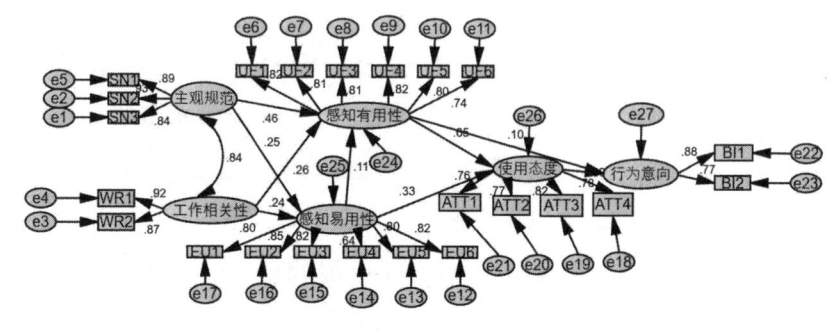

图7-3

科研工具技术接受模型的运行结果如图7-3所示。研究模型的观测变量有23个，非观测变量也即潜变量6个，误差变量27个。采用最大似然估计计算回归系数。回归系数分为标准化系数和非标准化系数,两种系数均能表示变量间的影响关系,而标准化系数更能体现变量间的影响力大小,其值越大,表明影响力越强。其结果见表7-13。

表7-13

路径	非标准化系数	T值	P	标准化系数
感知易用性<--主观规范	0.279	2.803	0.005	0.254
感知易用性<--工作相关性	0.230	2.602	0.009	0.238
感知有用性<--主观规范	0.431	6.242	***	0.460
感知有用性<--感知易用性	0.092	2.910	0.004	0.108
感知有用性<--工作相关性	0.220	3.640	***	0.267
使用态度<--感知有用性	0.642	13.643	***	0.555
使用态度<--感知易用性	0.422	11.141	***	0.428
行为意向<--感知有用性	0.214	3.526	***	0.194
行为意向<--使用态度	0.685	11.898	***	0.717

研究结果显示,主观规范对感知易用性有显著正向影响(P=0.005<0.05),且标准化系数为0.254。工作相关性对感知易用性也有显著正向影响(P=0.009<0.05),且标准化系数为0.238。主观规范对感知有用性有显著正向影响(P=0.000<0.05),且标准化系数为0.460。感知易用性对感知有用性有显著正向影响(P=0.004<0.05),且标准化系数为0.108。工作相关性对感知有用性有显著正向影响(P=0.000<0.05),且标准化系数为0.267。感知有用性对使用态度有显著正向影响(P=0.000<0.05),且标准化系数为0.555。感知易用性对使用态度有显著正向影响(P=0.000<0.05),且标准化系数为0.428。感知有用性对行为意向有显著正向影响(P=0.000<0.05),且标准化系数为0.194。使用态度对行为意向有显著正向影响(P=0.000<0.05),且标准化系数为0.717。

三、验证结果

表 7-14

序号	假设验证	检验结果
H1	主观规范对感知有用性有正向影响	支持
H2	主观规范对感知易用性有正向影响	支持
H3	工作相关性对感知有用性有正向影响	支持
H4	工作相关性对感知易用性有正向影响	支持
H5	感知易用性对感知有用性有正向影响	支持
H6	感知有用性对使用态度有正向影响	支持
H7	感知易用性对使用态度有正向影响	支持
H8	使用态度对行为意向有正向影响	支持
H9	感知有用性对行为意向有正向影响	支持

由表7-14所示的验证结果可知,9个研究假设全部得以证实。其中,H6"感知有用性对使用态度有显著正向影响"的支持力度最大,标准化系数最高。影响使用态度的因素还有感知易用性,但感知易用性的影响力稍弱(H7)。影响感知有用性的潜变量为主观规范、工作相关性和感知易用性,分别为H1、H3和H5,但影响力大小不一。其中,H1支持力度最大,而H5支持力度最小。影响感知易用性的因素有主观规范和感知易用性,对应的假设为H2和H4。

第六节 结论与讨论

本研究基于TAM模型建构了影响研究生科研工作使用意向的理论概念模型。基于科研工具使用的特征,将外部变量分解为主观规范和工作相关性。

一、研究生对科研工具的感知有用性得分最高

通过描述性分析发现,感知有用性的平均得分、最低分得分高于其他潜变量,其标准差也最低,说明研究生对科研工具的有用性认识较一致,均认为科研工具在支撑科研任务的过程中很重要。相对而言,感知易用性得分较低,因调查对象基本为文科研究生,对他们而言,熟练操作科研工具并灵活应用于科研任务是一件较为困难的事情。原因在于,一是文科院校的研究传统和研究范式不太强调科研工具的使用,老一辈的研究者仍偏向于简单的人工资料处理,甚至传统的思辨研究。二是文科院校开设科研工具类的课程较少,不管是线下课程,还是线上课程,数量均有限。三是欠缺熟练应用和教授科研工具的教师。在教育学领域,能够使用和精通科研工具的教师不多,在教学成果的产出,如教材和在线课程上数量较少。近年来,各学校开始重视科研工具在科研工作中的应用,加大开设相关课程的力度,但在转变研究范式、开发课程、培养教师等方面仍显不足。

二、影响感知有用性的因素主要有主观规范和工作相关性

戴维斯认为,感知有用性是研究生认为科研工具对提高科研绩效或能帮助达成科研目标的程度。这一点在本研究的结构方程模型中也得

到了证实。通过结构方程模型的系数值发现，感知有用性的影响因素系数值最大是主观规范，也即社会影响，这一结论较好解释。首先，研究生导师是促进研究生科研能力成长的最关键要素，若导师认为科研工具重要且要求研究生学习并使用，研究生必然对科研工具加以重视。然后，研究生的任课教师，特别是方法类课程的任课教师，若能在课堂中教授科研工具的操作技能与应用范围，或在科研文献案例讲解中渗透科研工具的使用，将有力促进研究生对科研工具的重要性认识和应用能力。最后，研究生的同伴、同学在感受科研工具带来的益处时积极分享传播，也会提高科研工具的感知有用性。感知有用性的另一因素是工作相关性，若研究生的科研任务必须通过科研工具才能完成，如需要对文献进行计量分析、对问卷调查数据进行统计分析或建构测评模型等，研究生定会认为科研工具很重要，且愿意花时间和精力学习并精通它。感知易用性也会影响感知有用性，但影响力度较弱。

三、影响使用意向的因素主要为使用态度和感知有用性

使用意向直接决定科研工具的使用行为。由标准化系数值可见，行为意向主要受使用态度的影响，也即当研究生对科研工具感兴趣，且喜欢使用科研工具，觉得科研工具很有吸引力时，通常有意向真正使用科研工具完成论文撰写、项目实施等科研任务，并自觉学习更多科研工具。同时行为意向还受感知有用性的影响，感知有用性除了对行为意向产生直接影响外，还通过使用态度对行为意向产生间接影响，使用态度起中介作用。因此，感知有用性对行为意向的影响为直接效应0.194，间接效应为0.717*0.555，故感知有用性对行为意向的影响为0.592。感知易用性对行为意向是通过使用态度的完全中介作用产生间接影响，间接效应为0.307。因此，感知有用性和感知易用性均会对行为意向产生正向影响，但感知有用性的影响力远高于感知易用性。感知易用性通过使用态度间接影响使用意向，但影响力度稍弱。若研究生认为科研工具很有用，在完成科研任务时必须使用它，不管科研工具学习和应用的难度有

多大,研究生也会有使用科研工具的意向。通过研究发现,学术学位与专业学位研究生在行为意向上存在差异,学术学位研究生的行为意向高于专业学位研究生。但事实上,专业学位研究生更倾向于实证研究,对科研工具的使用需求应更为迫切。

第八章 质性研究与文本分析：NVivo及其核心操作

●○随着互联网的普及和数字化进程的加速，文本数据无处不在，无论是社交媒体上的帖子、新闻报道、学术论文、政策文件还是各种在线评论，都为我们提供了大量关于人们观点、态度和行为的资源。通过分析这些文本数据，不仅可以深入、细致地理解社会现象背后的意义，还可以洞察社会趋势和热点话题的演变。NVivo作为一款专业的质性数据分析软件，为文本分析提供了强大的技术支持，不仅能高效整理、编码和分析文本数据，还能可视化地呈现分析结果，使研究者更直观地理解数据之间的关系和模式，提高研究效率。

第一节 质性研究与NVivo的内涵

一、质性研究的内涵

质性研究(Qualitative Research)是社会科学研究领域中的一种基本研究范式。它源于多个学科,是在多个思想流派、哲学思潮、学科积累的相互影响和相互发展下产生的综合性研究方法。其具体是指以研究者本人作为研究工具,在自然情境下,采用多种资料收集方法(访谈、观察、实物分析),对研究现象进行深入的整体性探究,从原始资料中形成结论和理论,通过与研究对象互动,对其行为和意义建构获得解释性理解的一种活动。[1]在其他社会科学领域中,质性研究的说法可能有些不一样,如在人类学领域,质性研究方法往往被称为文化人类学方法;在社会学领域,质性研究方法一般叫做定性研究;此外,一些学术论文中也将其称为质的研究或质化研究,但其实都指的是质性研究。质性研究是一个"大伞",在这个伞下,涵盖了众多的具体研究方法。[2]其具体包括访谈研究、焦点团体访谈、叙事研究、民族志研究(人种志研究/微观民族志研究)、扎根理论研究、参与式观察研究、常人方法学研究、历史研究、批判话语分析、文本分析、实物分析、视频分析、个案研究等。以上这些具体研究方法的资料收集路径主要来源于访谈、观察(观察图片、音频等)、文献、政策文本和社交媒体数据等;质性数据主要分为文本、图片、音频、视频四种类型;在质性数据的分析上,不同的质性研究方法,适用于不同的研究问题。

---

[1] 陈向明.质性研究方法与社会科学研究[M].北京:教育科学出版社,2000:12.
[2] 陈向明.质性研究方法与社会科学研究[M].北京:教育科学出版社,2000:5.

相比较理论研究(Theoretical Research),质性研究强调研究者亲自进入实地开展研究,在对研究现象进行解释时提供自己的一手资料,并在经验的基础上展开自己观点阐述的研究,而思辨研究不要求收集一手资料,更多的是强调主观观点的阐述。相比较量化研究(Quantitative Research),质性研究分析处理的是文本、图片、音频、视频等质性材料,遵循人文主义的哲学基础,反对将自然科学研究方法做简单挪移,并强调研究结论的解释力,研究者本人作为研究工具;而量化研究分析处理的是数据,遵循实证主义的哲学基础,研究结论追求精确性、可重复性,方法具有程序性。

二、NVivo的内涵

NVivo软件是澳大利亚QSR(Qualitative Solutions Research)公司开发的用于质性研究分析的软件。它能够帮助质性研究者完成访谈、观察、媒体报道、政策法律文本、问卷数据、图片、声音、视频等多种不同数据类型材料的收集、整理、分析以及呈现工作,可以增进质性研究的严谨性、信实度和趣味性。[①]经过不断完善,NVivo软件已更新至NVivo 12,NVivo 12主要包括两个版本,分别是专业版NVivo Pro和增强版NVivo Plus,Plus版集中了Pro版本的所有功能,且支持大型数据集和社交网络分析。本文主要以NVivo 12 Plus版本进行案例操作与演示。

---

① 刘世闵,李志伟.质性研究必备工具:NVivo10之图解与应用[M].北京:经济日报出版社,2017:4.

第二节　NVivo安装及界面介绍

一、NVivo安装

登录NVivo的官方网站。填写个人信息后,可购买或使用官方提供的14天试用版本。下载后双击应用程序图标即可安装,根据个人需要选择中文版或是英文版。启动NVivo需要激活许可证,如果您正在使用试用版软件,则您无需输入许可密钥,但必须在使用NVivo前激活试用版。

二、NVivo界面介绍

(一)NVivo开始界面

这是启动NVivo后看到的第一个界面。在该界面上,您可以创建新项目、访问或打开项目,并通过"学习与交流"社区的资源充分利用NVivo软件。图8-1为NVivo的开始界面。

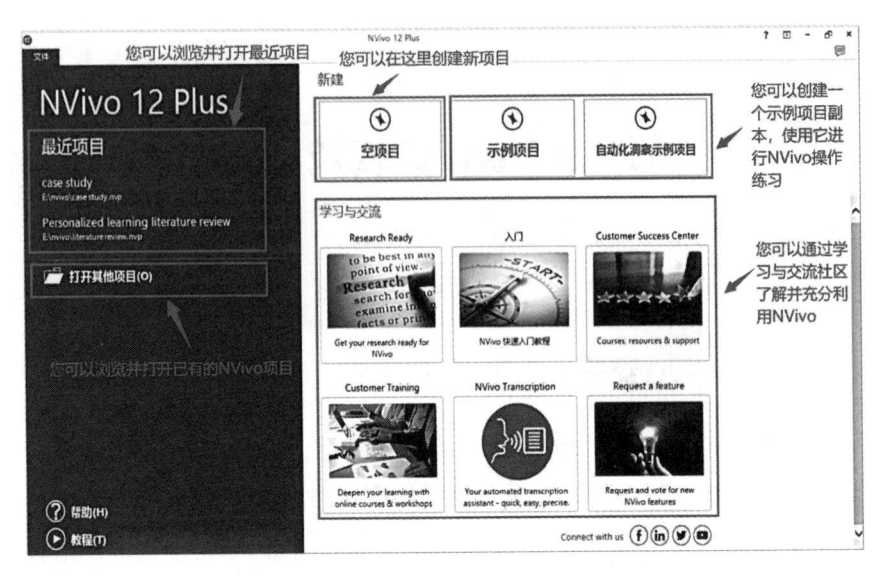

图 8-1

(二)NVivo 工作界面

NVivo 工作界面是创建完成新项目或打开已有项目后自动弹出的界面。图 8-2 为 NVivo 的工作界面,下面分别对工作界面的各个部分进行简单介绍。

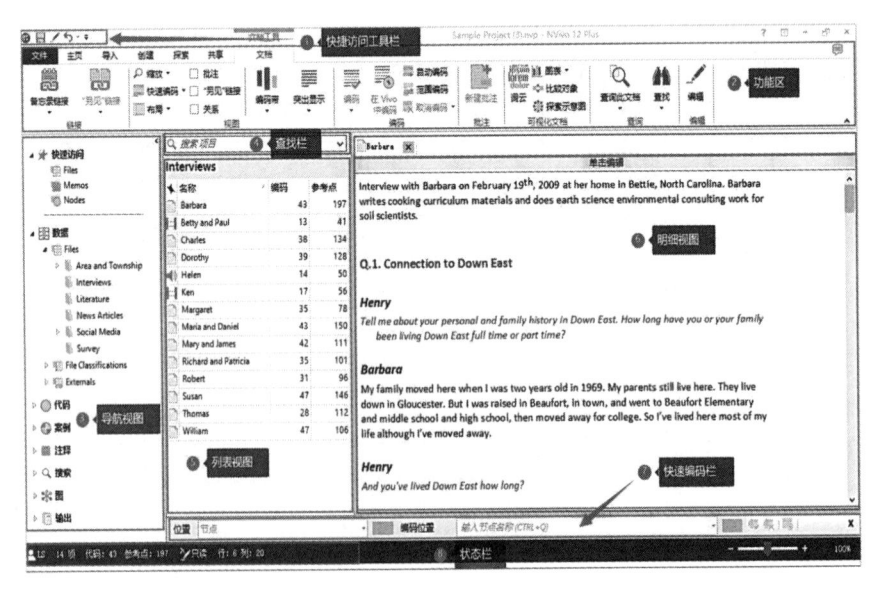

图 8-2

（1）快捷访问工具栏：位于界面左上角，利用它可以快捷访问常用命令，包括保存及撤销等，可以根据个人需求自定义命令。

（2）功能区：显示使用软件时需要的所有NVivo命令。命令按逻辑组划分，在选项卡下收集在一起。如图8-3中"导入"选项卡下的逻辑组有项目、网络、数据以及调查等。

图8-3

（3）导航视图：提供对所有项目的访问。项目以组为单位分类，如数据、代码和案例等。单击各个组别可查看组中所有文件夹，可在文件夹下创建子文件夹组织或储存项目；单击储存项目的项目文件夹，其内容将会显示在列表视图中。如图8-4所示。

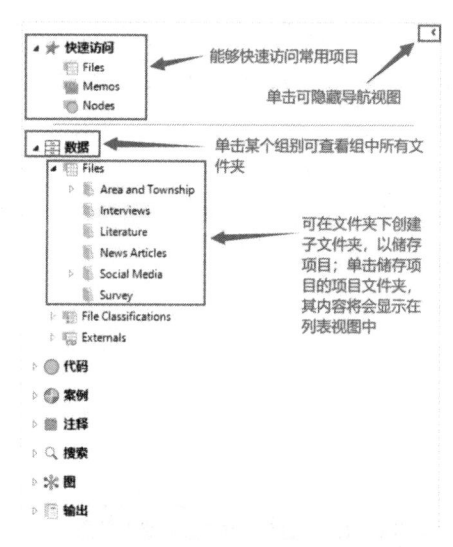

图8-4

（4）查找栏：显示在列表视图的顶部，可快速搜索找到项目。

（5）列表视图：以列表的形式呈现项目文件夹的内容。双击列表视图中的项目，它们将以明细视图显示。在列表视图中可进行的主要操作如图8-5所示。

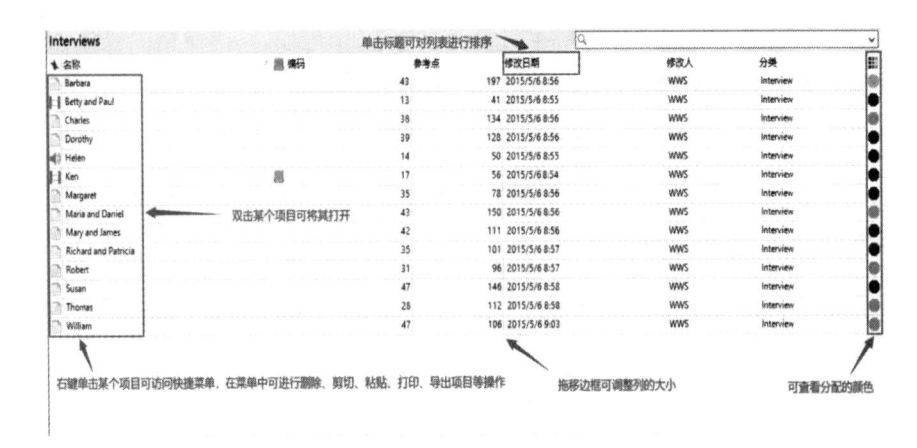

图 8-5

（6）明细视图：在列表视图中打开一个项目或节点时，它将显示在明细视图中。在明细视图中您可以打开多个项目，可以通过单击明细视图顶部的选项卡来切换项目，浏览每个项目的内容；或者打开多个节点，浏览节点上已编码的所有内容，以及查看查询结果、文本编码等。您还可以编辑文本内容，对文件内容进行批注和编码。具体操作如图 8-6。如果您希望在单独窗口中处理项目，可在功能区"文档工具"选项卡下单击"取消停靠"命令，打开的项目就会在单独窗口工作。

图 8-6

（7）快速编码栏：位于明细视图底部，在使用项目和节点时显示。它提供了一种快速的编码和解码方法，可以使用快速编码栏创建和取消节点。主要操作如图8-7所示。

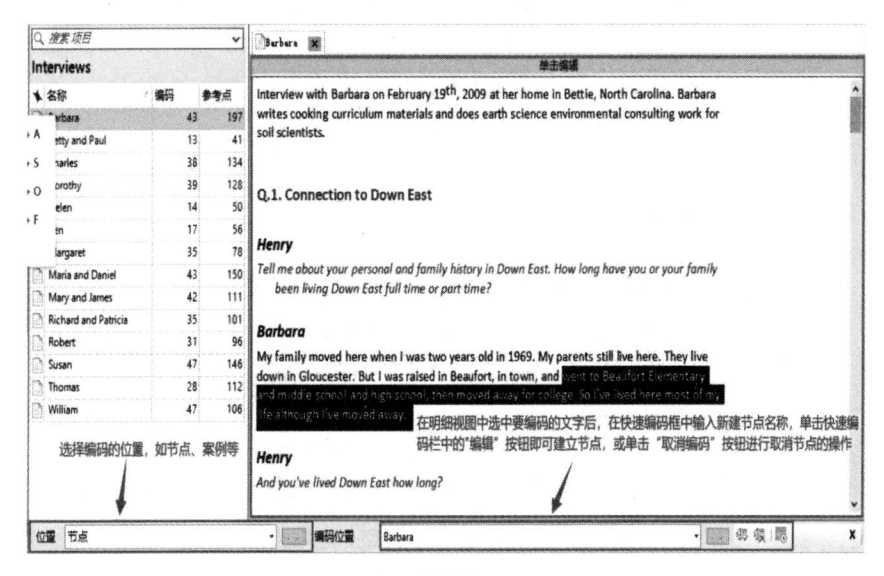

图8-7

（8）状态栏：状态栏主要显示用户名首字母缩写和上下文信息，这些信息根据用户在项目中所做的操作不同会有所不同。

第三节　NVivo的功能与实例操作

一、NVivo注意事项

在正式创建NVivo项目之前，需要注意以下几个事项。

（1）选择需要的NVivo 12应用版次。NVivo 12提供了Pro专业版本和Plus两个版本，其中Plus版本是最强的，你可以根据需要选择相应的版次。

（2）注意用户建档。在团队合作时，不同的人编码都有不同的名字，名字就是在用户建立的时候赋予的，为清楚明了地分辨团队中每个团员的编码，建议改成对自己有意义的名字。

（3）设置用户界面语言。界面语言是显示在NVivo软件界面上的语言，包括中文、英文以及日语等。为更高效地进行数据分析工作，不同母语的研究者可选择相应的界面语言。

（4）设置文本语言。文本语言是需要处理的质性分析数据的工作语言，若你的文本是中文，应选择相应的中文语言，否则在对数据文本进行探索分析时NVivo会自动将语言默认为英文，不利于对文本的深度挖掘。

以上4个注意事项皆在"应用程序选项"对话框内完成。具体操作步骤如下。

第一，在开始界面右上角单击"文件"选项，在弹出的界面右边单击"选项"；第二，在弹出的"应用程序选项"对话框里，进行相应设置，如图8-8所示。

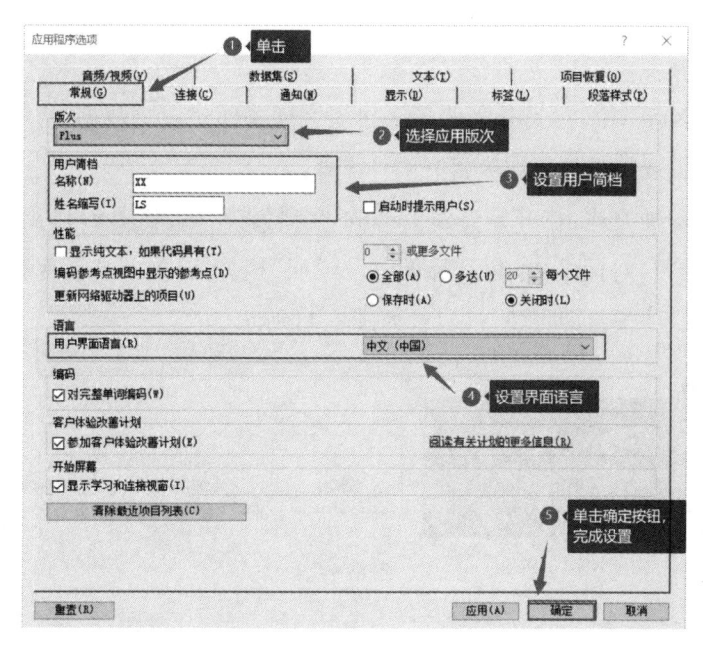

图 8-8

在设置文本内容语言时,首先单击"应用程序选项"对话框内的"文本"选项,然后选择语言后,单击"确定"按钮即可完成设置。如图 8-9 所示。

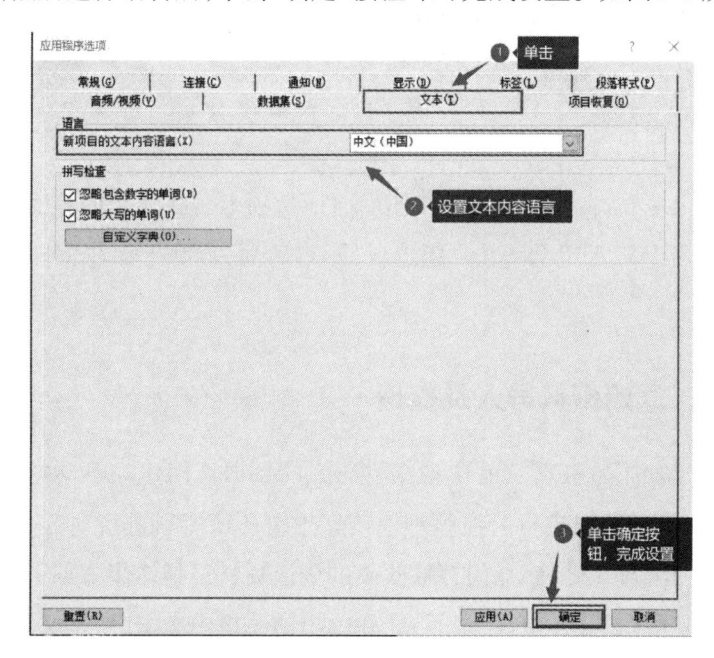

图 8-9

二、新增项目

在NVivo中,项目是指为了一个研究任务而建立的数据源,如访谈、录音以及视频等。新增项目有两种方式。

第一种方式:在开始界面上单击"空项目"图标,如图8-10所示。在"新建项目"对话框中填写"标题"及"说明"相关信息,并选择保存路径,单击"确定"按钮即可建立项目,如图8-11所示。

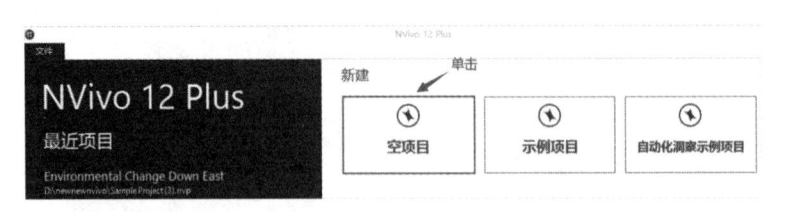

图8-10

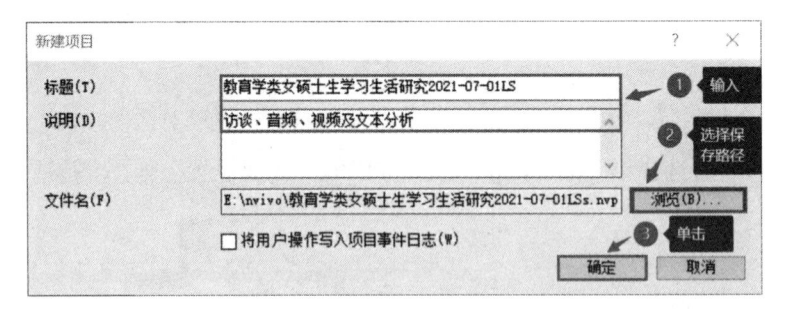

图8-11

第二种方式:在工作界面单击"文件"选项卡。在跳出的界面中单击"新建"命令。之后会弹出"新建项目"对话框,遵照上面步骤即可新建项目。

三、原始资料导入及整理

在导入原始资料之前应根据要研究的数据文档建立不同的项目文件夹,以便对数据进行分类整理。若您想对访谈资料进行研究,可建立一个访谈项目文件夹,专门存放收集的访谈资料。具体步骤如下:第一,在导航视图内右击"文件"根目录,在弹出的菜单中单击"新建文件夹"命令,如图8-12所示;第二,弹出"新建文件夹"的对话框后,输入新的文件名"访谈",单击"确定"按钮即可建立访谈项目文件夹,如图8-12所示。建立存放文献、图片、音视频等数据的项目文件夹遵照此步骤即可。

图8-12

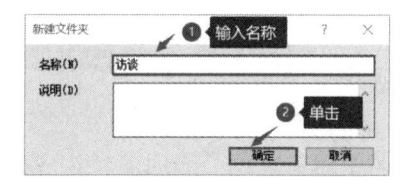

图8-13

建立访谈、文献、图片以及音视频等相关文件夹后,下面学习如何将要分析的数据导入NVivo中。原始资料导入NVivo主要有两种方式。

第一种方式:右击导航视图数据组下的任一项目文件夹,在弹出的快捷菜单中单击"导入文件"命令。具体操作以导入访谈资料为例。右击"访谈"项目文件夹,在弹出的快捷菜单中单击"导入文件"。在弹出"文件选择对话框"后,在相应的文件夹位置中选择要导入的文件,之后单击"打开"按钮。在弹出的"导入文件"对话框中单击"导入"按钮即可导入。导入后的文档会显示在列表视图里。

第二种方式:具体操作以导入文献资料为例。单击导航视图中目标文件夹"文献",单击功能区中"导入"选项卡下的"文件"命令。在弹出的"文件选择对话框"中选择要导入的文件,之后单击"打开"按钮。弹出"导入文件"对话框,单击"导入"按钮即可导入。

四、文本数据编码与节点操作

在质性研究分析中,编码是指对被分析的文本进行整理而提取出来的概括性概念或关键概念,这些概念与文本片段形成关联,以便随后对一种观点加以确认。在NVivo中编码叫作"节点",创建节点就是对文本进行编码。建立节点的操作步骤如下。

第一,双击列表视图中的文本,打开要分析的文本,使其显示在明细视图中,如图8-14所示。

图8-14

第二,在明细视图中选中要编码的词语、句子或段落并右击,在弹出的快捷菜单中单击"编码"命令。如图8-15所示。

图8-15

第三，在弹出的"选择编码项"对话框中，单击"节点"，然后再单击"新节点"按钮，如图8-16所示。在"节点"下输入节点名称，单击"确定"按钮即可建立节点，如图8-17所示。

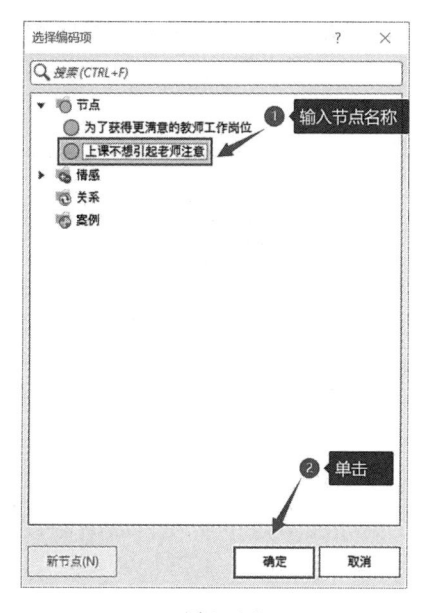

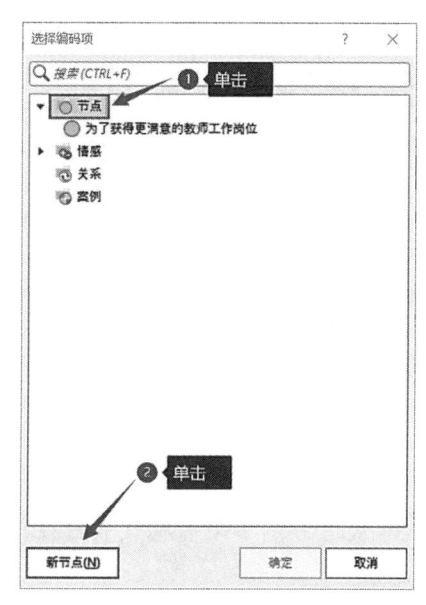

图8-16   图8-17

除了通过上述方式建立节点进行编码以外，也可以通过直接拖动进行编码。如图8-18所示。

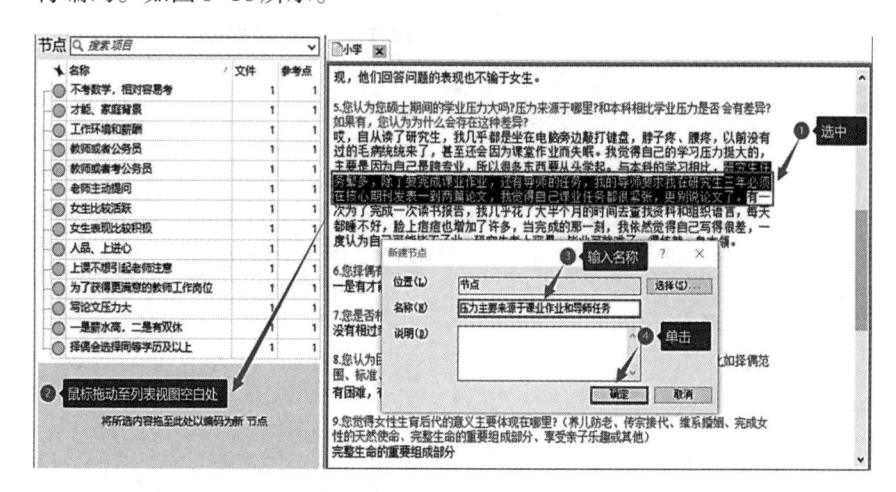

图8-18

在整理文本的过程中，发现文本中已有可以用来当作节点的关键词或短句，可选中右击，在快捷菜单中单击"在 Vivo 中编码"，文本中的关键词将会以新节点的形式出现在列表视图中，如图 8-19 所示。此外，发现有与已有节点意思一致的文本片段，可以直接拖动该文本片段至该节点，其参考点也会相应地增加。

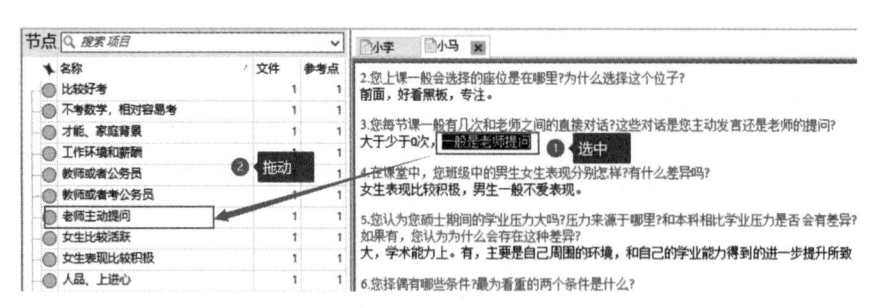

图 8-19

除了拖动的方式，也可通过右击选中文本片段，在快捷菜单中单击"对最近节点编码"，将其放置在已建立的相关节点中实现。如图 8-20 所示。

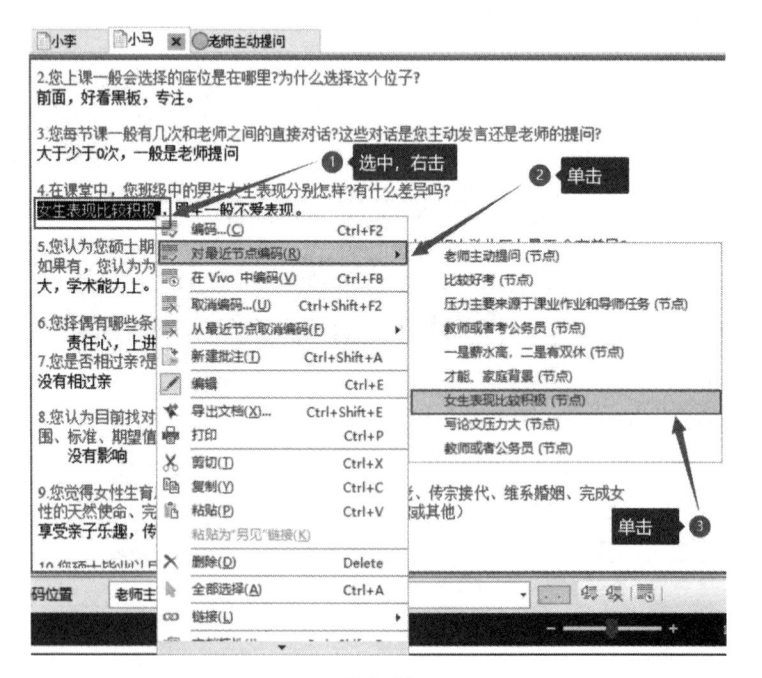

图 8-20

五、非文本数据编码与节点操作

非文本数据主要是指图片、音视频等。导入图片与音视频资料的步骤与导入图片和文献的步骤一样,这里就不再做介绍。下面依次对图片和音视频的编码与节点操作进行简单介绍。

(一)图片编码

首先双击列表视图中的项,打开图片材料,使其显示在明细视图中,然后在图片上按住鼠标左键并拖拽以选择编码区域,右击编码区域,在弹出的快捷菜单中单击"编码"。如图8-21所示。图片建立节点与文本建立节点的操作相同,这里只列出了图片建立节点的第一步操作,后续步骤按文本建立节点步骤操作即可。

图 8-21

如果要对图片进行编辑,首先单击"单击编辑",在"图片工具"下,单击"编辑"选项卡,然后按住鼠标左键拖拽以选择编码区域;单击"编辑"选项卡下的"插入行"的命令,即可在出现的内容表中对图片上的编码区域进行说明。如图8-22所示。

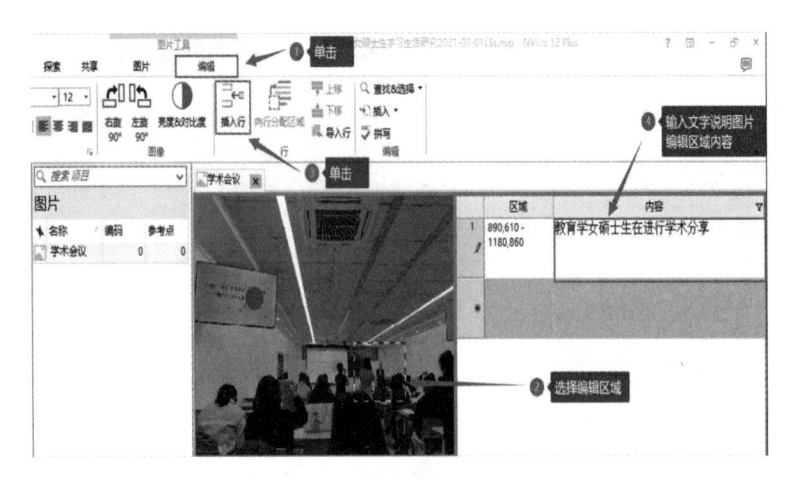

图 8-22

(二)音视频编码

双击列表视图中导入进来的视频文件,在自动弹出来的"视频"选项卡中单击"播放",等待视频播放一段时间后,单击"停止";在明细视图中利用鼠标左键拖拽以选择要进行编码的一段视频,右击这一段视频,在弹出的快捷菜单中单击"编码",即可对选中的这一段音视频进行编码。如图 8-23 所示。视频建立节点的流程与文本建立节点的操作相同,后续步骤按文本建立节点步骤操作即可。

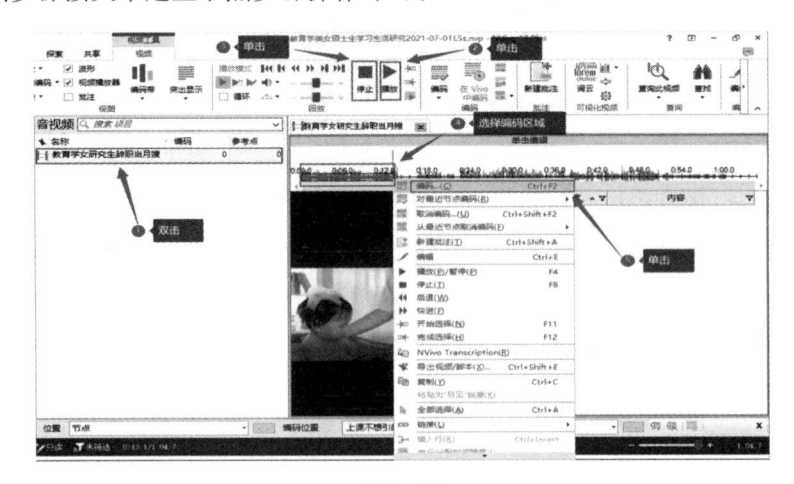

图 8-23

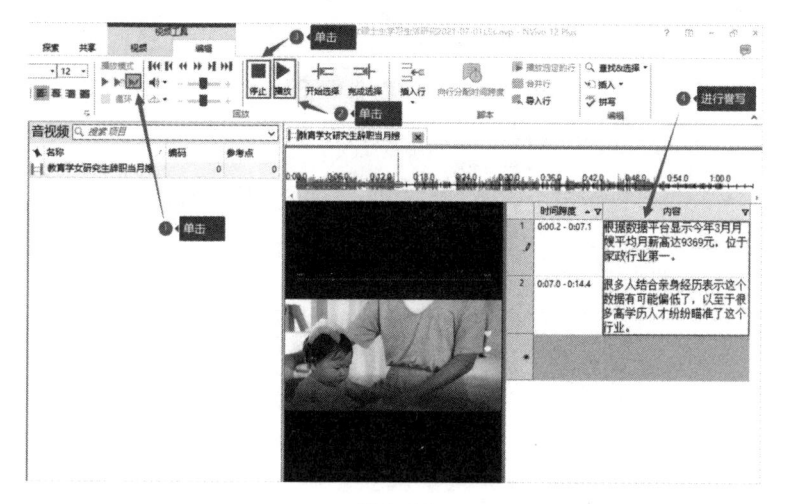

图 8-24

若要对视频进行誊写,首先单击"编辑",默认情况下视频编辑功能是被锁住的,需要单击进度条上方的"单击编辑"才能进行。其次,单击"誊写"按钮,之后单击"播放"按钮,在想要停止的地方单击"停止"按钮,NVivo 会自动生成播放视频的时间跨度。最后,在内容栏里输入说话者的内容,进行誊写。如图 8-24 所示。

六、合并、取消、增加与查看编码

合并、取消、增加与查看编码是在编码建立基础上的深耕,你可以对所建立的编码进行分析,归类到能够代表你研究主题的"节点"中。下面你将学习一些处理节点和编码的相关方法。

(一)合并编码

编码合并是指对开放式编码的"本土概念"向上抽象,进行归类和整理。主要包括两种方式。

第一种方式是选择已有的编码进行合并。以已有编码"学业压力"为例,首先把所有跟"学业压力"相关的子节点全部选中,如图 8-25 所示。利用鼠标左键将选中的节点拖动至"学业压力"父节点上,即可合并编码。单击节点"学业压力"前的打开标识,即可看到合并的所有子节点。

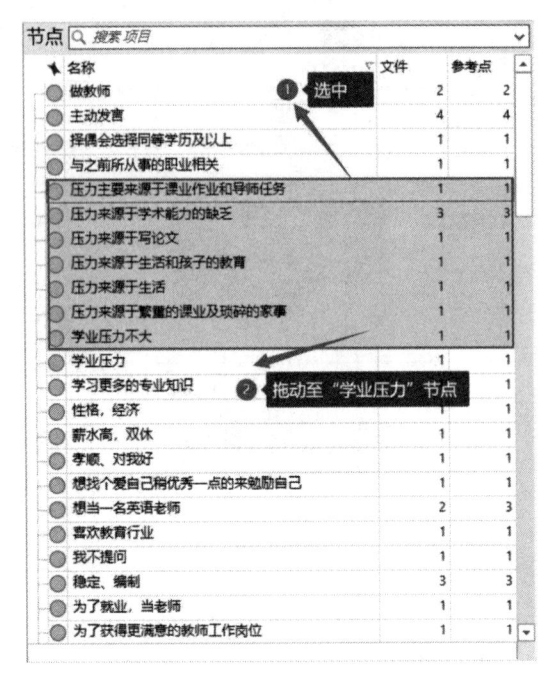

图 8-25

第二种方式是新建一个编码节点。该节点应能够代表自由节点之间的类属关系。由于新建的节点是按拼音顺序来排序的，所以新建节点时，可以通过写英文字母将新建的节点放置在最前面，以免在众多的节点中难以找到。具体操作步骤如下。

第一，将光标放在列表视图空白处并右击，在弹出的快捷菜单中单击"新建节点"，如图 8-26 所示。在弹出的"新建节点"对话框中输入名称，单击"确定"按钮，即可新建节点，如图 8-27 所示。

图 8-26　　　　　　图 8-27

第二,首先选中跟"A课堂表现"新节点相关的子节点,并右击,在弹出的菜单中单击"剪切"(节点较多时使用),如图8-28所示。然后右击"A课堂表现"节点,在弹出的菜单中单击"粘贴",即可将选中的节点合并至"A课堂表现"父节点上,如图所示8-29所示。当然,也可以直接将选中的子节点拖动至目标父节点上。

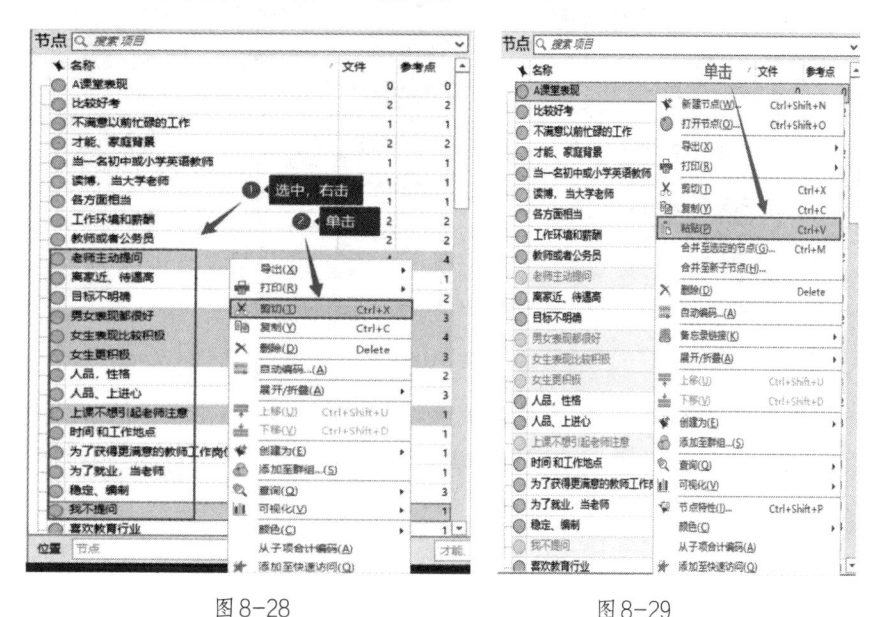

图8-28

图8-29

编码合并之后,发现有不能归类,或跟自己的研究无关的节点,可选中右击,直接删除。如果想更改节点的名称,可右击该节点,在弹出的快捷菜单中,选择"节点特性",随后在弹出的"节点特性"对话框中输入节点名称,并单击"确定"按钮,即可修改名称。

若想了解在父节点下一共有多少个子节点,则可右击目标父节点,在快捷菜单中单击"从子项合计编码"。目标父节点上会即刻显示合计的文件及参考点数量。

(二)取消与增加编码

1.取消编码

双击打开编码节点,如果你发现该节点的一些编码有错误,你可以选中该编码内容并右击,在弹出的快捷菜单中选择"在此节点取消编码",则该编码内容便消失在此节点中。如图8-30所示。

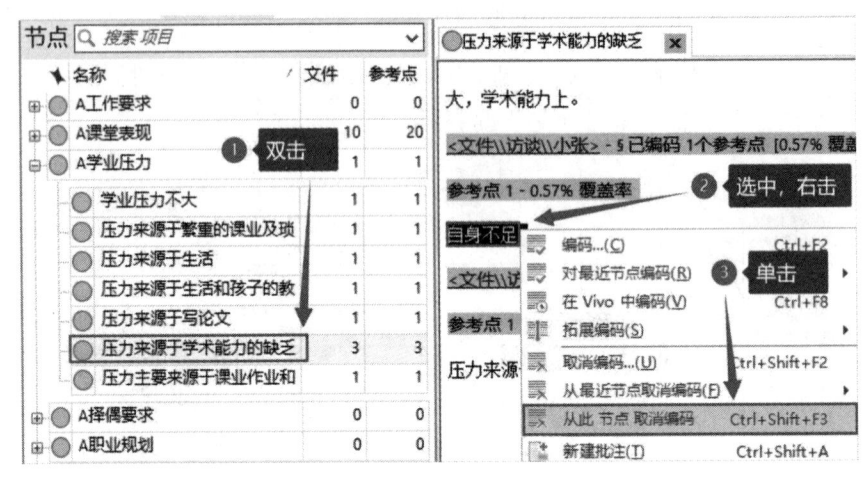

图8-30

在浏览编码时,如果想找到该编码的原始文档,单击上方的蓝色文字超链接,NVivo会在明细视图中弹出一个新的窗口用于显示该节点出自哪篇文章。

如果想对某一编码的前后文字进行查看,可选中右击该编码,在弹出的菜单中单击"编码邻近区",选择"大范围",该编码的前后文字就会显示出来。如果显示"小范围",则只显示节点前后的5个字,此外也可以自定义编码前后的文字数量。

2.增加编码

若需要对某一个节点增加编码时,首先选中文字后右击,在弹出的菜单中单击"编码",如图8-31所示。之后出现"选择编码项"对话框,单击要增加编码的节点,然后再单击"新节点"按钮,出现"新节点",最后在"新节点"处输入节点名称后,单击"确定"按钮,新节点即被建立。如图8-32所示。

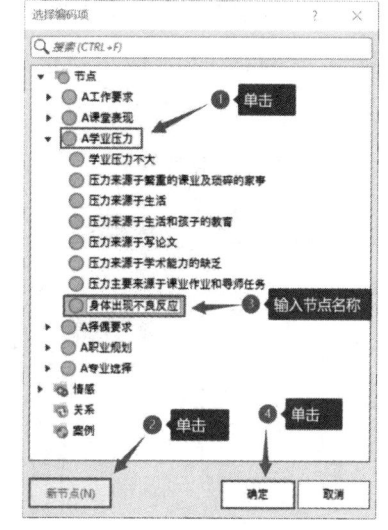

图 8-31　　　　　　　　　　　　　　图 8-32

(三) 查看编码

若对某一节点的编码数据进行查看,直接双击该节点即可。若对某一节点的所有数据汇总进行查看,首先选择要查看的节点,双击选择某一节点之后单击"汇总",就会出现该节点下被编码的数据总体情况。如图 8-33 所示。

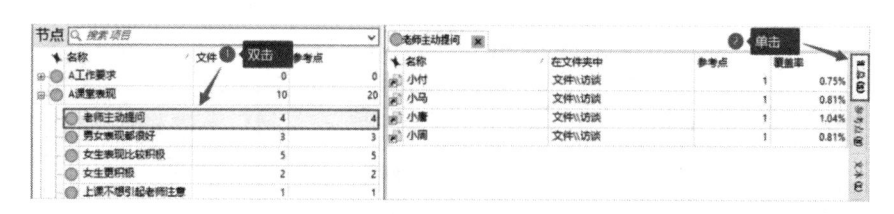

图 8-33

若想了解文本材料整体的编码情况,可以使用"编码带"功能。首先双击打开已编码的文档,自动弹出"文档"选项卡,单击选项卡下"编码带"按钮,在弹出的快捷菜单中选择"所有编码"。如图 8-34 所示。每个段落的右边会出现该段的编码带,你可以了解整个文档的编码情况。如果该段落的某些部分还有其他编码主题,会显示另一种颜色的编码带。单击不同颜色的编码带,就会突出显示编码带相对应的编码部分。如单击"压力主要来源于课业作业和导师任务"编码带,文档中的编码段落将被突出显示。如图8-35所示。黑色的编码带表示该段落的编码密度,颜色越黑,显示该部分被编码的次数越多;如果有部分白色,则说明该段落的某些部分未被编码。

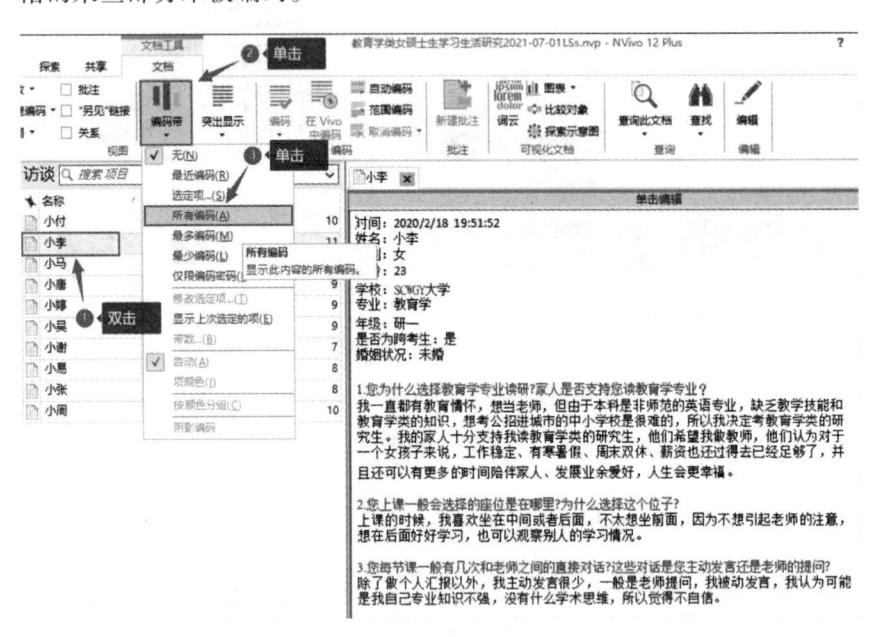

图8-34

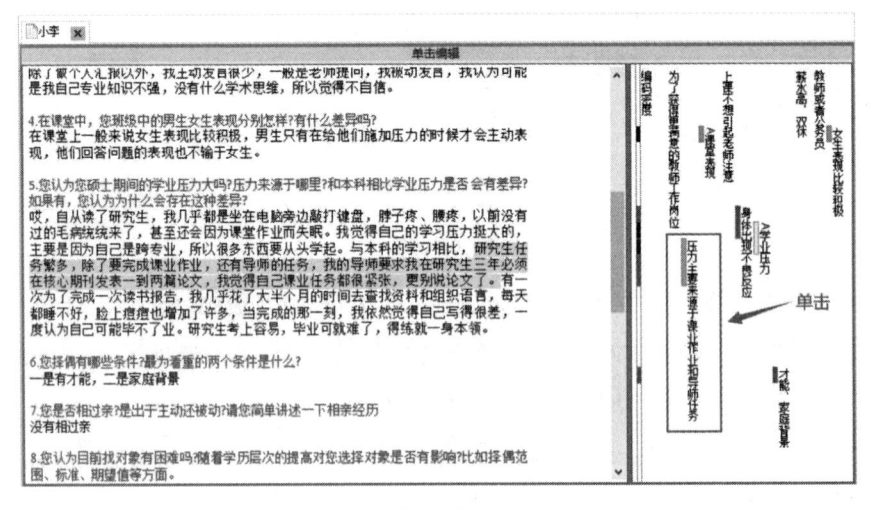

图8-35

七、编码中批注与备忘录的使用

（一）建立批注

在编码时，我们可能会对文本材料的内容产生一些灵感或困惑，这种小的、过程性的想法我们可以用批注的方式把它记录下来。建立批注的具体操作如下。

第一，双击项目打开文本，选中文本片段后在"文档"选项卡下单击"新建批注"命令，如图8-36所示。

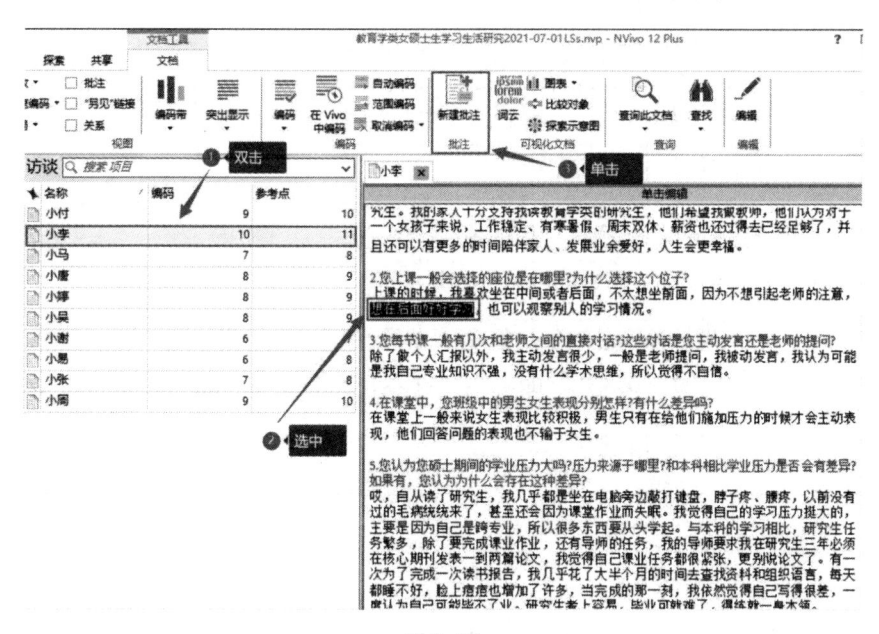

图 8-36

第二，单击"新建批注"后批注栏会出现在操作页面底端，在批注栏输入你的问题或评论。输入完成后，单击选中的文字，被批注的文字添加了背景。如图8-37所示。在NVivo中，系统默认有蓝色背景的文字是被批注过的文字，以后阅读时遇到有蓝色背景的文字，说明该段文字被批注过。此外在批注栏中单击序号，系统会自动定位到该序号对应的被批注过的文字。

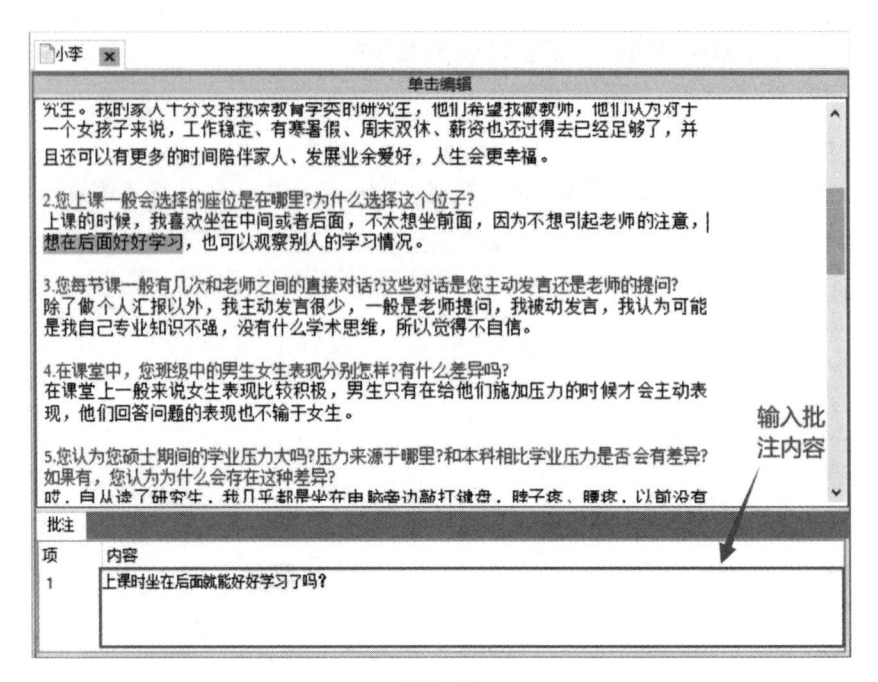

图8-37

若要隐藏批注栏,可在功能区中单击"文档"选项卡,在"视图组"中将"批注"复选框取消勾选,即刻批注就会被隐藏起来。如果想查看所有的批注条目,可单击导航视图中"注释"组下的"批注"文件夹,列表视图中会显示所有的批注条目,双击相关条目即可查看相关内容的批注。

2.建立备忘录

批注会帮助你评论、提醒,或观察特定的一个词语或一段话,而备忘录就是一个文档,可以更好地帮助你记录想法和见解。如果你有一些成熟的、大胆的想法,可以使用备忘录对研究过程、数据或发现进行更长时间的思考。建立备忘录的详细步骤如下。

第一,双击项目,在弹出的"文档"选项卡下单击"备忘录链接",在下拉菜单中,选择"链接至新备忘录",如图8-38所示。在"新建备忘录"对话框中,输入备忘录名称,单击"确定"按钮,如图8-39所示。

第二,单击"确定"按钮后,备忘录文字输入框就会自动跳出。输入文字后,备忘录便会自动保存。单击导航视图注释组下的"备忘录",即可在列表视图中看到建立过的备忘录列表。

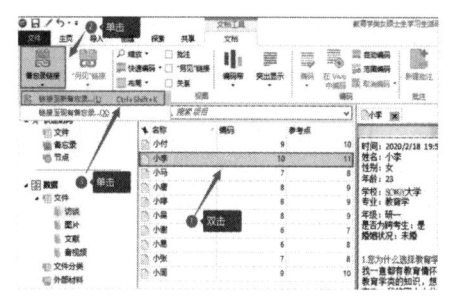

图 8-38 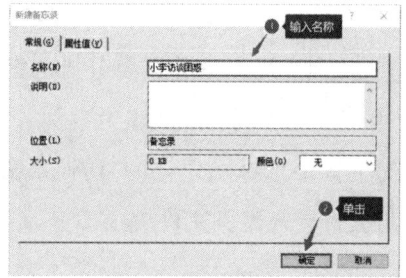　　　　　　　　　　　图 8-39

八、案例创建与编码分析

(一)建立案例

在NVivo中,案例代表一个分析的单元。它能够保存与一个人、一个群体或一个事件的所有数据。比如针对3个问题,采访了3个人,那么每一个人都可以作为一个案例,装着每一个人关于这三个问题的信息。案例很重要,因为编码到他们的每一段数据都可以连接到研究中属性(变量)的相关值,是进行编码分析、社会网络分析等的前提。创建案例的具体步骤如下。

第一,确定分析单位,建立案例文件夹,以储存案例。比如对"访谈对象"这个分析单位比较感兴趣,则在导航视图案例组下右击"案例"文件夹,在出现的菜单中单击"新建文件夹",以此来存储访谈对象案例文件。如图8-40所示。在弹出的"新建文件夹"对话框中输入文件名称,单击"确定"按钮即可建立案例文件夹,如图8-41所示。

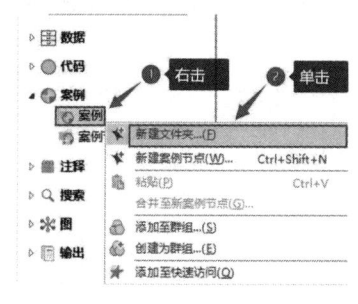

图 8-40 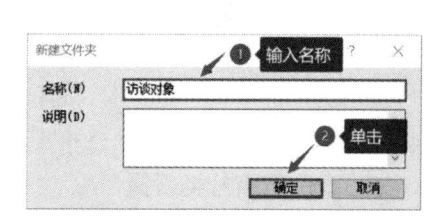　　　　　　　　　　　图 8-41

第二,建立案例,将文件导入案例。单击导航视图中的"访谈"文件夹,在列表视图中选择要分析的案例文件,并右击,在弹出的菜单中单击"创建为",再单击"创建为案例",如图8-42所示。在弹出的"选择位置"对话框中选择刚建立的"访谈对象"案例文件夹,单击"确定"按钮,即可将文件导入案例文件夹中。

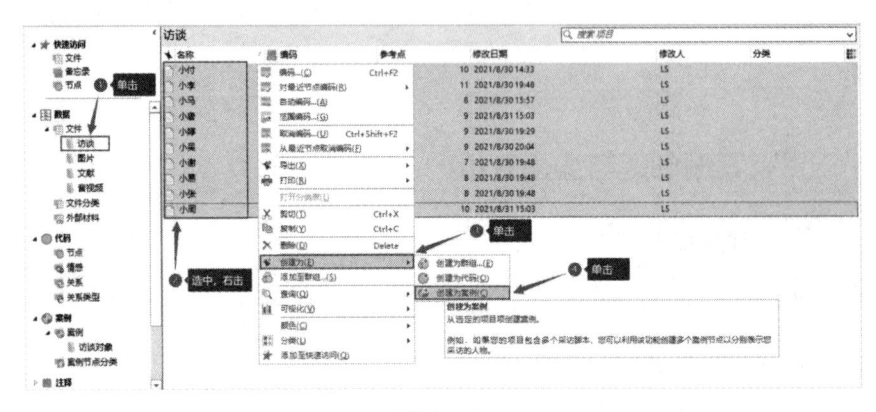

图8-42

创建好案例后,单击导航视图案例组下的"访谈对象"案例文件夹,导入的案例在列表视图中全部呈现,双击其中一个案例,该案例的内容就会在右侧显示。如图8-43所示。

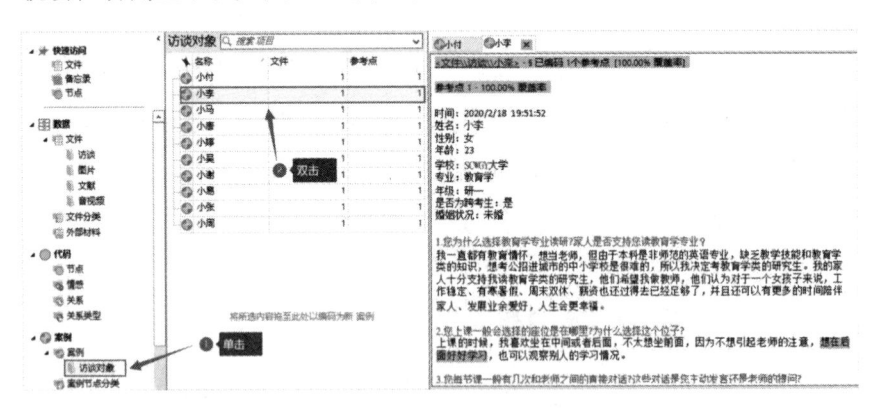

图8-43

(二)案例节点分类设置

当案例特别多的时候,我们需要对它们进行归类整理。我们可以在案例节点分类处新建一个分类来管理访谈对象,并对它们的自然属性进行赋值。具体操作如下。

第一,单击导航视图下"案例"组下的"案例节点分类"选项,在功能区的"创建"选项卡下单击"案例节点分类",如图8-44所示。随后在跳出的"新建分类"对话框中,输入名称,单击"确定"按钮即可创建案例节点分类。如图8-45所示。

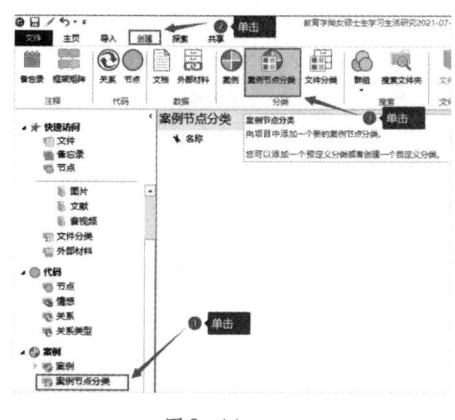

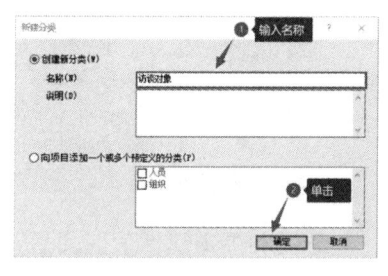

图8-44

图8-45

第二,对访谈对象的自然属性进行赋值。创建案例节点分类后,在列表视图右击"访谈对象"案例节点分类,在弹出的菜单中单击"新建属性",如图8-46所示。弹出"新建属性"对话框,输入属性名称并选择新建属性类型中的"文本",因为我们需要用文本描述来界定年龄区间,因此要选择文本。如图8-47所示。

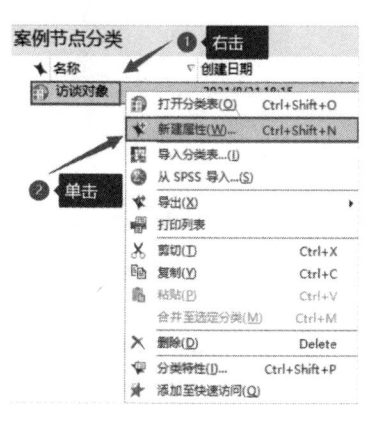

图8-46

图8-47

单击"新建属性"对话框中的"值",单击"添加"按钮,输入属性值"25岁以下"。若要添加第二个属性值(如26~30岁),请重复图中步骤2和步骤3。添加完成后单击"确定"按钮,如图8-48所示。

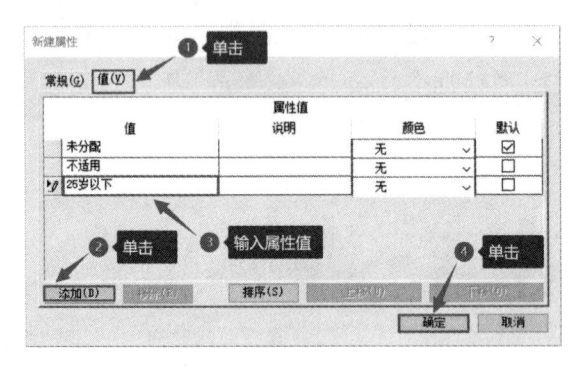

图 8-48

(三)归类案例

分类和界定属性值区间后,下一步需要把所有案例的属性值归类进行输入。单击导航栏中"案例"组下的"访谈对象"文件夹,全选所有案例并右击,在弹出的菜单中单击"分类",再单击"访谈对象",如图8-49所示。

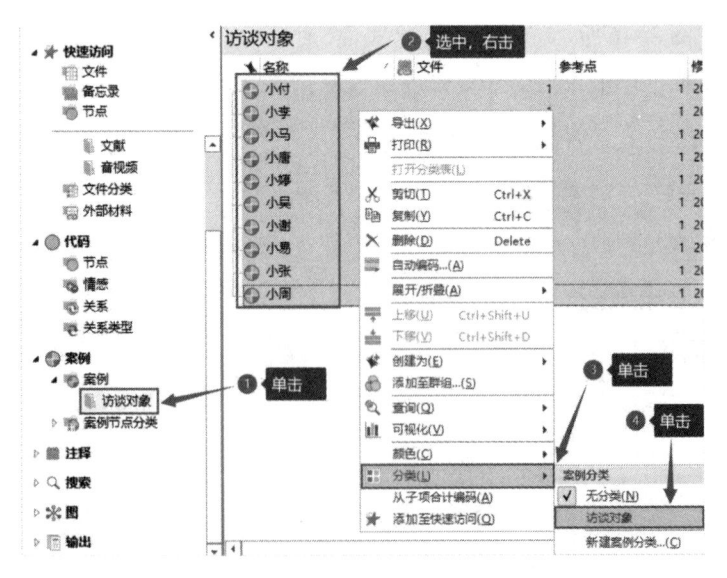

图 8-49

分类完成后,所有的案例都被归类。单击"案例节点分类"中的"访谈对象",存放在里面的所有案例全部在列表视图中显示,单击某一案例前的"+",会显示之前界定的"年龄"属性。如图8-50所示。

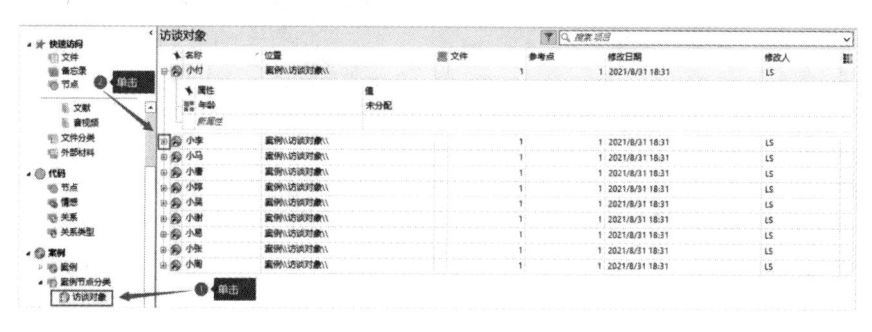

图 8-50

图8-51标注的"未分配",表明这个案例的年龄值都未分配,虽然我们之前界定了年龄区间,但是具体每个案例属于哪个年龄区间我们并没有给出特定值。所以接下来需要把所有案例的年龄值归类。归类主要有两种方式。

方式一:单击"未分配"的下拉按钮,选择对应的年龄区间即可。如图8-51所示。

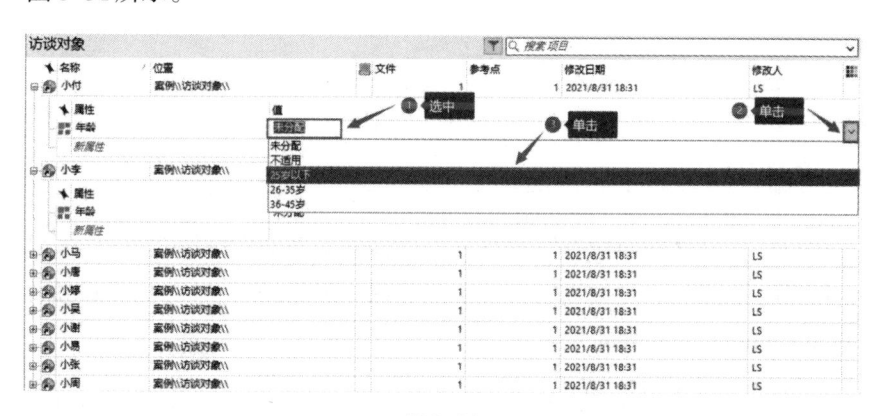

图 8-51

方式二:打开"分类表",可以成批输入变量值。具体操作:首先,单击功能区"主页"选项卡,单击"案例分类"按钮,在弹出的菜单中单击"访谈对象",如图8-52所示。

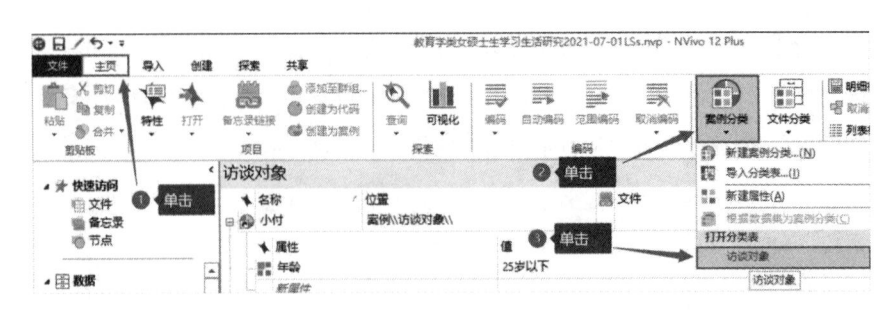

图 8-52

然后,案例分类表打开后,单击"年龄"栏中的下拉按钮,选择该案例对应的年龄区间即可。按照相同步骤分配其他案例的年龄区间,如图8-53所示。

图 8-53

(四)矩阵编码

矩阵编码查询使您可以查看两个项目列表之间的编码交点,你可以使用"矩阵编码查询"来询问有关编码数据中大量的有相同模式的问题,并查看这些模式的内容。

单击"探索"选项卡下的"矩阵编码",打开"矩阵编码"查询框后,先对矩阵的行进行设置。单击"+",在菜单中单击"选定属性值"。因为我们要在行里添加的是案例的属性"年龄",所以此处单击"选定属性值",如图8-54所示。

图 8-54

在弹出的"编码搜索项"对话框中单击"选择"按钮选择属性,如图 8-55 所示。在"选择项目项"对话框中单击"案例节点分类"文件夹,在右侧单击"年龄",然后单击"确定"按钮。如图 8-56 所示。

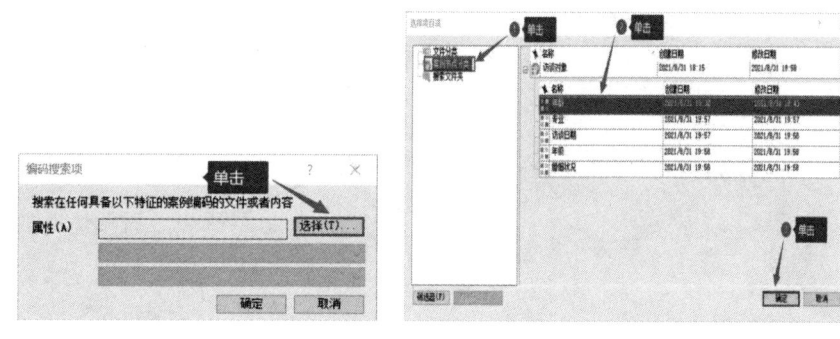

图 8-55   图 8-56

回到"编码搜索项"对话框,单击"确定"按钮,即可添加"年龄"属性到"行"里面,如图 8-57 所示。重复图 8-54 至图 8-57 的步骤可添加其他年龄区间到行里面。

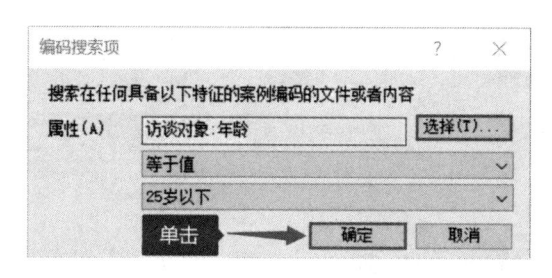

图 8-57

接下来对矩阵的列进行设置。单击"+",在弹出的菜单中单击"选择项",如图 8-58 所示。

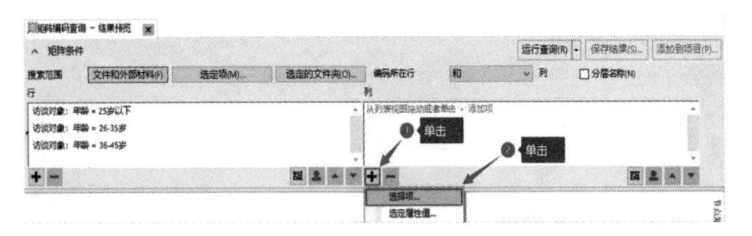

图 8-58

自动弹出"选择项目项"对话框后,在左侧导航栏里,单击"案例"组下的"访谈对象"文件夹,然后选择案例,如图 8-59 所示。

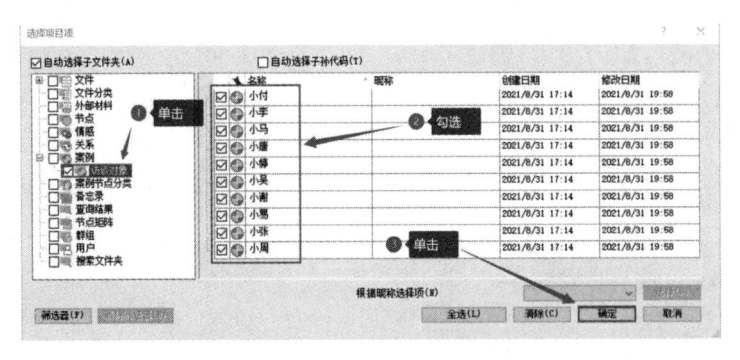

图 8-59

在对矩阵的行和列进行设置后,需要设定查询条件。如查询节点上的矩阵编码,则首先单击"选定项",在弹出的"选择项目项"对话框中单击左侧的"节点",然后勾选右侧的"读博士""教师或者公务员""目标不明确"节点,最后单击"确定"按钮,如图 8-60 所示。

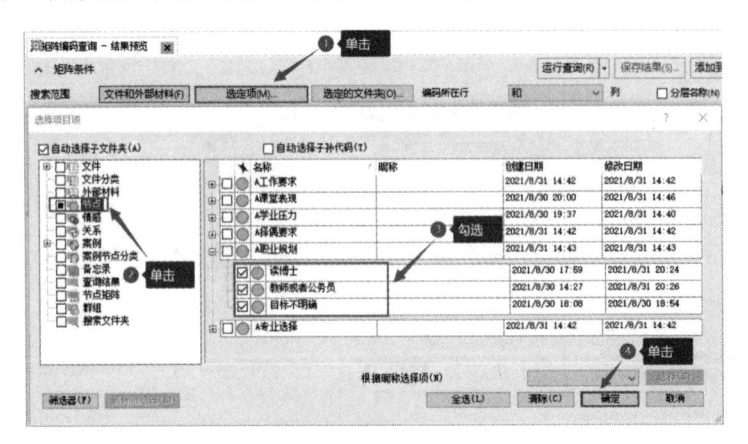

图 8-60

单击"运行查询"会显示查询结果,如图8-61所示。在查询结果框内标注加框的部分,表示小付在25岁以下年龄区间,有一个参考点,双击这个参考点,可查看内容。单击"图表"选项卡可以图像化显示查询结果,如图8-62所示。

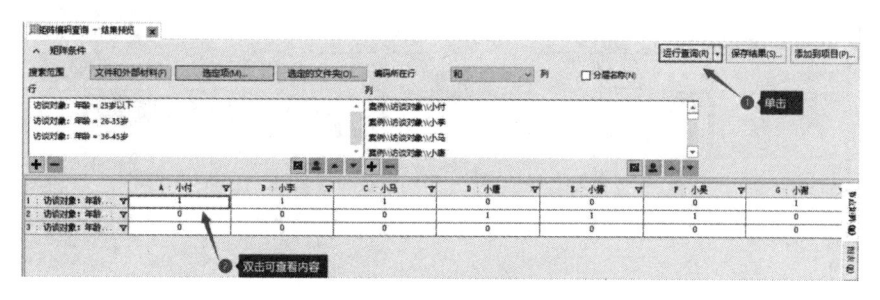

图 8-61

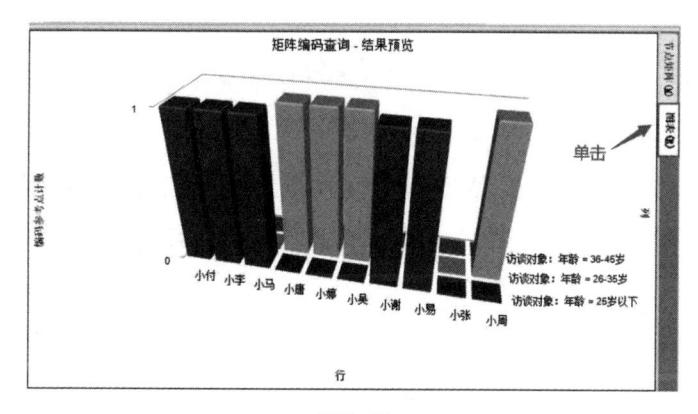

图 8-62

九、查询的使用

查询主要的作用是对资料的结论进行结构性的深挖。下面简单介绍两种基本查询方法,即词频查询与文本查询。

(一)词频查询

使用词频查询能够帮助你列出文件中最高频的词汇或概念,能够让我们了解这些文件最关注的信息是什么。你可以在项目的早期阶段使用,以确定可能的主题。具体操作如下。

第一，打开功能区"探索"选项卡下的"词频查询"。

第二，在弹出的"词频查询"窗口处设定搜索条件。具体步骤如图8-63所示。

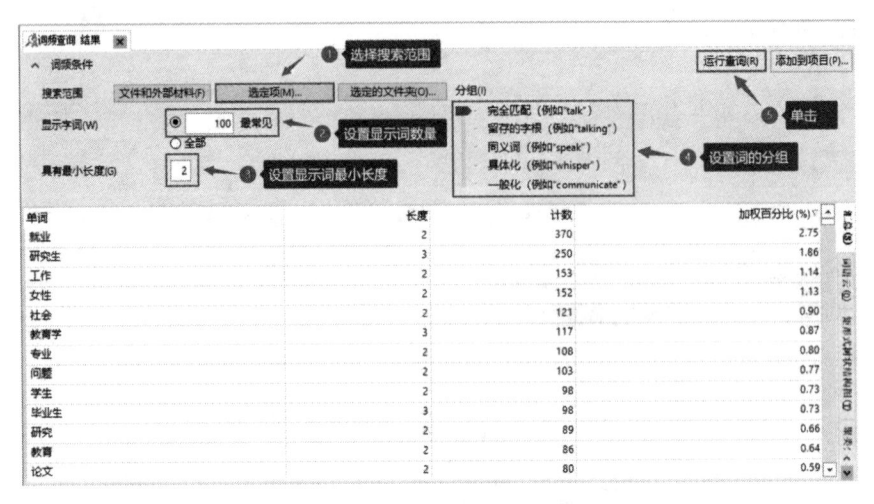

图 8-63

①选择搜索范围。"搜索范围"有3个选项："文件和外部材料""选定项""选定的文件夹"。可根据不同的搜索范围选择。本示例选择的是"选定项"，选定文献为"教育学类女研究生就业问题研究"，以探寻该文献的可能主题。选择的步骤如图8-64所示。

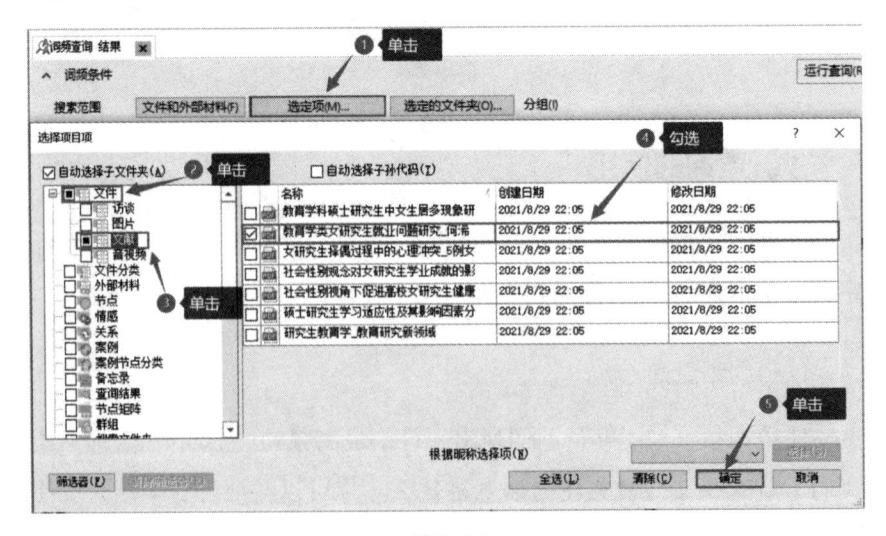

图 8-64

②设置显示词数量。"显示字词"默认是1000个,表示前1000个出现频率最多的词。可以根据你的需要设置出现词的数量,如100或200等。由于只是探寻单个文件的主题,本事例将出现词设置为100。

③设置显示词最小长度。"具有最小长度"表示搜索词的长度,如一字词、两字词、三字词等。这里输入2,即二字词,对二字词或二字词以上的词进行搜索,因为输入一字词往往无法完全概括主题。

④设置词的分组。"分组"是根据词义或字根,把具有相同意思或相同字根的词归于一类进行查询。例如,选择"完全匹配(例如'talk')",那查询功能只会把"talk"归于一类;如果选择"留存的字根(例如'talking')",则"talk"和"talking"会被归为一类;如果选择"同义词(例如'speak')",和"talk"相同意思的"speak"也会被归为一类。本事例选择"完全匹配"即可。

⑤单击运行查询。单击"运行查询"按钮后,会出现汇总结果,其中"就业"是出现频率最高的二字词,共计出现370次,说明这篇文献的核心观点就是"就业"。

若在汇总表中,发现了一些没有意义的词,如图8-65中"很多""没有""一个""这种"等词,你可以把它放在停用词列表里,下次查询的时候就不会被查询出来。具体操作如图8-65所示。

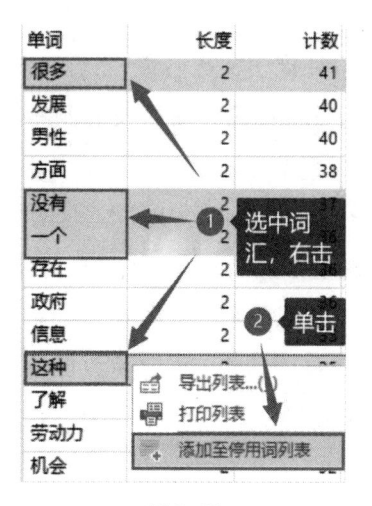

图 8-65

再次单击"运行查询"按钮,"很多""没有""一个""这种"等词则不再显示。如图8-66所示。

图8-66

如果想要保存本次"词频查询"的结果,请单击"添加到项目"按钮,在弹出的"词频查询"对话框中输入名称,之后单击"确定"按钮。在左侧的导航栏里单击"查询"按钮,在查询列表里,之前建立的"词频查询"就会被显示出来。

单击右侧的"词语云"选项卡,将以视觉化的方式显示词频汇总,最多显示150条词目。在上方的"词频查询"功能区中可以更改"词语云"的样式,如图8-67所示。右击"词语云"图片,单击"导出词语云"可对图片进行导出保存。视觉化呈现词频汇总还可以以矩形式树状结构图、聚类分析方式呈现。具体操作方式与图8-67一样,这里就不再说明。

图 8-67

(二)文本搜索

文本搜索提供在项目中搜索单词或短语的功能。你可以使用文本搜索来做以下事情。一是探索词语的用法、上下文和含义。二是查看一个想法或主题是否在你的数据汇总中经常出现,特别是在项目的早期阶段。三是自动编码单词或短语。四是搜索包含相似词的概念。文本搜索的具体操作如下。

第一,创建文本搜索。单击功能区"探索"选项卡下的"文本搜索"即可创建文本搜索。

第二,设置搜索条件。

①确定搜索范围。需要搜索所有内部和外部的本项目文件时选择"文件和外部材料",需要搜索指定的文档时选择"选定项",需要搜索文件夹时选择"选定的文件夹"。本示例是搜索访谈文件夹,所以选择"选定的文件夹"。首先在文本搜索查询框里点击"选定的文件夹",然后在弹出的"选择文件夹"对话框中单击"文件"选项下的"访谈"文件夹,单击

确定即可。如图8-68所示。

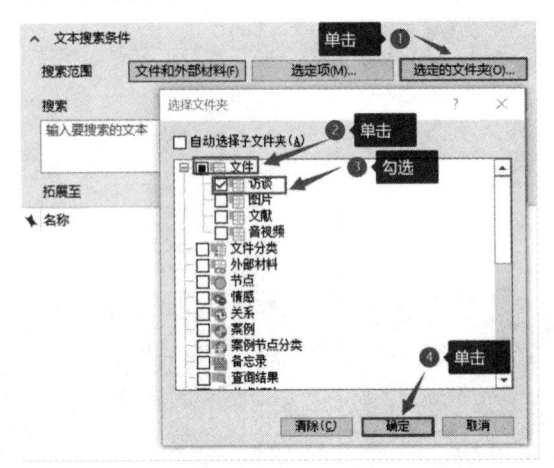

图8-68

②输入搜索词。搜索词在进行多个词组搜索时，可以运用"特别"菜单里的选项定义词组之间的关系。具体操作如图8-69所示。

图8-69

③设置"拓展至"，也即文本显示范围，本示例选择"无"；在分组设置部分选择"完全匹配"。如图8-70所示。

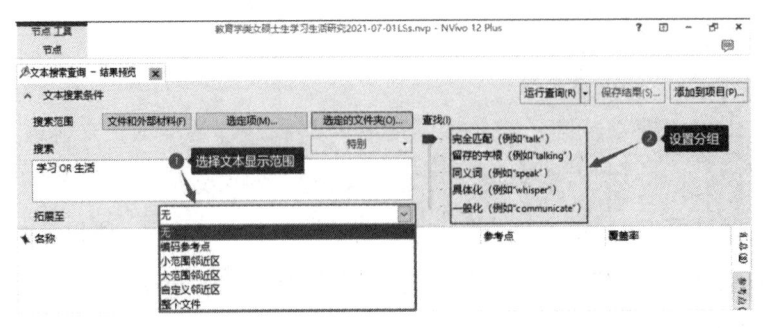

图8-70

④进行查询。单击"运行查询"按钮后,搜索栏下方会出现搜索的结果。以下5个文档均包含"学习"或"生活",其中小李文档中有5个词,小吴文档中有4个词。如图8-71所示。

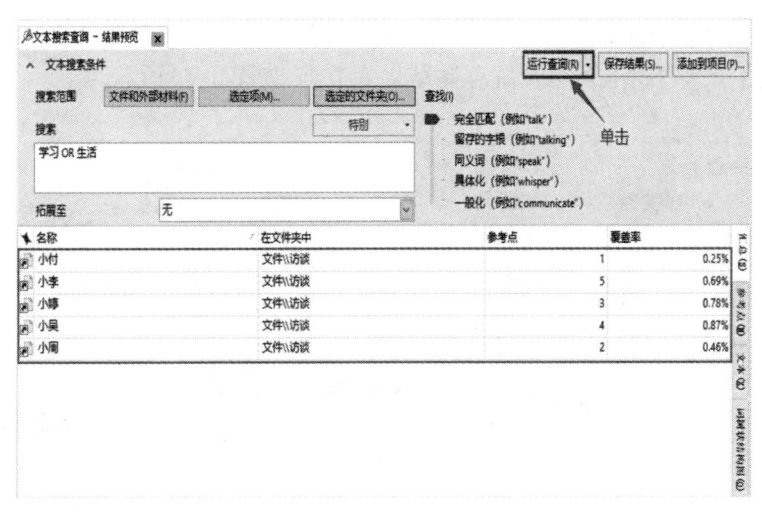

图 8-71

分别单击"参考点""文本""词树状结构图"选项卡,会以不同的方式显示搜索词相邻区域的文字。

为了使参考点更有意义,可以增加搜索词的显示范围,即在"拓展至"列表中选择一个选项。如图8-72所示。

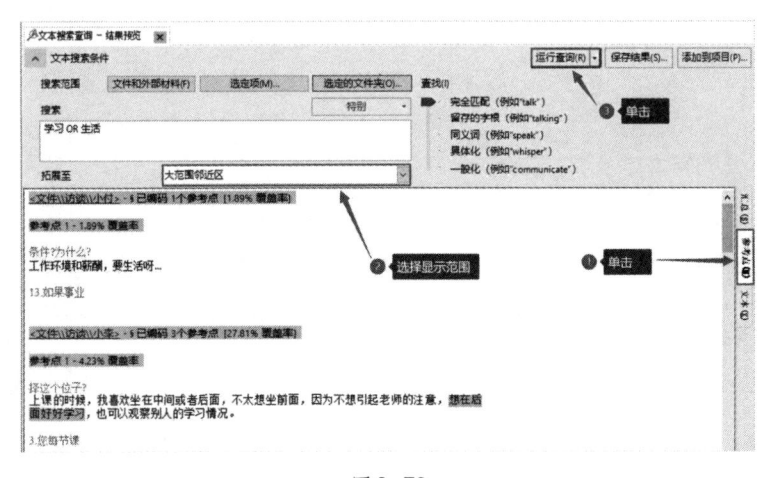

图 8-72

若要保存查询,请首先单击右侧"添加到项目"按钮,然后输入名称,单击"确认"即可保存。

单击导航视图"搜索"组下的"查询"选项,即可在列表视图中看见保存的查询记录,双击相应的查询记录即可在明细视图中查看内容。单击"保存结果"按钮,可以设置存储结果为节点,如图8-73所示。

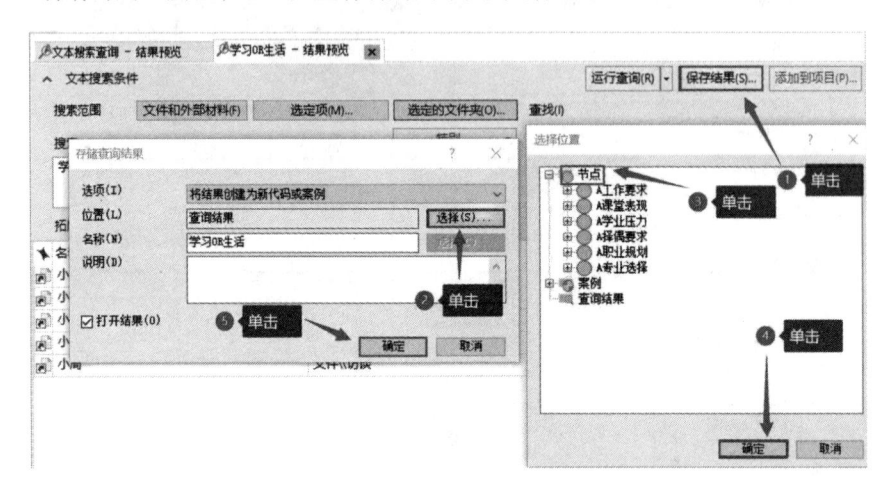

图 8-73

第九章 NVivo软件的研究案例：企业参与职业教育的路径

●○职业教育是我国教育体系中的重要组成部分。完善职业教育和培训体系，深化产教融合、校企合作，是职业教育发展的重点。本研究以中国高职高专教育网中产教融合下的校企合作板块的真实案例为数据源，使用NVivo 12 Plus质性分析软件，建立相关节点并对其编码分析，总结出企业主要参与职业教育中的学校教学、工作实践和科研创新三个方面。通过对三个方面进行分析总结，进而得出结论：企业参与职业教育的具体路径主要有为学校提供大量的助学与实践场地，提供资金、设备、技术等资源的援助，提供实践培训与工作岗位，并与学校共同进行科研创新。

第一节 研究背景

针对职业教育,习近平总书记指出要"优化职业教育类型定位,深化产教融合、校企合作"①。此后,校企合作越来越得到重视与落实,成为职业教育发展中的重点措施之一。2021年4月1日,国务院新闻办召开的"深入贯彻'十四五'规划,加快建设高质量教育体系"发布会上提出,要构建支撑技能社会建设的职业技术教育体系,大力推进产教融合、校企合作,普遍实行"1+X"证书制度,加强"双师型"教师培养,切实增强职业技术教育适应性②,校企合作的概念又一次被提了出来。

实际上,随着改革开放的实施,中国的经济得到了高速发展。在经济发展的大环境下,各种大中小型企业相继发展崛起,既为年轻人带来大量的学习和工作机遇,也潜在地提高了人们的升学与就业压力。伴随着生活质量的提高,精神文化与教育层面逐渐成为人们关注的重点,政府制定的教育政策涉及了义务教育、职业教育、高等教育、学前教育等各个方面,教育事业的蓬勃发展也让越来越多的人注意到了知识型人才的重要性。根据中国统计年鉴(2020)数据显示,截至2019年底,我国普通本专科招生人数为914.9万人,其中专科招生483.6万人,比2018年的招生368.8万人足足多了将近115万人,且占据普通本专科学生中的较大部

---

① 习近平.决胜全面建成小康社会 夺取新时代中国特色社会主义伟大胜利——在中国共产党第十九次全国代表大会上的报告[R].http://www.12371.cn/2017/10/27/ARTI1509103656574313.shtml.2017-10-27.
② 欧媚,林焕新.国新办召开发布会,介绍加快建设高质量教育体系情况——落实"十四五"规划,教育如何发力?[ER/OL].http://www.moe.gov.cn/jyb_xwfb/moe_2082/2021/2021_zl25/bd/202104/t20210401_523838.html. 2021-04-01.

分①。可以说,在国家的大力提倡、政府的积极响应和政策导向下,越来越多的人愿意接受通过职业教育提升自己。在筛选的过程中,社会对于人才的需求越来越大,要求也越来越高,有相当大一部分人的出发点是为就业做打算,为了谋求一份好工作而进入学校,以求习得一技之长。

尽管政府、学校、企业愈加重视职业教育,重视技能型人才,但仍面临一些问题。职业教育专业设置结构不合理,人才培养精准度不高,"供给侧"和"需求侧"存在"两张皮"现象。由此带来技能型人才存在"结构性缺失",特别是高端服务业和新兴技术产业等领域人才的缺失。2014年,国务院印发《关于加快发展现代职业教育的决定》,提出要形成适应发展需求、产教深度融合,具有中国特色、世界水平的现代职业教育体系。党的十九大报告中指出,要完善职业教育和培训体系,深化产教融合与校企合作。教育部"双高计划"实施以来,我国技能型人才培养已从"规模扩张"发展为"提质培优"新阶段。2017年12月,《国务院办公厅关于深化产教融合的若干意见》指出,深化产教融合,促进教育链、人才链与产业链、创新链的有机衔接。2019年1月,国务院发布了《国家职业教育改革实施方案》,要求提升企业参与职业教育的积极性,促进产教整合校企"双元"育人要求,推动校企全面深度合作,实现职业院校和行业企业形成命运共同体。校企命运共同体有助于推动学校与企业的共荣共生,提升学校服务产业转型升级能力和企业核心竞争力。如何构建校企命运共同体,突破传统校企合作的藩篱是重要的研究主题。2008年的金融危机爆发后,百所国家示范高职院校联手百家企业发表《北京宣言》,呼吁校企抱团取暖、共渡难关,体现了职业教育国家队的担当。建立"协同育人、利益共享"的命运共同体价值共识,将"企业生产一线"与"师生教学现场"相融合,把企业真实环境作为育人场景。

---

① 中国统计年鉴:21-7 各级各类学校招生情况.http://www.stats.gov.cn/tjsj/ndsj/2020/indexch.htm.

第二节 研究综述

一、关于校企合作的现状总体研究

学者郑永进等通过对全国200所国家示范高职院校推荐的1400余家紧密型合作企业进行网络问卷调查发现,这些学校在与企业进行合作的过程中,企业方总体上高度认可校企合作共同育人的方针,并且在国家示范高职院校人才培养的过程中参与率整体较高,对国家示范高职院校办学的整体认可度较高,校企合作成效明显,但双方整体合作的机制仍然需要进一步突破,并且高职院校一方需要加强本校教师的应用能力[1]。虽然目前校企合作的进展随着高职院校的蓬勃发展不断加快,但合作理念仍然滞后,缺少完善的政策和制度保障,运营机制不够完善[2],合作方式单一,合作层级深度不够[3]。由此可见,从校企合作的整体现状来看,双方主体的参与度提高了,发展的进程加快了,但在取得一定成果的同时也暴露出了许多问题。

二、关于校企合作的模式研究

学者王崇伟总结出三种国内外的优秀校企合作模式:校办企业模式、行业办学模式、合作办学模式[4]。而校企合作理念在国内发展并非一帆风顺,学者龙艳提出国内校企合作模式下,高职教育发展需要加强高

---

[1] 郑永进,吕林海.国家示范(骨干)高职院校校企合作现状调查——来自全国1400余家合作企业的调查[J].中国高教研究,2017(09):94-98.
[2] 费芳.试论高职院校校企合作的深化与发展[J].职教论坛,2016(24):44-47.
[3] 柴美娟.产教融合背景下高职校企合作研究[J].教育理论与实践,2020,40(03):25-27.
[4] 王崇伟.校企合作模式探究[J].中国新技术新产品,2009(16):238.

职教育顶层设计,创新人才培养体系与载体,完善保障制度与激励政策①。还有学者马廷奇针对建设校企命运共同体,提出要同意规范性和多样性,推进变革运行机制,实现校企合作治理范式的转换②。可见校企合作的模式仍然需要不断完善。

三、关于校企合作的机制研究

学者沈剑光等提出基于企业视角,需要构建多元治理框架下校企合作激励机制,从而激发企业参与合作的动机,以促进校企合作的展开③。基于经济利益与社会责任视角,需要构建企业参与校企合作教育的动力机制④,可见校企合作机制构建中,如何提高企业的参与动力是值得研究的问题。还有学者吴建新等认为"企业冷"的主要原因是政府的服务购买不到位,校企合作育人需要政府进行有效的介入⑤。可见,目前有许多学者注意到了合作机制的不完善,并在思考如何改善现有机制的同时,探索能否创造一些新的机制,以便校企将合作更好地建立在发展的基础之上,从而为合作提供更好的发展环境。

四、关于校企合作的影响因素研究

学者刘志民等通过实证研究总结出,校企合作动力受企业所属行业、技术采用、企业规模与所有制影响,受企业的合作策略和历史影响,受政府政策影响⑥。学者林仕彬等基于Logistic回归模型分析调查问卷

---

① 龙艳.校企合作模式下高职教育发展的多维思考[J].职教论坛,2019(02):147-152.
② 马廷奇.命运共同体:职业教育校企合作模式的新视界[J].清华大学教育研究,2020,41(05):118-126.
③ 沈剑光,叶盛楠,张建君.我国企业参与校企合作的现实意愿及影响因素——基于766份样本数据的调查[J].职业技术教育,2018,39(07):33-39.
④ 马永红,陈丹.企业参与校企合作教育动力机制研究——基于经济利益与社会责任视角[J].高教探索,2018(03):5-13.
⑤ 吴建新,欧阳河.政府有效介入下的职业教育校企合作长效机制研究[J].职教论坛,2017(10):18-28.
⑥ 刘志民,吴冰.企业参与高职校企合作人才培养影响因素的研究[J].高等工程教育研究,2016(02):143-147.

得出,企业规模、产业类型、员工劳动合同时间、用工短缺对于校企合作的开展影响较大①。还有学者沈剑光等通过调查问卷得出,校企合作受社会、法律、行业等因素影响程度较低,职业院校合作效能、企业内部障碍以及政府政策的力度影响较大②。可见在校企合作的过程中,学校、企业、政府、社会等主体都在各自环节扮演着重要的角色,每一个主体都有一定的影响因素,而其中企业的影响是最大的。

五、关于校企合作的路径研究

学者李爽等通过研究得出,校企合作的路径可以从引企驻校、引校进企、校企一体三个方面进行探究:通过引企驻校,建立校内学徒中心,搭建双平台;通过引校进企,实施校企共同招生、共研人才培养方案,校企共置及共享资源;通过校企一体,实施志智双扶行动,为家庭贫困学生提供上学机会,提供就业岗位,从而实现脱贫③。这里可以总结出校企合作涉及的两个合作方面,一个是学校教学,一个是实践与就业。

学者王修杭针对就业问题提出,校企合作路径中需要重视人才创新创业能力的培养,并将培养过程分为三个方面:面向整体以授课讲解为主,再对学生实践能力进行培养,以及面对已经创业的学生④。在创新方面,学者施成提倡整合双方资源配备专门的管理服务团队,提升学校科研能力,加速企业新产品研发达到双赢⑤。这里又可以看出校企合作涉及科研创新这一板块,综合前面的教学合作与实践就业合作来看,校企开展合作实际上是双向的过程,双方在人才培养、就业、创新等方面都进行了合作,这些路径取得了良好的效果,既大幅提升人才培养质量,又可以进一步深化产教融合校企合作。

---

① 林仕彬,谢西金,陈长城.基于Logistic回归模型的企业参与校企合作影响因素分析[J].中国职业技术教育,2016(30):61-65.
② 沈剑光,叶盛楠,张建君.多元治理下校企合作激励机制构建研究[J].教育研究,2017,38(10):69-75.
③ 李爽,张莉莉.深化产教融合校企合作的路径探究——以南阳职业学院为例[J].教育教学论坛,2020(29):351-353.
④ 王修杭.校企合作的创新创业人才培养路径研究[J].现代营销(下旬刊),2017(08):110.
⑤ 施成.推进校企合作的路径研究[J].销售与管理,2019(13):84-85.

综上，学界对于校企合作的总体现状、模式、机制、影响因素等问题的研究已经取得了有益的成果，并且在校企合作的路径上也有了很多见解。因此，在这些已有的研究成果之上，本章结合实际合作过程，对企业这一主体在校企合作中参与职业教育的路径进行具体的研究，期望通过结合更多亲历者的经验，在总结现有路径的同时，提供一些建议。

第三节 研究设计

一、研究思路

研究者在本研究中使用NVivo 12 Plus软件,先将从高职高专网上下载并整理好的文档导入该软件中,接着对这些材料进行分析并建立节点,然后根据研究方向和目的对这些节点进行二次编码,最后通过软件得出可视化的内容。具体操作过程如下。

研究者将已经整理好的文档导入NVivo 12 Plus软件中,根据扎根理论的研究方法,对这些文字稿进行编码。根据校企合作的路径的相关文献的阅读与总结(参照绪论部分的研究综述),结合文档的编码内容,先将企业参与职业教育的路径分为三个大的方面,分别是"参与学校教学""实践与工作""科研与创新合作",此为第一层级节点,称之为"父节点"。然后,研究者对父节点中的相关内容进行分类编码,这些新编码出的次级节点称为"子节点",如在父节点"实践与工作"下,又分为了"共建实践场所""实践与工作岗位""培训(体系、方案等)""技术、技能""行业知识与信息""企业文化"这6个子节点,在子节点的下面研究者还可以继续进行编码,如"课堂教学"节点下还有4个子节点。通过不断整合,编码内容呈现如图9-1所示。

图9-1的编码内容,主要是父节点和一些子节点,此处研究者选取一部分进行展示。而NVivo 12 Plus软件的便利之处,不仅可以通过对这些材料的内容进行编码,还可以看到每一个案例的节点个数和参考点个数,观察不同的案例着眼于哪些方面的举措。此处研究者也选出一部分进行展示(参见图9-2)。

名称	文件	参考点
① 参与学校教学	0	0
教学管理与评价	7	8
举办教育活动	7	7
课堂教学	16	23
教材编写、制定、建设	7	9
教学资源（包括设备）	30	39
课程开发与建设	27	33
资金	14	15
培养方案和办学模式	0	0
师资建设	18	20
校企共建	55	90
专业建设	12	15
② 实践与工作	0	0
共建实践场所	0	0
合作项目与平台	34	48
技能大师工作室	5	8
实训中心、基地	33	64
行业知识与信息	7	7
技术、技能	17	21
培训（体系、方案等）	18	26
企业文化	9	15
企业实力与优势	10	10
实践与工作岗位	53	120
③ 科研与创新合作	0	0
共建创新技术研发中心	24	38
创新中心	6	7
技术中心	8	9
实验室	2	2
研发中心	14	20
具体举措	20	37

图 9-1

名称	编码	参考点
2021-01-15 融入课堂走进企业 湖南铁道职院让思政课"活"起来	4	4
2021-01-13 江西应用技术职业学院：打造技术技能人才培养高地	5	7
2021-01-04 滨州职院搭建"三大平台"、聚焦"三大维度"，推动军政校企深度融合	13	27
2020-12-28 校企合作搭平台，产教融合共育农业工匠人	12	14
2020-12-24 产教融合的"三级跳"	5	7
2020-12-18 育人为本，质量为先：落实立德树人根本任务 高科产业学院开展素质拓展教育活动	3	3
2020-12-18 滨州职院深化产教融合 助力区域经济高质量发展	5	5
2020-12-16 共建校企命运共同体 同绘职教发展蓝图——聚焦安徽职业技术学院校企合作工作探索	13	19
2020-12-14 深化产教融合 提高专业建设水平——云南经贸外事职业学院发挥民办高职院校办学优势的探索与实践	2	2
2020-12-11 "二元制"产教融合范式创新与实践	3	3
2020-12-08 职教赋能人才聚力——苏州经贸职业学院助力盛虹集团高质量发展	8	8
2020-12-08 恒河材料科技股份有限公司：校企协同创新 为产业高质量发展赋能	12	16
2020-11-27 江西交通职业技术学院与广汽汽车江西分公司构建校企命运共同体	6	9
2020-11-25 金华职业技术学院：校企携手助推区域经济大发展	5	5
2020-11-16 顺势之为 创新之举——广州东华职业学院联手中科雅图成立应急管理技术学院	8	13
2020-11-12 湖南铁道职院：党建引领校企合作新模式	2	2
2020-11-12 东营职业学院：搭建校企合作平台，精准输送会计人才	9	12
2020-11-09 对接产业需求 服务地方发展	12	21
2020-10-31 南充科技职业学院与中国高科集团 共建中国高科产业学院	3	3
2020-10-29 兰州石化职业技术学院新建4个产业学院，深化校政企合作 助力人才培养	7	18
2020-10-29 构建校企命运共同体 培育新时代职业新人	8	16
2020-10-28 "毕业即就业"——柳州螺蛳粉产业学院首个订单班开班	6	6
2020-10-25 郑州电力高等专科学校与亚龙智能装备集团股份有限公司签订共建智能制造产业学院框架协议	12	16
2020-10-24 校企合作再加力 服务地方又添彩	8	8
2020-10-23 天津职业大学举办首期"天职"企业家大讲堂	4	4
2020-10-21 广东科学技术职业学院：珠澳合作培养跨境电商人才 产教融合助力澳门经济适度多元发展	9	14
2020-10-19 成都纺专与中职学校和地方政府共同举办"芦山纺织专班"	8	9
2020-10-10 长沙民政职院：校企合作 共同打造文化养老共同体	5	5
2020-10-09 技能强国 共乐未来——苏州经贸职业技术学院与中盈创信（北京）科技有限公司签订战略合作协议	6	7
2020-10-04 山东商业职业技术学院与浪潮集团共建"浪潮产业学院"	10	17
2020-10-04 共建共享 共生共赢 开创校企协同育人新模式——金职院入选CAR-66R3实施执照培训机构清单	4	9
2020-09-30 广东科学技术职业学院与华为联合成立"云中鹰研究院、共建'鲲鹏数字学院'"	11	12

图 9-2

二、研究方法

(一)文献研究法

文献研究法,指的就是研究者先搜集、鉴别、整理文献,然后对文献进行研究,进而形成对事实的科学的认识方法。在这里,首先研究者研究的内容是企业参与职业教育的路径,以中国高职高专教育网的数据作为参考进行收集,并根据每一篇文章的发表时间对其进行整理。然后研究者在中国知网上阅读了大量校企合作的文献,得出中国校企合作在整体上双方参与度提高了,发展进程加快了,但是合作的模式以及机制仍然有需要改进的地方,同时校企合作中企业一方的影响是最大的,校企合作的路径也拥有许多学者之前调查的结果,因此,研究者确定了以"企业参与职业教育的路径"为研究主题。如图9-3所示。

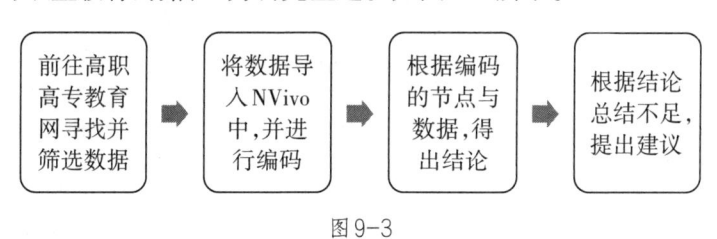

前往高职高专教育网寻找并筛选数据 → 将数据导入NVivo中,并进行编码 → 根据编码的节点与数据,得出结论 → 根据结论总结不足,提出建议

图9-3

(二)文本分析法

文本分析法,指的则是从文本的表层部分研究深入到文本的深层含义,从而发现那些不能为普通阅读所把握的深层意义。本文选取的数据来源中国高职高专教育网上,其拥有大量的关于校企合作的网页文本,本文选取过去一年多的数据,观察并总结出这一年中企业这一主体参与职业教育的措施,思考企业参与校企合作的目的,分析企业做得优异的以及不足的地方,并针对后者提出建议。

三、数据来源

本次研究结果所参考的数据皆来自"中国高职高专教育网"中"产教融合"下的"校企合作"栏目所发表的推文报道。如图9-4所示。

图9-4

中国高职高专网是由教育部全国高职高专人才培养工作委员会、全国高职高专校长联席会指导,由宁波职业技术学院承建的专业级高职高专教育信息网站,其收录了各种高职高专的相关信息,是了解中国高职高专的平台,对于研究国内职业教育的实践与发展具有很强的参考价值。

研究者研究参考的栏目于2006年1月13日发表了第一篇推文,当时该栏目尚处于起步阶段,主要是通过转载优秀的学术论文,向大家阐述我国的校企合作的状况,研究当下的运行路径,并尝试提出一些建议。后来,随着职业教育与校企合作的关注度上升,开始有职业学校通过与企业合作解决学生的未来就业问题,让学生积累更多的实践经验,因此该栏目开始推送相关职业学校的具体实践。本文则是主要参照这些具体实践,从中选择部分(100篇)推文进行企业参与职业教育的路径研究。这些推文均发布于2020年之后,是最新的公开的数据资料,由不同的职业院校撰写,以体现本院校最真实的合作状况,并且部分推文来源为《中国教育报》等权威报刊,具有专业性。后面研究过程与结果中的实例,均来自这些推文。

第四节 研究结果与分析

研究者在使用 NVivo 12 Plus 软件进行编码时,得出大量开放式编码。通过对这些节点进行总结分类,研究者又提炼出多个关联式编码,因而需要再对这些关联式编码进行总结。通过前面阅读文献,根据李爽、张莉莉、王修杭、施成等学者的研究,校企合作的路径可以从引企驻校、引校进企、校企一体三个方面进行探究,同时需要重视人才创新创业能力的培养,提升学校科研能力。因此,结合这些学者的研究以及编码结果,研究者得到"学校教学""实践与工作""科研与创新"三大核心式编码,并对研究结果进行阐述,企业参与职业教育的路径及其参考点数如表9-1所示。

表9-1

核心式编码	关联式编码	开放式编码
学校教学	校企共建	学院(43);特色班级(31);职教联盟(8);专业群(8)
	培养与办学	培养方案(41);办学模式(14)
	专业建设	专业建设(15)
	课堂教学	教学资源(39);课程开发与建设(33);资金(15);教材编写、制定、建设(9)
	师资建设	为学校教师提供培训、观摩、调研、学习机会等(28);企→校:顾问,技术指导人员等(27)
	教学管理与评价	教学管理与评价(8)
	举办教育活动	举办教育活动(7)
实践与工作	校企共建	实训中心(64);合作平台(27);合作项目(21);技能大师工作室(8)
	技术与技能	技术、技能(21)
	岗位	实践与工作岗位(120)
	培训	培训体系与方案等(26)

续表

核心式编码	关联式编码	开放式编码
实践与工作	知识	企业文化(25);行业知识与信息(7)
科研与创新	校企共建	研发中心(20);技术中心(9);创新中心(7);实验室(2)
	措施	具体进行开展(37)

一、参与学校教学

这一部分主要是企业参与职业教育中学校教学的方面与具体路径。企业对人才的渴望,最直观地体现在希望看见投入与付出,因此,参与到学校教育中去是极为重要的。许多企业因而主动与学校提出合作办学,真正渗透到职校办学理念、办学模式、培养方案的制定,甚至是师生应聘与招收流程上。但是,企业并非一厢情愿,学校一方为了能够获得优秀企业的合作资源,会主动展示自身的办学优势。于是,校企双方在学校教学方面开展了一系列合作,让企业也能够参与到教育教学中去。研究者从建校、专业、课堂、师资、管理与评价等方面出发进行编码,得到的节点如图9-5所示。

名称	文件	参考点
①参与学校教学	0	0
教学管理与评价	7	8
举办教育活动	7	7
课堂教学	16	23
教材编写、制定、建设	7	9
教学资源(包括设备)	30	39
课程开发与建设	27	33
资金	14	15
培养方案和办学模式	0	0
办学模式	10	14
培养方案	30	41
师资建设	18	20
企-校:顾问、技术指导人员	25	27
为学校教师提供培训、观摩、调研、学习机会	22	28
校企共建	55	90
特色班级(学徒制班、订单班)	23	31
学院	32	43
职教联盟	7	8
专业群	8	8
专业建设	12	15

图9-5

(一)参与学院建设

这一部分的参考文件与参考点很多,仅新成立的学院研究者就编码了43个参考点,可见一个教学场所的建立是极为重要的。行业企业参与教育,本质在于寻求人才以服务于自身,因此,提高学生的专业知识与能力至关重要。于是,校企合作共同建设专门的学院,如特色产业学院、职业技术学院等,招收想要进入相关行业领域的学生进行专门培养,共同研制人才培养方案,如无锡某学院校企共同探索并构建了以现代学徒制为典型的多类型、多层次、递进式工学结合的人才培养模式。

实际上,培养方案和办学模式都是校企合作中的重点,研究者编写的文件中,10篇涉及具体的办学模式,30篇涉及具体培养方案的制定,两者合计共有55个参考点。由于建立学院之后,必然需要确定学院的办学模式,如淄博某院校采取的"订单式"模式,即学院的学生与合作企业签订相关的订单培养协议,但并非直接签订合同,学生仍属于在校生而不是企业的准员工。订单生需要在培养结束时通过企业的成果验收,因而相应的关于通识知识的学习也会减少。在实行订单教育的同时,部分企业培训中心引入了国外的优秀职业教育模式,如珠海某技师学院引入了德国双元制职业教育模式,采用行动导向教学法,完全按企业需要培养人才。这体现了如今职业教育办学的国际化趋势,校企在进行人才培养时主动地了解并引入国外的办学模式,既能开阔学生的国际视野,也加强了企业与国际之间的联系,对于拓展市场大有裨益。

(二)参与专业建设

这一部分学院建立后,如何合理设置专业成了办学者需要思考的问题,包括专业化和社会化要求,以及能否满足市场需要和达到企业自身的岗位化要求。研究者建立"专业建设"的节点,有12篇文献中提到了专业建设的重要性以及须重点培养。在对这些措施进行研究时,研究者发现市场与企业自身的需求是一个很重要的参考点,学校一方更多的是思考学生的就业问题,以及如何在社会中贡献自我价值,因此市场的选择是关键性的参考依据,市场最缺哪方面的人才,学校和企业就开设哪方面的专业,并逐渐向全国推广,设立试点专业。比如无锡某技术学院拥有多项国家示范专业与省(市)属重点专业,并于2019年完成了数控技术和物联网应用技术两个省级品牌专业验收工作,其中数控技术专业验收结果为优秀,可见企业在参与专业建设的过程中还非常重视专业评价问题,能够及时了解并调整学院的办学方向。

与此同时,随着产业的发展,市场对于复合型人才的需求也逐渐增多,单项专业的建设与人才培养难以继续完全满足培养的总要求,于是专业群应运而生。校企配合政府开始建设相关的专业群以满足人才培养的需要,如智能制造专业群、软件技术专业群等,这些专业群具有很强的技术性和针对性,既能够提升最终服务产业的能力,也能提高学生的技术能力与水平,从而达到培养高质量职业人才的目的。

(三)参与开班教学

通过编码,"课堂教学"节点共有55个参考文件与119个参考点,"特色班级"涉及23个文件,有31个参考点,可见开班教学是校企合作中教学部分最常见的方式。专业设立后,学院开班教学,其中最具特色的是订单班和现代学徒制班。订单班的学生签订的是订单培养协议而非劳动合同,他们依然是学生身份,并非企业员工。而现代学徒制班的培养对象能够兼有员工和学生双重身份,这些人在班级培养初期就与企业签了合同,或是和学校方、企业方签了三方协议。企业在参与过程中占主体地位,为学生提供津贴补助,而学生主要任务是努力工作成为企业的优秀员工。相较于订单班的培养模式,现代学徒制班的学生能够拥有更高的企业归属感。如成都某职业学院组建学徒制班和订单班,以特定装备应用技术专业为试点,通过实施"精准招生、精准培养、精准服务"工程,大力培养专业工程匠人。

除了开设这些班级,行业企业还参与了课程的开发与建设。学校教材的编写制定,都需要行业和企业的参与。这些企业拥有产业发展前沿的信息,能够为学生的学习提供极大的帮助,毕竟学生学习知识与时俱进是非常重要的。在实际教学中,企业还为学校提供大量办学资金和教学资源辅以教学,学校则会根据企业的需求来开发专门的课程,如宁波某职院会根据合作的酒店方的需求来开发新媒体操作课程、研学旅游开发与应用课程;湖南某学院的育人基地通过专题授课或实践研修的方式,将企业的资源全方位融入学校思政教育之中,促进了课程的开发与教学进行。

在开班教学的过程中,学校还会有针对性地将企业文化融入专业教学过程中,如淄博某职院将其合作企业的企业文化引入了教学和班级管理,对班级实行工厂化管理,严格按照工厂要求,为学生提供更契合企业最真实工作状况的学习环境。此外,由于得到政府的引导和支持,企业还会参与一些职教联盟的辅助教学,以相关产业为纽带,以促进其发展为导向,最终达到合作共赢的目的,实现效益的最大化,比如成立产业技术战略联盟、产教融合联盟等。

(四)参与师资建设

师资力量是职业教育教学过程中非常重要的一环,越是专业的教师为学校和企业双方带来的收益也就越大。这一部分涉及48个文件,拥有75个参考点,研究者通过进一步编码总结,得出校企在师资建设的合作实际上是双向的。

一方面,企业为学校送去了大量专业顾问和技术指导人员。比如淄博某职业学院,在与学校联合制定培养方案和课程标准之后,选拔优秀带徒师傅建立了企业导师库,学校一方则每年从行业企业选聘优秀企业家和工匠,邀请他们担任学校的产业教授和客座教授,传播企业文化,讲授实践课程,传授工艺技能。

另一方面,企业为学校的教师提供了培训、观摩、调研和学习的机会,如无锡某职业技术学院积极引导推进教师走进企业进行实践锻炼,找准课题和研究方向,切实为企业解决技术难题。教师们通过这些实际情景的磨炼,既能获得大量经验促进教学活动,也能提高自身的专业素质和水平。

师资互通的举措,很大程度上加强了校企双方的对话交流,因此校企在师资建设上达成合作,重视师资培训,共同管理教师团队,制定教师考核机制,从而建设高水平的教师队伍。

(五)参与教学管理与评价

关于企业参与职业教育中教学管理与评价的部分较少,研究者在这一部分发现有具体参与举措的合作仅涉及7个文件,拥有8个参考点,并且在每一个文件中,企业参与教学管理与评价的部分涉及内容并不多。

通过对这些文件进行分析,研究者发现,为了便于对学校办学的阶段性成果进行验收,许多企业会参与到学校的治学管理评价上,如湖南某学院校企共订"课堂教学评价""顶岗实习评价"等一系列的评价标准,让企业参与雇主满意度评价,促进专业优化焦点与用人需求的对接,完善相关的管理体制机制,从而及时对学校的办学效果进行了解,并针对该时间段出现的问题做出调整。

(六)参与举办教育教学活动

学校在进行专业教学时必然不会仅通过单纯的讲学形式,在各种各样的专业背景下,学校还会举行各式各样的教育教学活动,让学生在活动中收获快乐,也能够学到专业知识,了解社会与企业背景。研究者在企业参与举办教育教学活动这一部分编码参考文件同样只有7篇,参考点只有7个,如图9-6所示。

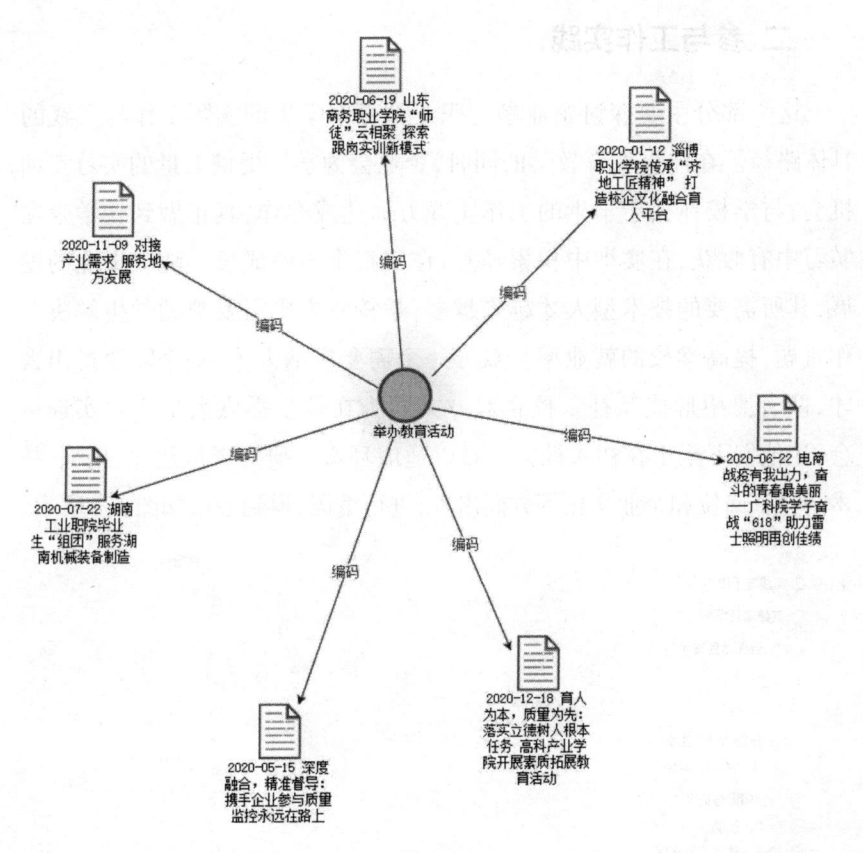

图9-6

这些活动一般会采用比赛、表演、宣讲等形式进行，如无锡某学院通过精准对接产业、行业和企业办学，借力技能大赛等，使学生学以致用；广东某学院针对疫情项目精心组织和开展了"云宣讲"和"云面试"等活动；湖南某学院通过深挖校企合作育人中的典型人物和动人故事，与中联重科共同创作校园舞台剧"中联一课"。这些活动得到了师生的一致好评，提升了企业的教学参与度，增进了校企的友好合作关系。这一部分和上一部分相似，涉及的文件数量较少，可见许多企业尚未真正参与到教学管理与评价中，也没有通过教学活动来拉近与学校的距离，这也是今后开展合作时有待提升之处。

二、参与工作实践

这一部分主要探讨企业参与职业教育中学生的实际工作与实践的具体路径。在注重教育教学的同时,企业会为学生提供大量的实习实训机会,与学校在关于学生的工作实践方面达成合作,真正做到让学生在实习中有收获,在实训中积累经验,在实践中不断成长。随着企业的发展,其所需要的技术型人才越来越多,学校一方则需要帮助学生解决工作难题,提高学校的就业率。双方一个需要广纳人才,一个需要送出人才,两者愿望形成互补。校企双方共同为在校生提供大量实习实训机会,让他们不至于在初入社会时难以适应环境。研究者从建设、培训、技术、行情、岗位和企业文化等方面出发,进行编码,得到节点如图9-7所示。

名称	文件	参考点
②实践与工作	0	0
共建实践场所	0	0
合作项目与平台	34	48
平台	20	27
项目	18	21
技能大师工作室	5	8
实训中心、基地	33	64
行业知识与信息	7	7
技术、技能	17	21
培训(体系、方案等)	18	26
企业文化	9	15
☆企业实力与优势	10	10
实践与工作岗位	53	120

图9-7

(一)为学生提供实训便利

针对人才培养,企业认识到仅有知识的传授是不够的,学生的专业能力需要学生在实践中灵活运用。事实上,学校一方也苦于没有专门的场所供学生实践,一味地传授理论知识导致学生的学习效果并不明显。

研究者通过编码,得出企业在学生求学阶段,就为他们提供了大量的实训便利,学校和企业共同建立了许多实训基地和实训中心,满足学生的实践需要。这一点在非常多的校企合作中得到体现,如湖南某学院与企业于学校东部校区建成了集汽车技术技能人才培养、汽车类专业实训和汽车展示、检测、维修等功能于一体的汽车服务产业实训基地；石家庄某学院与合作企业共建电子信息类生产性实训基地，努力建设服务区域发展、支撑产业升级的高水平职业教育实训基地。在实训的过程中，校企双方重视学生的实际操作，强调以学生为中心，将教学行为融于学生实践之中，帮助学生更好地适应专业需求。这些实训基地的编码涉及33篇文件，拥有64个参考点，是值得关注的地方。

在实训中心建立之后，校企双方着手学生的培养工作。企业往往会根据自身发展过程中的需要，为学校实训室提供一定项目演练，并与校方建设合作平台。广东某职院在与合作公司合作时，便以项目为载体不断推进实质性的深度合作，并借助校方提供的平台优势提升自我办学水平。这些合作平台为学生的实践提供了很大的便利，也拓宽了学生的实训选择。这些项目平台的参考点有近50个，是校企合作中常见的措施。

事实上，企业的培训对象不仅仅是学校的学生，许多时候企业也会把自己的员工送进合作院校进行专业知识的培训。提到这些具体培训的文件有18篇，共得到参考点26个。前面研究者提到职业院校中的学生往往重理论轻实践，而与之相对的企业里的员工们有相当一部分没有受过良好的知识教育，甚至是完全没有受过相关专业知识的教育教学。对于这一部分员工，他们很难去适应技术的变革，很多时候仅仅是凭着自己的工作经验来应对新机器，解决工作中遇到的问题。职业教育的对象不只是职业院校的在校生，工厂车间的工人们当然也可以接受专业的教育。因此，企业开始重视员工专业素质的提升，主动联系合作院校建立相关的培训体系，为员工选择专业相关的课程，如湖南某职院学生上岗后，工作之余还参加公司质量研修室的初阶班培训，学习多方面的专业知识。学校一方也会积极响应合作伙伴的需求，配合企业完成职工培训的任务，如苏州某职院利用学院制作的精品在线课程，为酒店员工进行餐饮、客房、前厅等服务技能的远程在线培训，这些举措得到了校企双方的大力支持与认可，让员工与学校的学生之间也能产生交流，从而促进了校企双方的沟通与合作。

(二)为学生提供技术支持与行业知识

企业在提供实训室的同时,也为校方带来了专业的技术与工作技能,为合作提供雄厚的技术保障。这不仅将企业技术融入课程,也让学生在具体实践中对这些技术有了更直接的接触和更深刻的体会。研究者建立"技术、技能""行业知识与信息""企业文化"等节点,各涉及文件17篇、7篇、18篇,同样是不可忽视的一环。具体实施,如安徽某职院就在课程中融入了企业的先进生产技术,福建某职院的合作行业为校企合作提供了项目和技术支持,并在实际教学中将技术推广实例转化为了教学的案例。

企业提供的技术和技能中,有很大一部分是行业和企业最前沿的知识与信息,企业方在前面的教学环节就将这些新知识融入教材的编写与课程的讲授中,那么在实践上也需要进一步让学生理解这些新知识具体表现在哪些方面,以及怎么能够更好地去运用它,如江西某学院就会为学校提供新信息,以编写"活页教材"。这些措施能够不断提升人才培养的针对性和适配性,同时也能促进办学一方的教学过程做出进一步的优化。

除了这些必要的行情信息需要引起校企双方重视外,企业还为学校提供了大量企业自身的工作环境与管理要求,如上文提到过的某石家庄院校,其合作的公司为学校提供的实训基地中,就融入了企业真实的环境、项目、标准、产品和工艺流程。这些包含企业真实环境的要求,填补了以前实习实训场所的空白,也能让学生在真实环境中工作时养成良好的作息习惯。同时真实的项目体验环境也让学生更好地理解企业文化,传达企业理念,从而促进学生快速成长为企业发展所需的优秀人才,最终成为适应社会需要的人。

(三)为学生提供工作岗位保障就业

培训提高了学生的实践能力,行业新知识拓宽了学生的知识储备,那么企业为学生提供岗位则是直接保障了学生的就业。根据研究者编码结果显示,"实践与工作岗位"节点下一共参照了53篇不同的文件,拥有120个参考点,这也印证了就业是校企合作中企业很看重的一个方面。

其中,不少学校和企业达成合作,让学生毕业之后就可以直接到合作公司中上岗任职,所以这些学生还在学校的时候就已经为将来能够顺利进入企业直接工作不断地打基础。柳州某学院的一艺术类专业,与当地著名学会对接,其各会员单位为该校毕业生提供了最主要的就业渠道,让该校艺术学院一批优秀毕业生成长为培训中心或培训机构负责人,既解决了就业问题,还让他们的能力得到了极高的提升,真正融入了相关行业。

在企业招聘和学生求职的过程中,优秀的学生总是会获得更多的关注,柳州某学院举办专业活动,优质的办学成果得到了10家企业的青睐,一次性提供了近100个工作岗位,只有60名学生前来面试,足够优秀的学生当天就能有三家企业招聘,毕业生从人求岗变为岗求人。因此,对于学生而言,如何提高自身实力和个人特点显得极为重要;对于企业而言,在人才的争取上同样需要下一番功夫,努力提高企业对优秀人才的吸引力。

除了招聘上岗外,企业还会为学生提供顶岗实习的机会,并对表现极为优秀的学生直接聘用为正式员工。如石家庄某学院实行学生跟岗和顶岗实习的"双导师"制,校企双方共同制定人才培养计划,对学生的学习成果采取校企双主体评价制度;成都某学院合作的企业提供超200家农机直营店供学生顶岗实习,充分发挥了企业在实施职业教育中的重要办学主体作用;安徽某学院设立学校和合作企业"双班主任制",学生在第五学期进入公司进行6个月的顶岗实习。企业为学生提供工作岗位,解决了学校学生的就业难题,也为企业招来大量有专业能力的高技能人才,促进了行业的前进和企业的发展。

三、参与科研创新

这一部分主要是关于企业参与职业教育中学生的科研与创新方面的具体路径。为了培养应用型人才,自然无法脱离行业,而随着科技的快速发展,市场对职教学生的要求日益提高,学生必须了解科技设备更新迭代的最前沿信息。同时,企业一方也需要积极创新,以不断适应市场需求的变革。因此,在学校企业双方的共同重视下,科研创新工作井然有序地开展起来。在研究过程中,研究者发现还是有不少合作注意到这一点,于是针对科研创新的部分进行了编码,如图9-9所示。

名称	文件	参考点
③科研与创新合作	0	0
共建创新技术研发中心	24	38
创新中心	6	7
技术中心	8	9
实验室	2	2
研发中心	14	20
具体举措	20	37

图9-8

(一)校企共建研究中心

关于科研创新,根据"共建创新技术研发中心"节点,企业联合学校建立了大量创新中心、技术中心和研发中心实验室,如恒河某公司与学校先后共建了省级企业研究院、工程技术中心、协同创新中心等研发平台,制定行业企业标准、推进科技成果产业化;无锡某学院与企业合作共建江苏省中小企业工业机器人产业公共技术服务平台等省级研发中心6个、无锡市工业AGV技术应用及推广服务平台等市级研发中心2个。

这些研发中心的建成,结合了相关专业发展的实际情况和当前区域内行业产业的特点,具有极强的现实性,并且有助于引进高技能人才和劳动模范。

(二)校企创新科研合作的具体实施

企业一方为研究中心持续提供资金设备,以及根据自身未来发展的需求,与学校共同开展新技术、新工艺、新产品的研发工作。如福建某学院通过校企联合开展技术研发与新产品开发45项,取得科技成果27项、专利和软件著作权9项。学校一方则是联合企业的工作人员,组织教师团队进行协作,要求双方在开展科研活动、产出科研成果、专利申请、技术开发等方面尽力发挥自己的优势,如河北某学院联合企业双方共同创设科研平台,并组织专业教师积极参与企业研发和技术改进。双方结合各自领域自身所能提供的最多最好的资源,倾力投入科研创新的活动中,努力打造更迎合大众需求的新产品。

  一方面,企业为这些研发中心提供了大量品种齐全、功能先进的设备,另一方面还会定期为师生做创新学术型的讲座,让师生们在书本知识之外了解行业的新发展,最近距离感受行业的最新科技,开阔视野,启发思维,培养师生的创新意识,提高合作精神和实践能力。如天津某职业大学响应开展企业家大讲堂,邀请行业企业的一线专家、老总、能工巧匠到校授课,与学院教师近距离互动交流,助力学生成长发展,搭建沟通的平台。

第五节 对策与建议

研究者在研究的过程中发现,作为校企合作中的两大主体,学校和企业仍有改进合作方式的空间,包括学校内的教师和学生都是校企合作中重要的组成部分,影响着校企合作的质量。

名称	文件	参考点
② 实践与工作	88	319
1. 共建实践场所	56	120
合作项目与平台	34	48
实训中心、基地	33	64
技能大师工作室	5	8
3. 实践与工作岗位	53	120
其他	22	32
企业文化	18	25
☆企业实力与优势	10	10
行业知识与信息	7	7
4. 培训（体系、方案等）	18	26
2. 技术，技能	17	21
① 参与学校教学	88	369
1. 校企共建	55	90
4. 课堂教学	55	119
教学资源（包括设备）	30	39
课程开发与建设	27	33
资金	14	15
教材编写、制定、建设	7	9
5. 师资建设	48	75
企→校：顾问，技术指导人员	25	27
为学校教师提供培训、观摩、调研、学习机会	22	28
2. 培养方案和办学模式	35	55
培养方案	30	41
办学模式	10	14
3. 专业建设	12	15
7. 举办教育活动	7	7
6. 教学管理与评价	7	8
③ 科研与创新合作	37	75
1. 共建创新技术研发中心	24	38
2. 具体举措	20	37

图 9-9

NVivo建立节点进行内容编码的局部演示(以文件栏倒序排列)如图9-9所示。根据编码结果,企业在实践与工作、参与学校教学方面非常重视,相应的科研合作显得过少。在教学中,培养方案、开班教学、师资建设方面非常受重视,而教学管理与评价、开展教学活动中涉及的文件较少,可见许多企业尚未真正参与到教学管理与评价中,也没有通过教学活动来拉近与学校的距离,这是今后开展合作时有待提升之处。在实践方面,企业提供的技术、知识信息更新频率相对较低。可见,职业教育要发展关键在构建现代职业教育体系,通过产教融合、校企合作全面提高人才培养质量。然而,不同主体在面对产教融合、校企合作时态度不一致,存在"校热、行温、企冷"的现象,导致职业教育产教深度融合难、企业深度参与协同育人难。多数校企合作流于形式,存在合作模式单一,感情联络多于实质交流,重数量而轻质量等问题。因此,针对研究结果,研究者提出一些建议,希望在今后的合作过程中,各个主体能够将做得好的地方做得更好,改进做得不够好的地方,为校企合作的发展提供一些帮助。

一、宏观层面

(一)理念与原则

一是坚持需求导向。围绕产业转型、技术升级和产品迭代,主动适应"中国制造2025"需求,高职院校应树立以产业需求、企业需求为导向的办学理念。职业院校的专业设置、培养方案、教学内容应根据企业的用工需求动态设计,实现"融合衔接、动态调整"专业群建设发展机制。重视企业在设备和技术上的迭代升级,推广先进技术和熟悉新设备。职业院校可安排学生到企业学习,学习企业的新设备特点和技能要求,邀请工程师到学校对学生进行技能培训,引进企业技术站进校,方便学生进站学习。根据企业的生产销售淡旺季调整教学计划。旺季及时释放实习生帮助企业生产,淡季则可吸纳企业员工进行继续教育。二是树立"共赢"意识。传统的"双赢"是指学校与企业在合作过程中的良性互动。

共赢是指在"走出去、请进来、深合作"的基础上,实现学校、企业、学生的多方共赢共生。在合作过程中,学校为企业培养人才、传承与创新企业文化、解决技术难题、研发新产品,学校应让企业在合作中获利,帮助增加企业收益,降低企业成本,才能获得企业青睐。企业应积极分担人才培养成本,为学校、学生提供实习、实训基地和全方位人才培养支持。具体而言,企业为学校提供最新技术信息,与学校共同制定培养方案、编写教材、共同教学;为学校提供新设备,共建技术技能创新服务平台;提供新订单,企业技术骨干与学校师生共同完成市场订单。校企双方通过强强联手,实现优势互补、资源共享,为社会培养和输送高素质应用型、复合型、技术技能型人才,实现企业、学校、社会多方共赢。三是实现"政校行企"四方协作模式。政校行企是以政府为主导、行业企业积极参与、学校协作办学的四方联动合作模式。聚焦"政、行、企、校"四方利益,通过聚合各方优势形成合力,以提升企业转型升级发展为焦点,以协力政府出台激励制度、协助行业制定标准、协同职业院校培养高素质技术技能人才。以平台化思维实现优势互补、资源共享、发展共赢,增强各方成员的归属感和获得感,形成一个良性互动的健康共同体。

(二)搭建合作平台

一是成立产业联盟。成都纺专参与发起成立成渝地区双城经济圈时尚产业联盟,吸引了54家与时尚产业相关的企事业单位、社团组织、高等院校、研究机构加盟,重点打造成渝时尚产业示范项目和高水平大型时尚活动,助推产业生态链建设、文化建设和经济发展。

二是共建职教集团。福建林业职业技术学院联系政府部门、融入行业、对接企业、牵手院校,成立了由38家单位组成的福建林业职业教育集团。云南林业职教集团由26家涉林职业院校、企事业单位、科研单位构成,实现"优势互补、经验互鉴、资源互用",在高素质林业应用型人才培养上取得较大成效。成渝地区双城经济圈商贸流通职教集团由成都职业技术学院、重庆城市管理职业学院、顺丰速运三方共同牵头,联合100余家商贸流通领域大中型企业、20余家行业协会、40余所成渝地区职业院校组建而成。无锡职业技术学院牵头组建了由20多所装备制造龙头企业和30多所行业高校组成的全国机械行业智能制造职业教育集团。通过加强集团内各成员单位间的合作,优化资源配置,实现人才培养与产业、职业对接,专业课程与职业标准对接,教学过程与生产过程对接。

三是成立职教联盟和协会。2019年6月,东营职业学院联合多家会计机构和企业,发起成立了东营市会计职业教育联盟。联盟主要聚焦于专业课程体系建设、实训教材开发、实训基地建设、线上教学平台建设、社会培训等。2018年8月,成都航院联合5家行业龙头企业成立成都市无人机产业协会,与行业企业实现"抱团发展"。

二、中观层面

(一)校企合作办学

一是共建产业学院。产业学院由地方政府主导,学校与企业共同运营管理,助力深化产教融合,推动人力资源供给侧结构性改革。与英国的"产业大学"相比,我国的产业学院更倾向于德国的"双元制模式"和美国的"合作教育模式"。产业学院集人才培养、技术应用研发、创新孵化、标准研制、社会服务于一体,实现学校教育资源与企业技术资源的深度融合,通过发挥企业和学校自身最大的产业和教育价值回馈学校、企业和社会。近年来,产业学院发展迅速,杨凌职业技术学院先后成立了10个产业学院,兰州石化职业技术学院新建4个产业学院,滨州职院共建4所混合所有制产业学院。产业学院多具备鲜明的产业特性,如"小龙虾产业学院""螺蛳粉产业学院""现代畜牧产业学院""鲲鹏产业学院"等,这些产业学院优势突出、服务能力强。二是共建混合所有制二级学院。云南林业职业技术学院与重庆德克特信息技术有限公司合作,共建云南林业职业技术学院德克特互联网学院。学院由校企共同出资合办,"双主体"共同投入、共同培养、共担责任,实现专业共建、师资融合、资源互助。滨州职院与企业共建混合所有制二级学院中德合心国际交流学院,将企业资金、内训体系、项目化教学资源等引入学校和课程。石家庄职……技术学院与河北新龙科技集团股份有限公司共建具有混合所有制特征的软件学院,融合产业技术的人才培养模式,产学互动的师资队伍,"标准嵌入+企业项目"的课程体系,"工学融合"协同育人的组织实施,"技术创新+人文精神"的产教互融文化。三是共建产教融合培养基地。福建林业职业技术学院与企业共建22个校内外产教融合基地。成都工贸职业技术学院与东风悦达起亚建立校企合作人才培养基地。山东科技职业学院与山东高速建设管理集团共建产教融合人才培养基地。产教融合人才培养基地的成立,实现了"三个对接",即专业设置与产业需求、课程内容与职业标准、教学过程与生产过程的对接,在项目建设、实习实训、科研创新、继续教育等方面进行深度合作。

(二)校企共建合作基地

一是成立职业培训中心。珠海市技师学院与珠海保税区摩天宇航空发动机维修有限公司,共同成立"摩天宇中德职业培训中心",为摩天宇公司等在粤的德资企业培养高素质技术工人。培训中心引入德国双元制职业教育模式,采用行动导向教学法,为企业实行订单教育。二是共建技能大师工作室、技术中心。滨州职院建设了18个技能大师工作室,与西子公司共建"先进自动化技术中心",全面引进西门子公司的先进技术与培训体系。湖南铁道职院与电信公司合作,成立5G联合实验室,解决教育教学、学生实训的重难点,是5G应用场景的标志性项目。三是共建项目。项目类别有校园建设项目、培训项目及国培项目等。广东科学技术职业学院与华为公司共建智慧校园、云中课堂、职教大数据研究等项目。德州职业技术学院与北京银河鹰科技集团有限公司共建无人机驾驶取证培训项目,成都纺专与飞动集团共同申报教育部"旅游管理骨干教师"国培项目。四是共建协同创新中心。福建林业职业技术学院与福建省林科院、福建省林业科技试验中心等单位共建省级应用技术协同创新中心,共同开展技术研发与成果转化。东营职业学院与京东集团共建京东国际产教融合创新中心,基于京东核心技术和产业链生态技术培养创新型人才。扬州工业职业技术学院与扬州市广宁器化玻有……

限公司、扬州佳境环境科技股份有限公司、江苏省扬州环境监测中心等企业合作共建江苏省环境污染物传感检测及治理工程研究中心，同时还包括技术研发中心、云教学大数据研究中心、云改协同创新中心等，推动技术、业务、人才和管理等方面创新转型。五是共建研究院。研究院主要解决研发与工程团队缺乏，区域制造业存在技术和成本制约等问题，实现经科教联动、产学研结合、校地企共赢。广科院—华为联合成立"云中高职研究院"，致力于探索最新技术背景下产教融合、校企合作、人才培养模式创新、新平台建设等解决方案。京东教育研究院致力于职业教育产教融合、人工智能、大数据、跨境电商等方面的创新性研究。

三、微观层面

(一)资源建设

一是建立实习实训基地。实习实训基地多为企业提供给学生跟岗实习实训的场所，学院安排学生到企业学习两到三个月，熟悉企业的设备特点和技能要求，为学生提供技能训练和实践锻炼环境。实训基地不仅服务于学生实训需求，也服务于职业学院的师资培训和社会培训。实习实训基地还可设在学院内，由校企共同规划建立专业的实训中心和实训室，重在体现真实生产过程和工作环境。二是共同打造师资队伍。学院根据教学需要聘请企业管理人员、技能大师、技术专家等承担理论或实践教学，指导学生的毕业设计与答辩，定期开展学术讲座等形式作为学院的兼职教师。同时，企业高级管理人员和技术人员与学校教师通过"导师制""师带徒"等方式，全面提升专业教师素质和水平。通过"企业引进"及"合作培养"的"双轨并行"方式，建设一支具有"双师素质"的教学团队。三是课程资源建设。学院课程专家与行业企业专家组成课程开发工作小组，共同制定人才培养方案、开发课程标准、编写特色教材、共建课程资源库。强调在课程中融入先进企业生产技术，同时还应融入企业管理、企业文化、职业素养等课程，增强人才培养的针对性和适配性。

(二)人员流动

一是送教入企。职业学院发挥专业及师资优势,多措并举,送教上门,全面助力企业稳岗培训,系统提升企业员工的专业理论和技术技能。为企业定制个性化人才培养方案和课程体系,为企业发展提供人力资源保障,同时也为企业培养一批高精尖人才。为企业架构起"综合素养课+专业核心课+实践技能课"人才培养体系,按照"线上线下""旺工淡学"的错峰教学模式,帮助企业员工提高学历水平。送教入企主要包括学历教育与职业培训,教师要站稳学校和企业两个讲台。二是教师挂职。教师团队深入企业开展科技研发工作,带领技术骨干一起总结梳理技术难点,攻克一批关键核心技术。教师深入企业可以进行职业技能提升培训和科技研发,学院定期派遣专业教师赴企挂职锻炼。企业聘请学院专业带头人担任管理顾问或企业重要职务,参与企业建设与发展,帮助企业提升效益。三是企业技术人员深入学校。企业派工程师到学校对学生进行技能培训。聘请企业高级工程师和技术人员为技能导师,与青年教师签署"传帮带"协议。聘请企业家担任特聘专家,参与学校实践教学。举办企业家大讲堂,邀请技能大师到学校作学术报告,与学生现场交流分享求学求艺经历和技能经验,让学生近距离体悟工匠精神的魅力和真谛。

(三)人才培养

一是校企合作不断提升人才培养质量。二是证书整合。职业院校启动1+X证书试点,探索职业技能等级证书与人才培养方案相整合的途径,提出"融育训考"一体化实施路径。"融"即将考核重点与人才培养的知识能力素质结构一一映射,重组课程体系与教学内容。"育"即将证书考核准备纳入日常教学,重新序化课程内容和实现载体,制定学分转换制度。"训"即针对现有课程中没有涉及的考核内容,组织考前强化培训。"考"即根据考核重点难点组织学生反复模拟训练,分析问题不足,提升考核专项能力。三是引入企业文化。将合作企业优秀文化引入学校。

将企业文化融入专业教学过程中,积极搭建校企文化互融的协同育人平台。将企业独特的文化元素融入墙面、过道、地面等设施上,营造真实的企业环境,增强学生企业文化认同感。对学生进行公司化管理,学生穿工装、指纹打卡、自我操练、自我管理,促进健康、思维和技术的成长。将企业文化融入各类学生活动,在活动的主题、策划、形式和内容中增添企业文化元素,寓教于乐、潜移默化地提高学生的职业素养。四是"订单式"培养。"订单式"人才培养是职业院校根据企业实际,为企业"量身打造"急需的专业技术人员。企业参与面试、录取、培养全过程,学生考核合格后由企业分配从事相应技术工作,实现企业需求和人才培养零对接。如湖南铁道职院与博众精工合作开办"博众订单班"、成都工贸职业技术学院与东风悦达起亚共建"起亚班"、江西交通职业技术学院与广汇汽车设立"广汇订单班"。五是实施"现代学徒制"。教师师傅一体、学生学徒一体、教师岗位一体的育人模式,让学生在"学习、实训、实习"交替循环中提升技术技能,在"识岗、融岗、跟岗、顶岗"中实现岗位育人,促进学生、学徒、准员工到员工的身份转变,全面提升学生专业技能水平和职业综合素养。六是企业参与教学活动。企业除了参与专业设置、专业群建设和人才培养方案的制定和修订等宏观活动外,还与学校共同完成专业课教学、实践教学任务,共同开展各类竞赛活动。此外,企业还参与学校的教学质量监控,职业院校吸纳企业督导参加教师随机听课、教学竞赛、公开课、学生毕业答辩等,让企业参与评价教师的教学内容、教学过程、教学设备设施、学生职业能力等是否满足行业企业对岗位职业素养的需求。

(四)互帮互助

企业在帮助学校方面,主要体现在帮助学校培养人才,提供实习实训场所,助力毕业生更高质量更充分就业。企业为学生提供"全方位、动态性、终身制"就业指导服务,实现学生对口就业、高质量就业。学校在帮助企业方面,主要助力企业复工复产、帮助培训企业员工、解决技术难题、缓解企业用工困难、化解企业裁员风险、参与企业生产等。高职院校借并举,送教上门,全面助力企业稳岗培训。面向企业需求,承办高技能人才研修班,对技能大师、领军人才、高级人才进行培训。为企业员工举办专业学历班,推行弹性学制管理,支持边工边读和线上线下结合的教学形式,满足企业员工的学历需求。职业院校为破解企业技术难题,组建跨校、跨专业的技术服务团队。校企联合开展技术研发、应用技术革新等项目,共同解决企业生产中遇到的问题,改良生产工艺与设备。学校充分利用科技特派员、访问工程师、驻企博士、教授等人才优势,深入企业一线,为面临技术人员紧缺、经营和生产困难的企业提供精准的技术服务指导。帮助企业梳理可适用的各级扶持政策,让政策应知尽知、应享尽享,真正落地并产生实效。运用专业特长,有针对性地帮助排查技术堵点,优化技术方案。充分利用由国家发展改革委、人社部和工信部相继推出的企业微课、线上职业技能培训等网络免费资源,还可利用师资和人才资源为企业开展线上技能培训。缓解企业用工缺口,组织学生顶岗实习。在疫情防控期间,国内大批产业工人推迟了返工、返岗的时间,劳动力市场供给不足,很多企业都出现了一定程度的用工荒。对于职业院校的学生来说,这无疑是顶岗实习的好契机。职业院校挑选专业对口、技能过硬、表现良好的学生作为顶岗实习生,按公司要求通过网络,甚至赶赴生产一线,采用共享员工、弹性员工和远程工、钟点工、错岗安排等多种方式,完成企业工作任务。顶岗实习大大缓解了企业复工人员紧缺的困境,同时学生们在高强度的岗位锻炼中实践能力得以迅速提高。